2014—2015

农业工程

学科发展报告

REPORT ON ADVANCES IN
AGRICULTURAL ENGINEERING

中国科学技术协会　主编
中国农业工程学会　编著

中国科学技术出版社
·北　京·

图书在版编目（CIP）数据

2014—2015农业工程学科发展报告/中国科学技术协会主编；中国农业工程学会编著. —北京：中国科学技术出版社, 2016.2

（中国科协学科发展研究系列报告）

ISBN 978-7-5046-7094-6

I.①2… Ⅱ.①中… ②中… Ⅲ.①农业工程—学科发展—研究报告—中国—2014—2015 Ⅳ.①S2-12

中国版本图书馆CIP数据核字（2016）第025914号

策划编辑	吕建华　赵　晖
责任编辑	赵　晖　左常辰
装帧设计	中文天地
责任校对	杨京华
责任印制	张建农

出　　版	中国科学技术出版社
发　　行	科学普及出版社发行部
地　　址	北京市海淀区中关村南大街16号
邮　　编	100081
发行电话	010-62103130
传　　真	010-62179148
网　　址	http://www.cspbooks.com.cn

开　　本	787mm×1092mm　1/16
字　　数	320千字
印　　张	15.75
版　　次	2016年4月第1版
印　　次	2016年4月第1次印刷
印　　刷	北京盛通印刷股份有限公司
书　　号	ISBN 978-7-5046-7094-6 / S·598
定　　价	64.00元

2014—2015 农业工程学科发展报告

首席科学家　　朱　明

顾　问　组　　汪懋华　蒋亦元　李佩成

专　家　组

　　组　长　　罗锡文

　　成　员　　康绍忠　陈学庚　朱　明　赵春江

编　写　组

　　组　长　　赵春江

　　成　员　　（按姓氏笔画排序）

　　　　　　丁为民　马孝义　王金满　王　康　王朝元

　　　　　　冯　献　丛宏斌　白中科　刘建刚　刘　鹰

　　　　　　孙　明　朱　明　许朝辉　何　进　佟　金

　　　　　　吴文勇　应义斌　张展羽　张　淼　李　瑾

　　　　　　李久生　李云开　李　红　李保明　李洪文

　　　　　　杜太生　杜松怀　杨仁刚　杨印生　杨金忠

　　　　　　杨　洲　杨德昌　邵东国　罗锡文　陈学庚

陈 建 陈英义 陈青云 武 耘 周新群
尚书旗 姚宗路 赵立欣 赵春江 郧文聚
崔 明 顾戈琦 唐 巍 徐丽明 郭玉明
高万林 康绍忠 黄介生 黄修桥 黄冠华
蒋焕煜 韩鲁佳 廖庆喜 管小冬 薛文通
霍丽丽

学术秘书组 管小冬 李 瑾 武 耘 秦京光 王金满
席枝青 王德成

>>>> 序

党的十八届五中全会提出要发挥科技创新在全面创新中的引领作用，推动战略前沿领域创新突破，为经济社会发展提供持久动力。国家"十三五"规划也对科技创新进行了战略部署。

要在科技创新中赢得先机，明确科技发展的重点领域和方向，培育具有竞争新优势的战略支点和突破口十分重要。从 2006 年开始，中国科协所属全国学会发挥自身优势，聚集全国高质量学术资源和优秀人才队伍，持续开展学科发展研究，通过对相关学科在发展态势、学术影响、代表性成果、国际合作、人才队伍建设等方面的最新进展的梳理和分析以及与国外相关学科的比较，总结学科研究热点与重要进展，提出各学科领域的发展趋势和发展策略，引导学科结构优化调整，推动完善学科布局，促进学科交叉融合和均衡发展。至 2013 年，共有 104 个全国学会开展了 186 项学科发展研究，编辑出版系列学科发展报告 186 卷，先后有 1.8 万名专家学者参与了学科发展研讨，有 7000 余位专家执笔撰写学科发展报告。学科发展研究逐步得到国内外科学界的广泛关注，得到国家有关决策部门的高度重视，为国家超前规划科技创新战略布局、抢占科技发展制高点提供了重要参考。

2014 年，中国科协组织 33 个全国学会，分别就其相关学科或领域的发展状况进行系统研究，编写了 33 卷学科发展报告（2014—2015）以及 1 卷学科发展报告综合卷。从本次出版的学科发展报告可以看出，近几年来，我国在基础研究、应用研究和交叉学科研究方面取得了突出性的科研成果，国家科研投入不断增加，科研队伍不断优化和成长，学科结构正在逐步改善，学科的国际合作与交流加强，科技实力和水平不断提升。同时本次学科发展报告也揭示出我国学科发展存在一些问题，包括基础研究薄弱，缺乏重大原创性科研成果；公众理解科学程度不够，给科学决策和学科建设带来负面影响；科研成果转化存在体制机制障碍，创新资源配置碎片化和效率不高；学科制度的设计不能很好地满足学科多样性发展的需求；等等。急切需要从人才、经费、制度、平台、机制等多方面采取措施加以改善，以推动学科建设和科学研究的持续发展。

中国科协所属全国学会是我国科技团体的中坚力量，学科类别齐全，学术资源丰富，汇聚了跨学科、跨行业、跨地域的高层次科技人才。近年来，中国科协通过组织全国学会开展学科发展研究，逐步形成了相对稳定的研究、编撰和服务管理团队，具有开展学科发展研究的组织和人才优势。2014—2015 学科发展研究报告凝聚着 1200 多位专家学者的心血。在这里我衷心感谢各有关学会的大力支持，衷心感谢各学科专家的积极参与，衷心感谢付出辛勤劳动的全体人员！同时希望中国科协及其所属全国学会紧紧围绕科技创新要求和国家经济社会发展需要，坚持不懈地开展学科研究，继续提高学科发展报告的质量，建立起我国学科发展研究的支撑体系，出成果、出思想、出人才，为我国科技创新夯实基础。

2016 年 3 月

进入 21 世纪以来，新一轮科技革命和产业变革孕育兴起，转型、创新与发展成为当今经济社会发展新常态。与此同时，我国也迎来了新型工业化、信息化、城镇化、农业现代化同步、并联、叠加发展的关键时期，经济社会全面进入"稳增长、调结构、转方式、促改革"的新常态，全党全国各族人民正在为全面建成小康社会、实现中华民族伟大复兴的中国梦而团结奋斗。

与之相对应的，我国农业也进入了新的发展阶段，工业装备农业成为农业生产的主流方式，农业全球化和农业产业供求格局冲击国内农产品市场，人口、资源、环境、能源仍是制约农业可持续发展的重要瓶颈问题，这都迫切要求我国加速农业科技创新，转变农业发展方式，推进农业转型升级和提质增效，实现农业现代化。在此背景下，农业工程学科作为现代农业的重要技术支撑，面临着前所未有的挑战和机遇。用工业手段发展农业，培育战略性新兴产业增长点，抢占未来农业科技竞争制高点，引领现代农业发展，农业工程科技工作者责任重大、使命光荣、任重道远。

基于此，中国农业工程学会按照中国科协的统一部署和要求，在出版 2006—2007年、2008—2009 年和 2010—2011 年《农业工程学科发展报告》的基础上，于 2013年启动新一轮农业工程学科发展研究项目工作，旨在总结"十二五"发展成果，谋划"十三五"发展方略，为农业强、农民富、农村美做出新的贡献。

中国农业工程学会九届二次理事会会议通过了新一轮农业工程学科发展研究项目的研究团队及撰写方案。学会成立了以汪懋华院士、蒋亦元院士、李佩成院士为顾问，以朱明研究员为首席科学家、罗锡文院士为组长的专家组，以学会分支机构为基础的编写组和学术秘书组。项目负责人由赵春江研究员和管小冬秘书长担任。较之以往，本次项目研究跨度由两年变为五年，横跨整个"十二五"阶段。研究内容在延续以往综合报告体例及固定的 7 个专题报告的基础上，增加农业系统工程分支领域，并在原农业生物环境工程专题中增加设施水产养殖环境工程方向，力求使报告内容更为全面的体现农业工程学科的交叉融合性及系统工程性。

2014—2015 年，学会陆续组织召开 2014 年、2015 年农业工程学科发展研讨会，2015 年学术年会，各分支机构研讨会等数十个会议，商议、落实、部署农业工程学科发展研究工作。在广泛搜集国内外期刊文献资料及征求学界人士建议意见基础上，学会面向农业水土工程、农机化装备工程、农业信息化工程、农业电气化自动化工程、农村能源工程、农产品加工工程、土地利用工程、农业生物环境工程以及畜牧、畜牧机械和设施水产等 11 个农业工程学科主要分支领域开展了数据调研工作，全面了解 2011—2015 年我国农业工程学科在学科建设、科技创新、队伍建设、人才培养、平台建设、学术交流、学术出版及重要科研立项等方面的情况，保证了报告的全面性、科学性、公正性及权威性。

参与编写及调研工作的专家在承担繁重科研教学工作的同时，倾注了大量心血，本着"严谨　求实　创新　协作"的科学精神，几易其稿完成了本书，许多没有署名的学界人士也对报告编写给予了巨大支持，在此对大家的努力和付出表示敬意，研究报告是集体劳动的成果。

由于农业工程学科是新兴交叉学科，涉及范围广，取得进展丰富，尽管执笔人力求全面、客观、公正地反映学科发展情况，也难免有文未尽言，遗漏疏忽之处，不当之处敬请广大读者指正，如有不足部分当在下年度报告中完善。

最后，感谢中国科协的关心和指导，感谢为本次学科发展研究和调研工作付出辛勤劳动的所有专家、学者，感谢对本次学科发展研究工作给予支持的高校、科研院所和相关机构。中国农业工程学会秘书处在项目实施过程中发挥了有效的组织协调作用，在此表示敬意。

中国农业工程学会

2015 年 11 月

>>>> 目录

ABSTRACTS IN ENGLISH

综合报告

农业工程学科发展现状与展望

一、引言

进入 21 世纪以来，新一轮科技革命和产业变革正在孕育兴起，转型、创新与发展成为当今经济社会发展新常态，全球科技创新呈现出新的发展态势。党的十八大报告作出了实施创新驱动发展战略的重大部署，强调科技创新是提高社会生产力和综合国力的战略支撑。习近平总书记在 2014 年 6 月 9 日召开的两院院士大会的开幕会上提出"科学技术以一种不可逆转、不可抗拒的力量推动着人类社会向前发展。"推动农业学科发展，创新农业科学技术，成为加快农业现代化和实现农业可持续发展的重要路径。

"十二五"时期以来，我国党和政府坚持把"三农"问题作为全党工作重中之重，高度重视农业在国民经济中的基础地位，大幅度增加对"三农"的投入力度，强化各类农业工程技术的科技攻关，高度重视农业装备和农业工程技术在现代农业发展中的战略地位，粮食生产实现了"十一连增"、农民收入实现了"十一连快"，美丽乡村建设迈出新步伐。2011 年以来，我国连续出台的中央一号文件均强调农业科技，尤其是农业工程科技创新的重要性。如 2011 年一号文件提出的水利工程科技创新，2012 年强调的"促进农业技术集成化、劳动过程机械化、生产经营信息化，构建适应高产、优质、高效、生态、安全农业发展要求的技术体系"，2013 年的农业物质技术装备创新，2014 年提出"建设以农业物联网和精准装备为重点的农业全程信息化和机械化技术体系"。2015 年一号文件进一步强化农业科技创新的重要性，提出"加快农业科技创新，在生物育种、智能农业、农机装备、生态环保等领域取得重大突破。"最新出台的《全国农业可持续发展规划（2015—2030 年）》明确提出"到 2020 年，建成集中连片、旱涝保收的高标准农田 8 亿亩，到 2020 年全国农业灌溉用水量保持在 3720 亿立方米，农田灌溉水有效利用系数达到 0.55，发展高效节水灌溉面积 2.88 亿亩。到 2020 年实现化肥农药施用量零增长，以及到 2030

年养殖废弃物实现基本综合利用。大力发展农机装备，推进农机农艺融合，到 2020 年主要农作物耕种收综合机械化水平达到 68% 以上，加快实现粮棉油糖等大田作物生产全程机械化。"

此外，《农业科技发展规划（2006—2020 年）》和《农业科技发展"十二五"规划（2011—2015 年）》提出要突破农业装备的关键部件和设备研制工艺，提高我国大型、成套、智能化农业机械和农业工程装备的技术含量和自给率。《国家中长期科学和技术发展规划纲要（2006—2020 年）》提出农业领域的优先主题之一——多功能农业装备与设施，优先主题之二——农业精准作业与信息化。这一切表明，我国农业工程科技的发展遇到了难得的机遇，强化现代农业装备、培育战略性新兴产业增长点，抢占未来农业科技竞争制高点，将成为新时期支撑和引领现代农业发展的重要举措。

与此同时，我国正处于新型工业化、信息化、城镇化、农业现代化和市场化生态化同步发展、并联发展、叠加发展的关键时期，工业发展正进入中国制造 2025 的新阶段，经济社会全面进入"稳增长、调结构、转方式、促改革"的新常态，全党全国各族人民正在为全面建成小康社会、实现中华民族伟大复兴的中国梦而团结奋斗。这一方面给自主创新带来了广阔发展空间、提供了前所未有的强劲动力，另一方面促进农业进入了新的发展阶段。

一是工业装备农业成为农业生产的主流方式。"十二五"时期以来，我国加快实施设施农业提升工程、节水农业工程、农业智能化装备工程、测土配方工程、土壤有机质提升工程、清洁能源生产工程、农村电网改造升级工程等一系列农业工程，农业基础不断加强，进一步提高了我国农业机械化、设施化、工程化、集约化水平。目前，我国农机制造企业已能生产 14 个大类、57 个小类（不含其他）的 3500 多个品种的农业机械实现主营收入近 4000 亿元。据统计，到 2011—2014 年中央财政农机购置补贴资金达到 670 亿元，比"十一五"期间增加 90.88%；农作物耕种收综合机械化水平由"十一五"期间的 52% 增加到 2014 年的 61%，农业科技进步贡献率由 2011 年的 53.5% 增加到 2014 年的 56%。但与发达国家相比，我国农业工程装备在"实用性、适用性、智能性、便捷性"等方面仍存在许多不足，农业工程关键技术及装备仍缺乏原始创新。2015 年 6 月 17 日常务会议上，李克强总理强调"要把装备制造确立为我国科技创新的主战场"，这迫切需要强化农业工程科技的创新，加快农业装备的成果转化，进一步利用工业装备武装农业，推进农业现代化发展。

二是农业全球化和农业产业供求格局冲击国内农产品市场。据海关统计，2014 年我国农产品进出口总额为 1928.2 亿美元，位于全球前列。但同时国际国内农产品价格倒挂、贸易逆差扩大、农产品价格保护和农业国际化的不利影响加剧，价格驱动型进口会不断增加，产业安全面临挑战。以玉米生产为例，由于国内人工成本、土地成本和物质与服务费用（农机服务等）的持续上涨，2010—2013 年中国每 50 千克主产品玉米的平均售价比美国分别高出 59%、45%、32% 和 95%。同时，国内农产品整体供大于求的产业供求格局进一步威胁农业竞争力的提升，"产量、进口量、库存量"三量齐增现象凸显。这迫切要求我国加快转变农业生产方式，加快利用现代工程技术解决农业生产成本上涨、农业基础薄弱带来的农产品竞争力弱且结构不合理的问题。

三是人口、资源、环境、能源仍是制约农业可持续发展的重要瓶颈问题。我国经济发展进入新常态，资源环境和要素成本约束日益趋紧。根据《全国农业可持续发展规划（2015—2030年）》数据，当前我国人均淡水、耕地占有量仅为世界平均水平的28%、40%，全国土壤主要污染物点位超标率为16.1%，化肥、农药利用率不足1/3，农膜回收率不足2/3，畜禽粪污有效处理率不到一半，农业生产成本持续增加，农产品质量安全潜在风险不断加大。水资源紧张、生态环境脆弱、成本上涨等问题威胁着我国农业可持续发展。伴随着现代生物技术、信息技术、节能环保技术和先进装备等广泛应用，生态农业、循环农业等技术模式不断集成创新，农业工程技术创新带来的一系列农作物机械装备、农业节水灌溉产品及成套技术精准作业装备、农业信息服务平台、生物型创新性科技成果的转化应用为农业可持续发展提供有力的技术支撑。

四是新型城镇化与农村土地制度等系列改革加速将释放更多"红利"，农业工程技术面临多元化的新需求。十八届三中全会对深化改革作出了系统的重大部署，已经出台或即将出台的行政审批权力下放、户籍制度改革、承包地确权登记和流转、村集体建设用地改革、金融服务改革等措施，将激发更强活力、释放更多改革红利。例如，5年之内完成农村承包地确权登记，允许村集体建设用地入市等规定以及各地进行的诸多改革试点，已经产生了显著的效益。新型城镇化的发展将进一步要求农业结构的优化升级和美丽村庄的加快建设，农业农村发展对农业工程技术的需求不断由主要环节向全产业链、全农村建设延伸。这必然带来农业工程科技的全方位创新，并诱发农业工程学科的改革与发展。

习近平总书记提出"信息技术、生物技术、新材料技术、新能源技术广泛渗透，带动几乎所有领域发生了以绿色、智能、泛在为特征的群体性技术革命，要抓住新一轮科技革命和产业变革的重大机遇，实施创新驱动发展战略，建设创新型国家"。作为农业科技创新的重要驱动力，农业工程科技要高度重视农业农村发展新常态与新形势，主动适应农业农村经济社会发展、产业技术革命与创新型国家战略需求，同时要求其立足健全学科体系、提升学科地位、强化队伍建设、加强学生交流、提高关键环节和重点领域的创新能力，推动我国农业工程学科发展动力向创新驱动转变，进一步提高我国农业工程化水平，为我国实现农业可持续发展做出更大贡献。

二、本学科近年的最新研究进展

自1990年国务院学位委员办正式将农业工程作为工学门类下属一级学科至今，农业工程学科取得较大进展。2011年以来，伴随国家对"三农"领域支持力度的加大，农业工程学科不断发展成熟，科技创新、人才培养、研究队伍、平台建设、交流合作、学术成果等方面取得较大成就。

（一）学科建设能力不断加强

1. 学科体系

目前，我国农业工程学科已形成了中专、大专、本科、硕士、博士、博士后等多层次的人才培养体系。全国已有70余所高校设有农业工程类本科专业，8所高校具有农业工程一级学科博士学位授予权，10个农业工程一级学科博士、硕士学位授予权点。近5年来，农业工程学科保持较为稳定的学科体系（表1），农业工程及相关专业的在校生人数不断增加。目前，农业工程学科拥有一级学科国家重点学科1个，二级学科国家重点学科5个，二级学科国家重点学科培育点2个。其中，2011—2015年农业工程类新增博士点学科3个，分别为2011年河海大学的农业水土资源保护学科、石河子大学的农业工程以及山东农业大学的农业工程。而2012年中国农业科学院新增的设施农业与生态工程博士点二级学科则列入生态学一级学科内。根据2012年教育部四次修订的《普通高等学校本科专业目录》，农业工程类（0823）列于工程学科门类（08）下的一级学科，下设农业工程（082301）、农业机械化及其自动化（082302）、农业电气化（082303）、农业建筑环境与能源工程（082304）、农业水利工程（082305）。

2. 博士后流动站

截止2015年，我国农业工程博士后流动站共20个（表2）。

表1　农业工程国家重点学科和重点学科培育点

类　　别	学科方向	单　　位
一级学科国家重点学科		中国农业大学
二级学科国家重点学科	农业机械化工程	东北农业大学，吉林大学，浙江大学
	农业电气化	江苏大学
	农业水土工程	西北农林科技大学
二级学科国家重点学科培育点	农业机械化工程	华南农业大学
	农业水土工程	内蒙古农业大学
2011—2015年新增农业工程类博士点学科	农业水土资源保护学科	河海大学
	农业工程	石河子大学

表2　农业工程学科博士后流动站

序号	博士后流动站设站单位	序号	博士后流动站设站单位
1	河北农业大学	5	山东农业大学
2	河海大学	6	沈阳农业大学
3	江苏大学	7	西北农林科技大学
4	南京农业大学	8	扬州大学

序号	博士后流动站设站单位	序号	博士后流动站设站单位
9	中国农业大学	15	华中农业大学
10	中国农业科学院	16	吉林大学
11	东北农业大学	17	内蒙古农业大学
12	河南农业大学	18	山西农业大学
13	黑龙江八一农垦大学	19	云南师范大学
14	华南农业大学	20	浙江大学

3. 研究方向

许多高校和科研院所的农业工程学科围绕区域经济社会发展和农业农村工作的现代化需要，不断凝练研究方向，深入基层调研，努力加强基础研究和应用研究，形成了一批特色鲜明、在国内外有较大影响力的研究方向（表3），如中国农业大学的保护性耕作和精细农业技术、西北农林科技大学的节水农业技术、北京市农林科学院的农业信息化与智能装备技术、吉林大学的农业机械仿生技术、浙江大学的农产品品质智能化检测分级技术装备等。

表 3　二级学科主要研究方向

学科	主要研究方向
农业机械化工程	农业机械动力系统、农业机械装备工程、农业装备智能控制技术、地面机械仿生理论与技术、生物表面与生物摩擦学、农业机械仿生技术、设备维修工程、机械化生产与管理信息系统、MEMS技术、农业机械性能设计与测试技术与仪器设备、天然产物加工技术与装备、数字化设计、精确农业技术与智能机械
农业生物环境与农村能源工程	动物环境工程、植物环境工程、区域规划与农业建筑工程、新能源与环境工程、农业设施自动化控制、生物质资源化利用、环境废弃物处理、设施园艺密闭式植物工厂、规模化养殖模式建筑与环境控制等
农业电气化与信息化工程	精细农业关键技术与系统集成、农村电力与新能源发电、农业生产过程自动检测与智能控制装备、智能化农业信息系统、农业空间信息处理与虚拟现实技术、农业网络与通信技术
农产品加工与贮藏工程	农产品加工及贮藏的原理和理论、农产品贮运、加工及加工中副产品的综合利用、新型营养保健食品加工工艺、技术和设备、特色农产品资源加工及贮藏的基础理论和生产技术、农产品品质和安全快速检测与追溯技术等
农业水利工程	灌溉排水、节水农业技术、农田水土保持、土壤改良、农业水土资源与环境、农业水土工程建筑、设施中的农业水土工程等

注：本表参考了2012年教育部四次修订的《普通高等学校本科专业目录》和农业工程学科群建设相关内容。

（二）科学研究队伍不断壮大

随着农业工程学科在农业领域影响的加大，其科学研究队伍结构不断优化，已建成了一支由院士、长江学者、求是学者、国家千人计划入选者、"863"计划首席专家、教育部新世纪优秀人才、中国青年科技奖获得者、农业科研杰出人才等为带头人，一大批优秀中青年专家为骨干的学术梯队。

1. 两院院士

截至目前，农业工程学科拥有中国工程院院士11名，中国科学院院士1名。其中，2011—2015年新增院士3名，分别为2011年、2013年、2015年获得中国工程院院士称号的康绍忠教授，陈学庚研究员和李天来教授，三位院士所在的二级学科分别为农业水土工程、农业机械化工程及农业生物环境与农村能源工程。

2. 学科领军人才

2011年以来，农业工程学科在农业电气化与信息化工程、农业水土工程、农业生物环境与能源工程、农业机械化等学科方向涌现了一大批国家千人计划、国家杰出青年科学基金获得者、教育部新世纪优秀人才、长江学者、农业科研杰出人才等学科领军人才。2011—2015年，新增国家千人计划入选者5名、新世纪百千万人才工程国家级人选5名、国家杰出青年科学基金2名、教育部"长江学者奖励计划"特聘教授3名、"863"计划数字农业技术与装备主题专家5名、教育部新世纪优秀人才10名。其中，与2006—2010年比，中国青年科技奖获得者3名，比2006—2010年增加1名，政府特殊津贴4名，增加2名。此外，还有一大批省级及地方人才，如2014年中国农业大学4名专家被评为"大北农青年学者奖"获得者，南京农业大学3名学者获2011年江苏省"333高层次人才培养工程"等（表4）。

表4 农业工程学科主要学科领军人才（2011—2015年）

学术称号或荣誉称号	姓　名	所在二级学科	所在单位	年份
中国工程院院士	康绍忠	农业水利工程	中国农业大学	2011
中国工程院院士	陈学庚	农业机械化工程	新疆农垦科学院	2013
中国工程院院士	李天来	农业生物环境与农村能源工程	沈阳农业大学	2015
国家杰出专业技术人才	赵春江	农业电气化与信息化工程	国家农业信息化工程技术研究中心	2014
国家千人计划入选者	张源辉	农业生物环境与农村能源工程	中国农业大学	2011
	司炳成	农业水利工程	西北农林科技大学	2011
	李延斌	农业电气化与信息化工程	浙江大学	2011
	兰玉彬	农业电气化与信息化工程	北京市农林科学院	2012
	刘国海	农业电气化与信息化工程	江苏大学	2013

学术称号或荣誉称号	姓名	所在二级学科	所在单位	年份
国家杰出青年科学基金	黄冠华	农业水利工程	中国农业大学	2011
	江正强	食品科学	中国农业大学	2015
国家有突出贡献的中青年专家	方宪法	农业机械化工程	中国农业机械化科学研究院	2013
教育部长江学者奖励计划特聘教授	陈冠益	农业生物环境与农村能源工程	天津大学	2014
	黄冠华	农业水利工程	中国农业大学	2011
	江正强	食品科学	中国农业大学	2015
"863"计划数字农业技术与装备主题专家	罗锡文	农业机械化工程	华南农业大学	2012
	方宪法	农业机械化工程	中国农业机械化科学研究员	2012
	何勇	农业机械化工程/农业电气化与信息化工程	浙江大学	2012
	赵春江	农业电气化与信息化工程	国家农业信息化工程技术研究中心	2012
	许世卫	农业电气化与信息化工程	中国农业科学院农业信息研究所	2014
教育部新世纪优秀人才	张小栓	农业电气化与信息化工程	中国农业大学	2011
	付强	农业水利工程	东北农业大学	2011
	杜太生	农业水利工程	中国农业大学	2011
	邹小波	农业电气化与信息化工程	江苏大学	2011
	霍再林	农业水利工程	中国农业大学	2012
	韩文霆	农业水利工程	西北农林科技大学	2012
	朱艳	农业电气化与信息化工程	南京农业大学	2012
	李道亮	农业电气化与信息化工程	中国农业大学	2013
	薛慧	农业电气化与信息化工程	中国农业大学	2013
	施伟东	农业电气化与信息化工程	江苏大学	2013
新世纪百千万人才工程国家级人选	杨其长	农业生物环境与农村能源工程	中国农业科学院农业环境与可持续发展研究所	2013
	方宪法	农业机械化工程	中国农业机械化科学研究院	2013
	赵立欣	农业生物环境与农村能源工程	农业部规划设计研究院	2014
	陈立平	农业电气化与信息化工程	国家农业智能装备工程技术研究中心	2014
	刘国海	农业电气化与信息化工程	江苏大学	2013
中国青年科技奖	李道亮	农业电气化与信息化工程	中国农业大学	2011
	朱艳	农业电气化与信息化工程	南京农业大学	2013
	陈立平	农业电气化与信息化工程	国家农业信息化工程技术研究中心	2014

续表

学术称号或荣誉称号	姓名	所在二级学科	所在单位	年份
国家优秀青年基金	杜太生	农业水利工程	中国农业大学	2011
	霍再林	农业水利工程	中国农业大学	2012
国家自然基金委优秀创新群体	康绍忠	农业水利工程	中国农业大学	2013
教育部创新团队	李洪文	保护性耕作技术与装备	中国农业大学	2013
科技部国家重点领域创新团队	赵春江	农业电气化与信息化工程	国家农业信息化工程技术研究中心	2014
中国科协求是杰出青年成果转化奖	魏灵玲	农业生物环境与农村能源工程	中国农业科学院农业环境与可持续发展研究所	2014
科技部中青年科技创新领军人才	朱艳	农业电气化与信息化工程	南京农业大学	2013
	李道亮	农业电气化与信息化工程	中国农业大学	2013
	陈立平	农业电气化与信息化工程	国家农业智能装备工程技术研究中心	2014
国务院政府特殊津贴专家	赵立欣	农业生物环境与农村能源工程	农业部规划设计研究院	2012
	吴德胜	农业机械化工程	中机华丰（北京）科技有限公司	2012
	王全喜	农业机械化工程	中国农业机械化科学研究院呼和浩特分院	2012
	陈立平	农业电气化与信息化工程	国家农业智能装备工程技术研究中心	2014
全国农业先进个人	裴志远	农业生物环境与农村能源工程	农业部规划设计研究院	2013
中央国家机关"五一"劳动奖章	赵立欣	农业生物环境与农村能源工程	农业部规划设计研究院	2014
	许迪	农业水土工程	中国水利水电科学研究院	2014
农业部全国农业科研杰出人才及创新团队	赵春江	农业电气化与信息化工程	国家农业信息化工程技术研究中心	2011
	朱松明	农业生物环境与农村能源工程	浙江大学	2011
	邓宇	农业生物环境与农村能源工程	农业部沼气研究所	2011
	李保明	农业生物环境与农村能源工程	中国农业大学	2011
	应义斌	农业机械化工程	浙江大学	2012
	杨其长	农业生物环境与农村能源工程	中国农业科学院	2012
	赵立欣	农业生物环境与农村能源工程	农业部规划设计研究院	2012
	周长吉	农业生物环境与农村能源工程	农业部规划设计研究院	2012
水利部"5151人才工程"人选	司振江	农业水利工程	黑龙江省水利科学研究院	2013
中国科协全国优秀科技工作者	李洪文	农业机械化工程	中国农业大学	2012
	袁寿其	农业机械化工程	江苏大学	2012
	尚书旗	农业机械化工程	青岛农业大学	2012
	郑文刚	农业电气化与信息化工程	国家农业智能装备工程技术研究中心	2014

学术称号或荣誉称号	姓名	所在二级学科	所在单位	年份
中国科协全国优秀科技工作者	李道亮	农业电气化与信息化工程	中国农业大学	2014
	赵立欣	农业生物环境与农村能源工程	农业部规划设计研究院	2014
中组部青年拔尖人才	史良胜	农业水利工程	武汉大学	2012
国家特支计划百千万工程领军人才	袁寿其	农业机械化工程	江苏大学	2013
	赵春江	农业电气化与信息化工程	国家农业信息化工程技术研究中心	2014
全国新闻出版行业第四批领军人才	魏秀菊	农业水土工程	农业部规划设计研究院《农业工程学报》	2014

（三）科技创新成果再创佳绩

2011—2015 年，农业工程学科立足"三农"领域，扎实推进科技成果转化落地，做好科技成果奖励计划，鼓励产学研结合，在农业电气化自动化与信息化、农业机械化工程、农业水土工程、农业生物环境与农村能源工程各学科方向取得了显著的成就，获得了一批国家级奖项，新增了一批国家级及国际合作项目。

1. 获多项国家科技成果

2011—2015 年，农业工程学科共获得各类国家级科技成果奖励 31 项，其中国家自然科学奖二等奖 1 项，国家技术发明奖二等奖 4 项，国家科技进步奖一等奖 1 项，国家科技进步奖二等奖 25 项（表 5）。

表 5　2011—2015 年农业工程学科所获得国家科技成果

序号	获奖名称	主要完成人	完成单位	获奖等级	年份
1	玉米籽实与秸秆收获关键技术装备	陈志，李树君，韩增德，等	中国农业机械化科学研究院	国家科学技术进步奖二等奖	
2	土壤作物信息采集与肥水精量实施关键技术及装备	刘成良，陈立平，黄丹枫，等	上海交通大学，北京农业智能装备技术研究中心，中国科学院南京土壤所，等	国家科学技术进步奖二等奖	
3	节水滴灌技术创新工程		新疆天业节水灌溉股份有限公司	国家科学技术进步奖二等奖	2011
4	嗜热真菌耐热木聚糖酶的产业化关键技术及应用	李里特，江正强，程少博，等	中国农业大学，河南工业大学，山东龙力生物科技股份有限公司，等	国家科学技术进步奖二等奖	
5	农产品高值化挤压加工与装备关键技术研究及应用	金征宇，申德超，陈善峰，等	山东理工大学，江南大学，江苏牧羊集团有限公司	国家科学技术进步奖二等奖	

续表

序号	获奖名称	主要完成人	完成单位	获奖等级	年份
6	都市型现代农业高效用水原理与集成技术研究	刘洪禄，吴文勇，杨培岭，等	北京市水利科学研究所，中国农业大学，北京农业智能装备技术研究中心，等	国家科学技术进步奖二等奖	2012
7	畜禽粪便沼气处理清洁发展机制方法学和技术开发与应用	董红敏，李玉娥，董泰丽，等	中国农业科学院农业环境与可持续发展研究所，中国农业大学，杭州能源环境工程有限公司，等	国家科学技术进步奖二等奖	
8	果蔬食品的高品质干燥关键技术研究及应用	张慜，张卫明，孙金才，等	江南大学，宁波海通食品科技有限公司，中华全国供销合作总社南京野生植物综合利用研究院，等	国家科学技术进步奖二等奖	
9	油菜联合收割机关键技术与装备	李耀明，徐立章，陈进，等	江苏大学，农业部南京农业机械化研究所	国家技术发明奖二等奖	
10	干旱内陆河流域考虑生态的水资源配置理论与调控技术及其应用	康绍忠，杜太生，粟晓玲，等	中国农业大学，西北农林科技大学，甘肃省水利厅石羊河流域管理局，等	国家科学技术进步奖二等奖	
11	秸秆成型燃料高效清洁生产与燃烧关键技术装备	赵立欣，田宜水，孟海波，等	农业部规划设计研究院，合肥天焱绿色能源开发有限公司，北京盛昌绿能科技有限公司	国家科学技术进步奖二等奖	
12	农业废弃物成型燃料清洁生产技术与整套设备	雷廷宙，石书田，张全国，等	河南省科学院能源研究所有限公司，北京奥科瑞丰新能源股份有限公司，河南农业大学，等	国家科学技术进步奖二等奖	2013
13	苹果贮藏保鲜与综合加工关键技术研究及应用	胡小松，吴茂玉，廖小军，等	中华全国供销合作总社济南果品研究院，中国农业大学，烟台北方安德利果汁股份有限公司，等	国家科学技术进步奖二等奖	
14	保护性耕作技术	李洪文，李问盈，蒋和平，路战远，王相友，何进，程国彦，许英，张德健，王玉芬	中国农业大学，内蒙古农牧科学院，山东理工大学，内蒙古农机推广站，中国农业科学技术出版社，内蒙古大学，科学普及出版社	国家科学技术进步奖二等奖	
15	仿生耦合多功能表面构建原理与关键技术	任露泉，周宏，张志辉，邱小明，刘国懿，李家勋	吉林大学，一汽铸造有限公司、广东美的生活电器制造有限公司	国家技术发明奖二等奖	
16	黄土区土壤—植物系统水动力学与调控机制	邵明安，张建华，上官周平，黄明斌，康绍忠	中国科学院、水利部水土保持研究所，香港浸会大学，西北农林科技大学	国家自然科学奖二等奖	
17	滴灌水肥一体化专用肥料及配套技术研发与应用	尹飞虎，陈云，李光永，关新元，尹强，王军，任奎东，柴付军，黄兴法，樊庆鲁	新疆农垦科学院，中国农业大学，新疆惠利节水灌溉有限责任公司，石河子开发区三益化工有限责任公司，河北丰旺农业科技有限公司等	国家科技进步奖二等奖	2014

序号	获奖名称	主要完成人	完成单位	获奖等级	年份
18	流域水循环演变机理与水资源高效利用	王浩、贾仰文、康绍忠、陈吉宁、王建华、曹寅白、陆垂裕、汪林、周祖昊、刘家宏、甘泓、仇亚琴、游进军、牛存稳、雷晓辉	中国水利水电科学研究院，清华大学，中国农业大学，水利部海河水利委员会	国家科技进步奖一等奖	
19	辣椒天然产物高值化提取分离关键技术与产业化	卢庆国、张卫明、张泽生、曹雁平、连运河、赵伯涛、陈运霞、李凤飞、韩文杰、高伟	晨光生物科技集团股份有限公司，中华全国供销合作总社南京野生植物综合利用研究所，天津科技大学，北京工商大学，新疆晨光天然色素有限公司，营口晨光植物提取设备有限公司	国家科技进步奖二等奖	
20	房间空气调节器节能关键技术研究及产业化	李金波、李强、朱良红、张国柱、孙铁军、游斌、吴文新、邝旭卫、刘挺、赵鹏	广东美的制冷设备有限公司，中国家用电器研究院	国家科技进步奖二等奖	
21	高耐性酵母关键技术研究与产业化	俞学锋、曾晓雁、陈雄、肖冬光、李知洪、张翠英、李志军、李祥友、陈叶福、王志	安琪酵母股份有限公司，天津科技大学，湖北工业大学，华中科技大学	国家科技进步奖二等奖	2014
22	新型香精制备与香气品质控制关键技术及应用	肖作兵、纪红兵、佘远斌、牛云蔚、汪晨辉、谢华、王明凡、刘晓东、张福财、张树林	上海应用技术学院，中山大学，北京工业大学，漯河双汇生物工程技术有限公司，上海百润香精香料股份有限公司，深圳波顿香料有限公司，青岛花帝食品配料有限公司	国家科技进步奖二等奖	
23	筒子纱数字化自动染色成套技术与装备	单忠德、陈队范、吴双峰、刘琳、鹿庆福、王绍宗、张倩、王家宾、靳云发、沈敏举、杨万然、刘子斌、罗俊、李树广、李周	山东康平纳集团有限公司，机械科学研究总院，鲁泰纺织股份有限公司	国家科技进步奖二等奖	
24	基于干法活化的食用油脱色吸附材料开发与应用	王兴国、陈天虎、金叶玲、刘元法、黄健花、陈静	江南大学，合肥工业大学，淮阴工学院	国家技术发明奖二等奖	

序号	获奖名称	主要完成人	完成单位	获奖等级	年份
25	高效能棉纺精梳关键技术及其产业化应用	任家智，苏善珍，崔世忠，高卫东，张立彬，谢春萍，张一风，马驰，钱建新，贾国欣	江苏凯宫机械股份有限公司，中原工学院，江南大学，上海昊昌机电设备有限公司，河南工程学院	国家科技进步奖二等奖	2014
26	新型熔喷非织造材料的关键制备技术及其产业化	程博闻，唐世君，陈华泽，刘玉军，邢克琪，康卫民，宋晓艳，庄旭品，刘亚，杨文娟	天津工业大学，天津泰达洁净材料有限公司，中国人民解放军总后勤部军需装备研究所，宏大研究院有限公司	国家科技进步奖二等奖	
27	花生收获机械化关键技术与装备	胡志超，彭宝良，胡良龙，谢焕雄，吴峰，查建兵	农业部南京农业机械化研究所，江苏宇成动力集团有限公司	国家技术发明奖二等奖	
28	精量滴灌关键技术与产品研发及应用	王栋，许迪，龚时宏，王冲，高占义，仵峰，黄修桥，王建东，张金宏，薛瑞清	甘肃大禹节水集团股份有限公司，中国水利水电科学研究院，华北水利水电大学，水利部科技推广中心，中国农业科学院农田灌溉研究所，大禹节水（天津）有限公司	国家科学技术进步奖二等奖	
29	新型低能耗多功能节水灌溉装备关键技术研究与应用	施卫东，李红，王新坤，刘建瑞，范永申，朱兴业，周岭，刘俊萍，陈超，李伟	江苏大学，中国农业科学院农田灌溉研究所，上海华维节水灌溉有限公司，江苏旺达喷灌机有限公司，徐州潜龙泵业有限公司，台州佳迪泵业有限公司，福州海霖机电有限公司	国家科学技术进步奖二等奖	2015
30	植物—环境信息快速感知与物联网实时监控技术及装备	何勇，杨信廷，史舟，刘飞，田宏武，罗斌，聂鹏程，冯雷，邵咏妮，张洪	浙江大学，北京农业信息技术研究中心，北京派得伟业科技发展有限公司，浙江睿洋科技有限公司，北京农业智能装备技术研究中心	国家科学技术进步奖二等奖	
31	农林废弃物清洁热解气化多联产关键技术与装备	陈冠益，董玉平，许敏，柏雪源，董磊，孙立，周松林，马革，颜蓓蓓，马文超	天津大学，山东大学，山东理工大学，山东省科学院能源研究所，山东百川同创能源有限公司，张家界三木能源开发有限公司，广州迪森热能技术股份有限公司	国家科学技术进步奖二等奖	

2. 学科最新进展与创新标志性成果

（1）农业机械化工程

在玉米秸秆收获关键技术及智能装备、保护性耕作关键技术与装备、油菜联合收割机关键技术与装备等方面取得了重要突破，首创了不分行玉米联合收获机、青贮饲料收获机、大（小）方捆玉米秸秆打捆机、高效插秧机、低损失油菜割台和新型秸秆揉切机等系列产品，研发了一批小麦、水稻、玉米、大豆、马铃薯等主要粮食作物耕种收机械化装备。这些农业机械化、自动化设备的成功推广，有力推动了我国现代农业装备制造技术的快速发展和农业机械化水平的不断提高，加快了农业现代化发展步伐。

1）玉米籽实与秸秆收获关键技术装备，获 2011 年度国家科技进步奖二等奖。

该项目针对玉米收获、秸秆收集贮运、秸秆饲料加工、秸秆转化为生物质能等主要环节，以满足玉米全价值利用为目的，开展了玉米关键技术装备的研发，突破了玉米不分行收获、青饲低茬收割及秸秆压缩成型等关键技术；首创了不分行玉米联合收获机、青贮饲料收获机、大（小）方捆玉米秸秆打捆机等，并实现了批量化生产。项目的实施，构建了玉米收获全程机械化作业体系，引导了产业发展，使 2009 年全国玉米机械化收获比例提高至 16.91%，秸秆捡拾打捆面积提高了 13.36%，全面提升了我国玉米机械化收获装备技术水平，推动了玉米收获的技术进步和机械化水平的提高。

2）油菜联合收割机关键技术与装备，获 2013 年度国家技术发明奖二等奖。

该项目在四个核心难题上取得了原创性突破，解决了油菜机械化联合收获难题。主要发明点为：发明了油菜揉搓—冲击复合式低损伤脱粒技术和切纵流低损伤脱粒分离装置，解决了高脱净率与低破碎率相互矛盾的难题；提出了油菜清选减粘脱附新方法，发明了油菜脱出物风筛式高效清选技术与装置，解决了油菜湿粘脱出物在筛面上粘连、堵塞筛孔的难题，提高了脱出物快速分层透筛效率；发明了低损失油菜割台，使油菜收获过程中由分禾撕扯、角果炸荚飞溅等形成的割台损失减少 50% 以上；提出了联合收割机作业状态多变量灰色预测方法，发明了作业速度自动控制及作业流程故障诊断系统，保障了整机性能稳定，实现了作业流程的故障预警和报警。本项目授权发明专利 13 件，另申请发明专利 8 件。研究成果 2008 年起在常发锋陵、江苏沃得、星光农机等国内主要油菜联合收割机企业应用。近 3 年累计销售油菜联合收割机产品 13360 台，新增销售收入 12.69 亿元、利税 2.78 亿元，为我国油料安全提供了装备保障。

3）保护性耕作技术：获 2013 年度国家科技进步奖二等奖。

该项目以普及国家重点推广的农业技术，促进农业可持续发展和农村生态文明建设为目标开展关键技术研发及突破。2002 年，农业部开始重点推广此项技术，中央一号文件连续 8 年提出相关要求。中国农业大学保护性耕作技术团队从 1992 年开始此项技术研究，取得一批创新性成果，3 次获得国家科技进步奖二等奖，为本图书创作提供了"技术源"；编印了 20 多种宣传、培训材料，出版专著 6 本，为本图书创作积累了经验。该项目获得 1 项发明专利，1 项实用新型专利。中国农学会、农业部保护性耕作专家组、中科院李振声院士（国家最高奖获得者）等对本书给予了较好评价。2011 年，本图书获得农业部、中国农学会授予的"中华农业科技奖科普奖第一名"。该书已被翻译成蒙汉文对照版（正式出版）、英文版（非正式出版）；经授权，一些国家或国际组织正在将本书翻译成西班牙语、越南语、孟加拉语、泰语、非洲的斯瓦希里语等语言。联合国粮农组织、非洲保护性耕作网、国际热带农学会等国际组织已将本图书中文版、英文版上传至官网。3个国际组织已采用类似表达方式，印刷宣传材料。第五届世界保护性农业大会邀请团队携带本图书在大会展出。

4）仿生耦合多功能表面构建原理与关键技术：获得2013年度国家技术发明奖二等奖。

该项目突破传统认识，提出用表面材料、几何形态和物理结构等多元耦合仿生原理破解工程难题的新理念、新方法，构建仿生耦合多功能表面，发明了面向静态高温成型界面、重载高温摩擦界面和静态高温多相界面的耐磨、增阻、抗疲劳和减粘仿生耦合一体化表面技术。该技术已在吉林、辽宁、浙江、广东4省的机械和轻工生产中发挥了重要作用，近3年新增产值14亿元、新增利税3.37亿元、节约资金4835万元，在机械部件延寿、增效、节能和环保领域产生重要影响。

（2）农业水土工程

在节水灌溉技术、都市型现代农业高效用水、干旱内陆河流域考虑生态的水资源配置理论与调控技术和节水滴灌技术等方面取得了重要进展，突破了一批具有自主知识产权的核心技术，形成了一系列农业节水灌溉产品及成套技术，开发了基于模糊多目标规划的流域水资源管理决策支持系统，实现了节水技术产业化，促进了传统农业灌溉方式向现代农业高效节水灌溉方式的革命性转变，形成了多套主要作物节水调质高效生产技术标准，实现了流域尺度全部机井同时采用IC卡智能控制供水。这些重点研究进展及关键技术突破有力地推动了我国农业水利化发展，生物节水、工程节水和管理节水技术等成套技术的落地应用，大大提高了水土资源利用的效率和效益，增强了水土资源的承载能力，为我国农业可持续发展提供了重要科技保障。

1）干旱内陆河流域考虑生态的水资源配置理论与调控技术及其应用，获2013年度国家科学进步奖二等奖。

该项目首次提出了定量评价气候变化与人类活动对流域地表径流与耗水影响的新方法，建立了融合ANN与数值方法的干旱区地表径流—地下水耦合模型；创建了多尺度多层分布式农田耗水观测系统，揭示了13种主要农作物和4种防风固沙植物的耗水规律，确定了变化环境下典型农作物的需水指标与控制阈值，作物水效率提高20.5% ~ 30.8%。创建了考虑生态的干旱内陆河流域水资源科学配置理论与调控方法，解决了流域生态配水效益无法量化的技术难题，构建了含有全模糊系数、模糊约束及模糊目标的节水型种植结构优化方法，开发了基于模糊多目标规划的流域水资源管理决策支持系统，使水资源综合效益提高58.05%。系统提出了考虑水分—产量—品质耦合关系的节水调质高效灌溉理论与决策方法，开发了果树、温室蔬菜、膜下滴灌棉花等作物的节水调质高效灌溉综合技术体系，形成了9套主要作物节水调质高效生产技术标准，建立了干旱内陆河流域上、中、下游不同类型的区域高效节水集成模式，综合灌溉水生产率提高 $0.21kg/m^3$。研制了实现流域尺度作物—农田—渠系—水源多过程综合节水调控的12种系列新产品以及流域水资源管理网络系统，首次实现了流域尺度全部 14240 眼机井同时采用 IC 卡智能控制供水。成果在典型生态脆弱区集成应用后，农业用水减少 6.7%，综合灌溉水生产率提高 17.4%，有效遏制了区域地下水位下降，实现了流域整体节水、粮食增产、农民增益和生态环境改善。

2）都市型现代农业高效用水原理与集成技术研究，获 2012 年度国家科学进步奖二等奖。

该项目在植物需水诊断方法与灌溉决策技术、灌溉水肥一体化调控原理技术与产品、基于目标耗水量（ET）阈值的都市农业节水技术集成模式等三方面取得重要创新。开创性地研制了基于大型高精度杠杆称重式、水位可控式蒸渗仪和信息实时监控的智能化植物需水诊断平台，提出了定量表征设施农业、果园、绿化植物等都市灌溉型植物 SPAC 水分传输关系方法及其耗水规律，率先构建了节水型绿地建植模式。国内首次提出了喷灌条件下植物冠层截留水量损失估算模型、不同气候区均匀系数设计标准的取值范围和滴灌土壤水氮调控技术与方法。研制了 10 种灌水、水肥调控及墒情监测设备，建立了全国农田墒情信息网络平台。系统地提出了基于目标耗水量（ET）的农业用水管理方法，构建了设施农业水肥一体化高效节水技术集成模式、果园智能化精量灌溉技术集成模式和都市绿地"清水零消耗"生态节水技术集成模式，填补了多项国内空白。在全国 12 省（市、自治区）累计推广面积 912.96 万亩。

3）节水滴灌技术创新工程，获 2011 年度国家科技进步奖二等奖。

该项目以开发和应用推广中国和世界农民都用得起的高效节水器材为宗旨，以建成一套完善的技术创新体系为目标，完善了研发机构、创新人才、知识产权管理、文化建设、产学研合作工作以及技术创新"六大工程建设"，突破了一批具有自主知识产权的核心技术，实现了节水技术产业化，促进了传统农业灌溉方式向现代农业高效节水灌溉方式的革命性转变。首创的膜下滴灌技术，生产出了包括滴灌带、滴灌管和与之配套的 PVC 管材、管件的开发、加工、生产，农田灌溉系统设计与施工等。形成了 1000 万亩（1 亩 =667 平方米，下同）节水器材、10 万吨 PVC 管材的生产能力。

4）流域水循环演变机理与水资源高效利用，获 2014 年度国家科技进步奖一等奖。

由中国水利水电科学研究院、清华大学、中国农业大学、水利部海河水利委员会等单位合作完成的"流域水循环演变机理与水资源高效利用"成果荣获 2014 年度国家科技进步奖一等奖。该成果在流域水循环、水资源、水环境与生态演变机理以及农田与城市单元水分循环过程与高效用水机制研究的基础上，首次提出了基于水循环的"量—质—效"全口径多尺度水资源综合评价方法、水循环整体多维临界调控理论与模式，形成了流域水分利用从低效到高效转化的理论和实施方案，对人类活动密集缺水地区的涉水决策与调控管理具有重要的指导意义，研究成果已在海河流域和我国北方地区得到广泛应用。共发表论文 633 篇，其中 SCI 收录 167 篇、他引 910 次，EI 收录 158 篇，出版专著 26 部；获发明专利授权 9 项，软件著作权 14 项。

5）滴灌水肥一体化专用肥料及配套技术研发与应用，获2014年度国家科技进步奖二等奖。

该项目针对当时滴灌水肥一体化急需解决的专用肥料和水肥均匀输入等关键问题，历时16年研究，针对肥料中元素间的拮抗作用，发明了一种新型农用微量元素复合型络合剂及相应的共体——分步络合技术，解决了固体滴灌专用肥生产中磷与多种金属微量元素结合时易形成沉淀的难题。解决了滴灌专用肥生产中高水溶性磷制备的技术难题，攻克了固体滴灌专用肥中元素间防拮抗关键技术，开发出了适应于不同条件的滴灌水肥一体化灌水施肥装置。研制出适应于大田作物滴灌施肥的敞口式施肥器，克服了压差式施肥器加肥不便、肥料进入管道浓度不均匀的问题，开发出适应设施园艺作物的全自动灌溉施肥过滤一体化机，实现了水肥信息自动采集、自动灌溉与精确施肥，发明了滴灌输水稳流装置，提高水肥施入均匀度5%以上，设备造价比同类进口产品低20%～40%，建立了主要作物水肥一体化高效利用综合技术模式和完善的技术规程，创建了不同类型区、不同作物的水肥一体化技术体系，并大规模应用于生产。项目成果已在国内新疆、河北、内蒙古、广东等13省（区）大面积推广应用，2011—2013年应用面积达6792.8万亩，新增效益58.05亿元。通过该项目研究，获国家授权专利32件，其中发明专利6件、软件著作权5项。

6）黄土区土壤—植物系统水动力学与调控机制，获2013年国家自然科学奖二等奖。

该成果针对黄土区旱地土壤—植物系统，通过大量、系统的长期定位试验、室内模拟、过程辨析与数学建模，对土壤—植物系统中水分吸收、运移与利用进行了定量化研究，建立了土壤—植物系统水分动力学理论与模型，并面向旱地农业生态系统的水分可持续管理理论与技术。该成果以认识土壤—植物系统中的水动力学过程和水分有效性为研究主线，以调控植物干旱逆境和水土环境为科学核心，通过在黄土高原长期的试验研究，获得了土壤水文学参数最通用的 vanGenuchten 模型的解析表达式，建立了确定参数的新方法，分析求解了土壤水分运动的 Richards 方程，有效解决了长期困扰该领域其参数的唯一性、准确性和实用性问题，Richards 方程的分析解是土壤物理的突破。阐明了干旱逆境下土壤—植物根—冠间信号产生、运输及其对地上部水分的调控机制，提出了利用土—根—冠通信调控植物干旱逆境的新途径。建立了 SPAC 水分运动模型，形成了系统的 SPAC 水运转理论；构建了适于旱区土壤—植被系统水分管理的调控理论，为旱区农业和生态系统水调控提供了重要理论依据。该研究促进了对土壤—植物系统水动力学性质的进一步深刻认识，完善其水分运转的定量模型，探索作物节水调控的生理机制，促进区域水转化关系的认识和节水型农业结构的建立，其科学意义重大，应用前景广阔。

（3）农业生物环境与农村能源工程

农业生物环境与农村能源工程学科成果最为显著，尤其在农林废弃物清洁热解多联产关键技术与装备、生物质固体成型燃料成型工艺、设备与相关标准体系制定、农业废弃物成型燃料清洁生产技术与整套设备、畜禽粪便沼气处理清洁发展机制方法学和技术开发与应用、秸秆成型燃料高效清洁生产与燃烧关键技术装备、处理清洁技术等方面取得较大进展，研制了颗粒机环模、分体嵌接式压块机环模、嵌入式孔型压辊等关键部件，研发了秸秆颗粒成型机、秸秆压块成型机和秸秆成型燃料高效燃烧设备，发明了焦油在线检测与监控联动装置，并集成高品质燃气、燃油、复合肥技术工艺体，建成了我国首条秸秆成型燃料生产线，显著改善了我国动植物生产环境，有力促进了我国农村能源产业化的发展。

1）畜禽粪便沼气处理清洁发展机制方法学和技术开发与应用：获 2012 年度国家科技进步奖二等奖。

该项目首次成功地将清洁发展机制（CDM）方法学研究应用于畜禽粪便沼气发电工程中，使项目真正实现以沼气为纽带的热、电、肥、温室气体减排联产的循环生态模式，为行业的持续健康发展指明了方向。

2）秸秆成型燃料高效清洁生产与燃烧关键技术装备，获 2013 年度国家科学进步奖二等奖。

该项目主要针对我国秸秆成型燃料产业化存在的成型设备关键部件使用寿命短、燃烧设备结渣严重等问题，围绕着"理论基础—成型技术—燃烧技术—标准体系"等四个方面，潜心研究，取得了以下成果：形成了秸秆物料特性、成型与燃烧机理等理论基础；创新研制了颗粒机环模、分体嵌接式压块机环模、嵌入式孔型压辊等关键部件，研发了 3 种型号秸秆颗粒成型机和两种型号秸秆压块成型机，并建成我国首条秸秆成型燃料生产线；创新研发了基于秸秆灰分含量及灰成分分析的抗结渣剂配方，集成开发出适合我国的秸秆成型燃料高效燃烧设备；构建了我国秸秆成型燃料标准体系。项目成果获授权发明专利 3 件，实用新型专利 22 件，发布农业行业标准 13 项，发表论文 57 篇。成果应用推广 10 个省市。近 3 年，累计为农户提供 156.38 万吨清洁燃料，取得了巨大的经济社会效益，有力促进了我国秸秆成型燃料产业化的发展。

3）农林废弃物清洁热解多联产关键技术与装备，获 2015 年国家科学技术进步奖二等奖。

针对气化过程中存在的技术、工艺等问题，研究了农林废弃物热解气化过程中的化学反应机理，研发了系列生物质气化装备，发明了焦油在线检测与监控联动装置，并集成高品质燃气、燃油、复合肥技术工艺体。

4）农业废弃物成型燃料清洁生产技术与整套设备，获 2013 年度国家科技进步奖二等奖。

该项目首次系统地进行农业废弃物的干燥、粉碎、成型特性和机理的研究，建成了我国最大规模的农业废弃物成型燃料生产应用基地，有效解决了农业废弃物资源的收集、运输与储存问题。此项目的应用有效地改善了我国能源结构，减轻大气环境污染，避免农业废弃物随意焚烧带来的火灾和交通安全隐患。生产的商品化成型燃料，可作为固体燃料直接用于发电、工业锅炉、炊事采暖等用能设备替代煤炭燃烧利用，还可进一步转化为生物质燃气、液体燃料等能源产品，作为城市燃气和车用燃料使用，应用领域十分广泛。

（4）农业电气化与信息化工程

重点突破作物信息采集与肥水精量实施关键技术及装备，农业环境数据获取、处理与建模技术，农业传感器领域科技成果转化，在农业环境感知与土壤作物信息采集、精准施肥施药关键技术、食品和农产品品质无损检测等方面取得了重要成果，发明了油菜自动化联合收割机、研制我国首台智能测产系统、变量施肥专用CPA-GIS平台及处方图生成工具、大型农业专家系统开发平台，解决了产量高精度测量难题、发明了适于多种土壤、分布式多点的高性能土壤水、热、盐复合传感器及配套设备，实现了肥料按需精准变量投送。以江苏大学陈晓平、赵杰文为带头人的学科团队，分别创建了《电路》《现代食品检测技术》等国家精品课程，以浙江大学应义斌为带头人的科研团队，坚持培养人的核心使命，经过近20年的探索与实践，在研究生培养上形成了一套行之有效的方法，"以生为本多元融合——依托紧密型团队的农业工程研究生培养的探索与实践"获得国家级教学成果奖一等奖，为紧密型团队建设和交叉性学科的研究生培养探索了一条新途径。

1）土壤作物信息采集与肥水精量实施关键技术及装备：获2011年度国家科技进步奖二等奖。

由上海交通大学、北京农业智能装备技术研究中心、中国科学院南京土壤所等单位共同完成的"土壤作物信息采集与肥水精量实施关键技术及装备"项目获得2011年度国家科学技术进步奖二等奖。该项目主要在以下几方面取得突破性进展：研制出了我国首台智能测产系统——"精准1号"，解决了产量高精度测量难题；发明了适于多种土壤、分布式多点的高性能土壤水、热、盐复合传感器及配套设备，研制了田间土壤参数信息无线传输网络及远程监控平台；研制出了变量施肥专用CPA-GIS平台及处方图生成工具，研制了模块化可重构的GPS/GIS变量施肥、旋耕、播种复合机，实现了肥料按需精准变量投送。

2）农业环境数据获取、处理与建模技术。

以农业大数据处理为主线，以计算机技术为支撑，重点研究了农业环境建模方法、智能算法、云计算等技术研究。重点发明设计了池塘水产养殖、日光温室三维立体监测与成像平台，构建了水产养殖和温室环境三维建模技术；研究了水产养殖、设施温室等生物环境参数的预测、预警方法；开发了水产养殖动物和设施园艺作物知识库管理与自学习系统；开发了水产养殖与设施园艺移动管理系统；构建了农业养殖信息与交流平台；研究了农业物联网平台运行状态故障诊断平台。成果在福建福州市、山东寿光、山东烟台等地方进行了应用和示范。共获得发明专利3项、申请6项，获得实用新型专利2项、申请3项；发表SCI和EI论文7篇，其他论文23篇。该项技术成果可促进人工智能在农业大数据处理和农业云技术中的应用，同时对农业生产精细化、自动化提供了技术支撑和手段。

3）水产养殖物联网关键技术与装备。

面向河蟹、大菱鲆、海参等31类养殖品种、3种养殖模式生产需求，突破了养殖水质测控数字化、养殖管理自动化的技术瓶颈，探明了水产养殖水质信息感知机理，发明了系列低成本智能传感器。研制了自校准、自补偿的溶解氧、电导率、pH值等8类15种型号原位在线智能传感器；构建了水质预测预警、精准饲喂、疾病预警诊断、水产品溯源与质量安全控制等模型体系及知识库系统，开发了水产养殖生产经营管理服务web和移动平台；发明了基于闭环控制的兼容WiFi/ZigBee/GSM/GPRS多模式通讯功能的水产养殖无线采集器与控制器。该成果已获授权国家发明专利 18 项，实用新型专利 17 项，软件著作权 26 项，出版专著 3 部，发表论文 162 篇（SCI 收录 82 篇，EI 收录 45 篇）。在 16 个省（市、自治区）进行了大规模推广应用。近 10 年累计推广工厂化养殖面积 200 万平方米，池塘及近海养殖面积 135 万亩，新增经济效益 28 亿元。

4）农村电力与农业传感器领域科技成果转化及应用。

农业电气化与自动化、信息化工程学科在农业传感器和农村电力技术领域取得突破性进展，研制和开发了系列新产品和新装备，如土壤水分传感器、水产养殖类传感器、智能电表、配电网电压无功综合控制装置、电能质量监控、微电网运行与控制装备等，在农业电气化与自动化和农业信息化技术领域具有较高知名度和影响力。在农村电力领域，研制开发的 VQC 电压无功控制装置、配电自动化远方终端 / 遥信终端、电缆短路接地故障指示器、电力综合测控仪、多功能智能配电装置、配电自动化远方终端及无功补偿装置、智能复合投切电容器开关、配电自动化遥信终端、双电源自动切换控制器、电缆短路接地故障指示器、智能电容器等一系列新产品，技术处于国内领先水平，并广泛应用于配电网和农村电网，年均产值超过 3000 万元。近 5 年来，VQMC 装置在电网中累计运行 2000 多台，实现每台节电效益 100 多万度 / 年；无功补偿 RTU 综合装置已在北京运行 24000 多套，在其他地区运行 1 万多套，每台装置可实现年均节电 28 万度，取得了显著的降损节能效果。在农业信息化领域，面向河蟹、大菱鲆、海参等 31 类养殖品种、3 种养殖模式生产需求，发明了自校准、自补偿的溶解氧、电导率、pH 等 8 类 15 种型号的低成本、原位在线智能传感器，开发了相关应用软件，实现了在 16 个省（市、自治区）的大规模推广和应用。近 5 年来，累计推广工厂化养殖面积 100 多万平方米，池塘及近海养殖面积 100 多万亩，新增经济效益 18 亿元。

（5）农产品加工与贮藏工程

在农产品高值化挤压加工与装备关键技术研究及应用、嗜热真菌耐热木聚糖酶的产业化关键技术、果蔬食品的高品质干燥关键技术研究及应用、苹果贮藏保鲜与综合加工关键技术研究及应用等方面取得突破性进展，为有效减少农产品流通损耗、提高食品质量安全水平提供了关键科技支撑。

1）基于干法活化的食用油脱色吸附材料开发与应用，获 2014 年度国家技术发明奖二等奖。

研究了微量多组分油相吸附机制、脱色对油品品质影响，发现具有适度结构微孔和纳米棒晶属性的凹凸棒石黏土是油脂吸附脱色理想材料，通过酸、热处理作用机理和结构演化规律研究，发明了干法活化工艺和低活性度食用油脱色专用吸附材料，以及符合该材料特性的"两步"脱色工艺。项目成功培育了 7 家高新技术企业，生产的吸附材料及脱色新工艺已大规模应用于益海嘉里的"金龙鱼"、中粮集团的"福临门"等国内多家大型企业。

2）辣椒天然产物高值化提取分离关键技术与产业化，获 2014 年度国家科学技术进步奖二等奖。

开发了连续同步提取分离技术与装备，建成了世界首条连续化、规模化辣椒提取分离生产线，单套设备日投辣椒颗粒由项目实施前的 2 吨提高到 200 吨，辣椒红、辣椒素提取率分别由 82%、35% 提高到 99%、95%；日分离提取浓缩物由 0.2 吨提高到 20 吨，辣椒红中辣椒素含量由 500mg/kg 降至 5mg/kg 以下，溶剂消耗降低 99.2%，能耗降低 76.7%。突破了辣椒提取规模化生产的制约瓶颈，创新辣椒粉制粒技术，创新开发出集除杂、输送、破碎、筛分、干燥、磨粉、制粒、除尘于一体的技术与装备，建成业内首条规模化密闭型原料预处理生产线，并实现了清洁化生产。建立了辣椒从种植、采收、储运到加工全过程质量与安全保障体系，并制定了原料、产品和检测方法国家标准，所生产的辣椒提取物品质引领了国际高端产品市场。

3）高耐性酵母关键技术研究与产业化，获 2014 年度国家科学技术进步奖二等奖。

针对普通酵母菌种耐受性不强、抗逆性差、发酵强度低、细胞密度低、废水处理难、干燥能耗高、产品活力损失大等共性技术难题，通过菌种选育技术、高效发酵技术、干燥技术与装备等关键技术的研究与产业化开发，建立了高耐性酵母全套生产技术体系，实现了具有自主知识产权的高耐性酵母系列产品的高效、绿色、规模化生产。近 3 年来，高耐性酵母累计新增销售收入 64 亿元、利税 14 亿元、出口创汇 4 亿元，带动了食品发酵、能源工业、畜牧业等行业关键技术突破和发展。

3. 农业工程学科国家级科研经费及国际合作项目再创新高

（1）国际合作项目

2011—2015 年，农业工程学科新增国际合作项目 22 项，新增科研经费 5609 万元（表6），主要集中在农作物机械化装备研发、农业生物环境与农村能源可持续利用、智能分拣、处理与检测系统研制、农产品加工工艺及装备等方面。其中，农业机械化学科项目 6 项，合作经费高达 3476 万元，占农业工程学科新增国际合作项目科研经费 62%；农业电气化与信息化工程学科项目 12 项，合作经费为 1322 万元，占 23.6%；农业生物环境与农村能源学科合作项目 4 项，合作经费 771 万元。

表 6　2011—2015 年农业工程学科国际合作项目及经费

序　号	项目名称	起止年限
1	中国—波兰乡镇级生物质能区域供热技术合作研究	2011—2012
2	常温固体发酵生产生物燃气和甲烷净化技术研究	2011—2012
3	Advanced sensor and sensor network for fish farming（SENSORFISH）	2011—2013
4	数字农业中的先进传感技术	2012
5	鄱阳湖流域农业面源污染生态修复技术研究	2012—2014
6	高品质橄榄油加工工艺技术及装备联合研发	2012—2014
7	Dragon – Sustaining Technology And Research（EU–China Collaboration）	2012—2015
8	基于壳仁分离技术的亚麻籽生物活性成分联合研究及设备开发	2012—2015

序 号	项目名称	起止年限
9	有氧胁迫下青贮裹包饲料变质风险预测模型研究	2013—2016
10	农业物联网先进传感与智能处理关键技术合作	2013—2016
11	SUSTAINABLE PRODUCTION AND CONSUMPTION MODELS AND CERTIFICATION TOOLS IN CHINESE FOOD SUPPLY CHAINS（CAPACITY）	2013—2016
12	FP7 玛丽·居里国际科研人才交流项目"农产品供应链中的溯源和预警系统：欧盟和中国"	2013—2017
13	FP7-PEOPLE-2013-IRSES：A traceability and early warning system for supply chain of agricultural product Complementarities between EU and China（项目编号612659）	2013
14	玉米规模化制种关键技术装备合作研发	2013-2016
15	酿酒葡萄生产机械化关键技术装备合作研发	2013—2016
16	基于物联网的动物个体行为智能识别技术及在追溯中应用	2014—2015
17	激光光谱小麦品质信息智能在线获取技术合作研发	2014—2016
18	面向食品冷链物流追溯的压缩传感方法	2014—2016
19	Innovative model based water management and advanced system technologies for resource efficiency in integrated aquaculture applications	2014—2017
20	人工光植物工厂节能关键技术合作研究	2014—2017
21	电动汽车与家居结合模式测试与研究	2014—
22	叶菜类食品安全快速检测技术的研究	2015—2018
合　计		

（2）国家级科研课题

2011—2015年，农业工程学科新增国家级科研项目379项，科研经费达到18多亿元，其中国家"973"项目3项，星火计划2项，"863"计划项目32项；国家科技支撑项目60项，国家重大专项项目5项，国家自然科学基金项目16项，国家农业科技成果转化项目22项，国家自然科学基金杰出青年科学项目2项，还有一大批国家自科基金面上项目，农业部、水利部公益性行业科研专项（表7）。

表7　2011—2015年农业工程学科新增国家级科研课题情况

课题种类	新增课题数（项）	新增科研经费（万元）
国际合作课题	23	6402
国家"973"计划项目	3	825
国家星火计划项目	2	335

续表

课题种类	新增课题数（项）	新增科研经费（万元）
国家"863"计划课题	32	50323.8
国家科技支撑计划课题	60	70716.35
国家重大科技专项	5	12249
国家自然科学基金优秀青年项目	2	200
国家自然科学基金重点项目	16	2915
国家自然科学基金杰出青年基金项目	2	400
国家自然科学基金面上项目	158	6571.8
国家自然科学基金创新研究群体项目	1	600
国家农业科技成果转化项目	22	2680
国家现代农业产业体系建设项目	6	2100
农业部、水利部公益性行业科研专项项目	46	38921
其他 / 亚非国家杰出青年科学家来华工作计划	1	15
合计	379	184228.95

（四）人才培养质量不断提高

1. 人才层次

目前，我国农业工程学科已形成了中专、大专、本科、硕士、博士、博士后等多层次的人才培养体系，其中，博士、博士后人才层次队伍正不断壮大，高层次人才培养水平不断提升。据不完全统计，截止 2015 年 7 月，2011—2015 年已毕业博士生 1171 人，比 2006—2010 年增加 462 人；已出站博士后 245 人（表 8）。共获全国百篇优秀博士论文 7 篇，全国优秀博士论文提名奖 4 篇。还有一批省级优秀博士、硕士学位论文和一大批校级优秀论文。

表 8　2011—2015 年农业工程学科人才层次

层次 \ 年度	博士后 / 留学博士后（名）		博士生 / 留学博士生	
	进站数	出站数	招生数	毕业数
2011	71/0	54/0	310/0	250/0
2012	66/0	43/0	270/1	215/0
2013	96/0	65/0	272/3	249/1
2014	61/0	52/0	265/0	193/0
2015	48/1	31/0	367/1	264/0
2011—2015	342	245	1484/1	1171
2006—2010	—	—	—	709

2. 优秀博士论文

2011—2015 年，农业工程学科共获得全国百篇优秀博士论文 7 篇，比 2006—2010 年增加 4 篇；获得全国优秀博士论文提名奖 4 篇，比 2006—2010 年减少 2 篇（表 9）。

表 9　优秀博士论文

级别	年度	作者	指导教师	论文题目
全国优秀博士论文	2011	张宝忠	康绍忠	干旱荒漠绿洲葡萄园水热传输机制与蒸发蒸腾估算方法研究
	2011	陈爱群	徐国华	三种茄科作物 Pht1 家族磷转运蛋白基因的克隆及表达调控分析
	2012	邵咏妮	何勇	水稻生长生理特征信息快速无损获取技术的研究
	2012	郭敏	郑小波	转录因子 Moap1 及其相关基因在稻瘟病菌生长发育和致病中的功能分析
	2012	卢艳丽	荣廷昭	不同类型玉米种质分子特征分析及耐旱相关性状的连锁—连锁不平衡联合作图
	2013	杨长宪	叶志彪	番茄 Wo 基因调控表皮毛形成和胚胎发育的机理解析
	2013	徐立章	李耀明	水稻脱离损伤力学特性及低损伤脱离装置研究
全国优秀博士论文提名奖	2011	文章	黄冠华	抽水井附近非达西流的理论研究与数值模拟
	2011	谢丽娟	应义斌	转基因番茄的可见／近红外光谱快速无损检测方法
	2013	刘飞	何勇	基于光谱和多光谱成像技术的油菜生命信息快速无损检测机理和方法研究
	2013	徐立章	李耀明	水稻脱离损伤力学特性及低损伤脱离装置研究

3. 国家优秀教学成果

2011—2015 年，农业工程共获得国家级优秀教学成果奖 9 项，其中国家教学成果奖一等奖 2 项，国家教学成果奖二等奖 7 项。

表 10　2011—2015 年国家优秀教学成果

级别	年份	主要完成人	完成单位	获奖名称
国家教学成果奖一等奖	2014	应义斌、蒋焕煜、徐惠荣、吴坚、成芳、泮进明、傅霞萍、谢丽娟、叶尊忠、俞永华、等	浙江大学	以生为本 多元融合——依托紧密型团队的农业工程研究生培养的探索与实践
	2014	陈卫、王周平、张灏、周鹏、向琪、王立	江南大学	食品学科创新实践链式教育人才培养模式研究

续表

级别	年份	主要完成人	完成单位	获奖名称
国家教学成果奖二等奖	2014	孙远明，罗云波，雷红涛，等	华南农业大学，中国农业大学	契合社会发展需要的食品质量与安全专业人才培养体系构建与实践
	2014	罗锡文，杨洲，洪添胜，等	华南农业大学	以产业发展为导向的农业工程类专业建设研究与实践
	2014	江连洲，程建军，郑冬梅，孔保华，杜鹏，李晓东，于国萍，张秀玲，张立钢，李良，张铁，王辉兰，高汉峰，崔立雪	东北农业大学	构建"四元一体"教学平台，培养食品科学与工程类专业人才的创新与实践
	2014	陆启玉，郑学玲，金华丽，何保山，卫敏，韩小贤，赵文红	河南工业大学	特色专业建设与提升——粮油食品类专业工程能力培养模式改革与实践
	2014	孙远明，罗云波，雷红涛，王弘，柳春红，吴青，肖治理，程永强，徐振林，向红	华南农业大学，中国农业大学	契合社会发展需要的食品质量与安全专业人才培养体系构建与实践
	2014	谢明勇，刘成梅，聂少平，胡晓波，邓泽元，陈奕，阮榕生，刘伟，张国文，龚晓斌	南昌大学	食品科学与工程专业创新人才培养体系的构建与实践
	2014	汪东风，曾名湧，林洪，薛长湖，管华诗	中国海洋大学	具有水产品特色的食品科学与工程

（五）平台条件建设不断增强

2011—2015 年，农业工程学科坚持"先进适用、资源共享、公共平台"的平台条件建设原则，在教研基地建设方面取得较大进展，国家工程中心、部委重点实验室、国家重点实验室、教育基地等科研和教学基地逐渐成为等成为农业工程学科发展的重要科技平台支撑，极大优化与改善了农业工程学科教研机构的软环境。截至目前，农业工程学科拥有国家重点实验室 3 个，国家工程实验室 5 个，国家工程技术研究中心 19 个，此外还有一批省部级重点实验室、研究中心和重要基地。其中，2011—2015 年新建了 1 个国家重点实验室，3 个教育部重点实验室，3 个国家工程技术研究中心，1 个国家级工程实践教育中心，31 个省部委重点实验室，2 个省、部、委工程研究（技术）中心。分学科看，农业电气化与信息化工程、设施农业工程、农业水土工程等学科平台建设发展较快，在2014—2015 年度新增的 10 个教研教学基地中，有 6 个属于农业电气化与信息化工程学科，2 个属于农业生物环境与农村能源工程学科，2 个农业水土工程学科（表 11）。而对于农业机械化工程、农产品加工与贮藏等学科则由于前期基础较强，发展已逐渐成熟。

表11 2011—2015年农业工程学科新增科研平台

类　别	名　　称	单　位	年份
国家重点实验室	流域水循环模拟与调控国家重点实验室	中国水利水电科学研究院	2011
国家工程实验室	旱区作物高效用水国家工程实验室	西北农林科技大学	2011
	农业生产机械装备国家工程实验室	中国农机院等	2011
教育部重点实验室	现代农业装备与技术实验室	江苏大学农业工程研究院	2011
	现代农业装备与技术	江苏大学	2011
	南方地区灌溉排水与农业水土环境重点实验室	河海大学	2012
农业部重点实验室	农村可再生能源开发利用重点实验室	农业部沼气研究所	2011
	农业部农业废弃物能源化利用重点实验室	农业部规划设计及研究院	2011
	农业部能源植物资源与利用重点实验室	华南农业大学	2011
	农业部农村可再生能源新材料与装备重点实验室	河南农业大学	2011
	农业部可再生能源清洁化利用技术重点实验室	中国农业大学	2011
	农业部农村可再生能源开发利用西部科学观测实验站	西北农林科技大学	2011
	农业部农村可再生能源开发利用南方科学观测实验站	重庆市农业科学院	2011
	农业部农村可再生能源开发利用华东科学观测实验站	江苏省农业科学院	2011
	农业部农村可再生能源开发利用北方科学观测实验站	淄博淄柴新能源有限公司	2011
	农业部能源植物科学观测实验站	广西壮族自治区农业科学院	2011
	农业部农村可再生能源开发利用西部科学观测实验站	西北农林科技大学	2011
	农业部农业信息获取技术重点实验室	中国农业大学信息与电气工程学院	2011
	农业部设施农业工程重点实验室	中国农业大学	2011
	农业部作物高效用水重点实验室	西北农林科技大学	2011
	农业部（区域性）水资源农业水资源高效利用重点实验室	东北农业大学	2011
	农业部作物需水与调控重点实验室	中国农科院农田灌溉研究所	2011
	农业部作物高效用水重点实验室	西北农林科技大学	2011
	农业部旱作节水农业重点实验室	中国农业科学院农业环境与可持续发展研究所	2011
	农业部作物水分生理与抗旱种质改良重点实验室	山东农业大学	2011

续表

类　别	名　称	单　位	年份
农业部重点实验室	农业部都市农业（北方）重点实验室	北京市农林科学院	2011
	农业部农业信息技术重点实验室	北京农业信息技术研究中心	2011
	农业部农业废弃物能源化利用重点实验室	农业部规划设计研究院	2012
	农业部农业设施结构工程重点实验室	农业部规划设计研究院	2012
	设施农业装备与信息化重点实验室	浙江大学	2012
	农业部农业物联网系统集成重点实验室	北京派得伟业科技发展有限公司	2013
	农业部农产品加工装备重点实验室	中国农业机械化科学研究院	2013
国土资源部重点实验室	农用地质量与监控重点实验室	国土资源部土地整治中心，中国农业大学	2012
	西北退化及未利用土地整治工程重点实验室	陕西省地产开发服务总公司	2012
其他部委重点实验室	设施农业测控技术与装备重点实验室	江苏大学电气学院	2012
	辽宁双台河口湿地生态定位观测研究站（国家林业局建站）	沈阳农业大学	2013
	农业物联网技术国家地方联合工程实验室（国家发改委—北京市）	北京农业信息技术研究中心	2013
省级重点实验室	农业智能装备技术北京市重点实验室	北京农业智能装备技术研究中心	2011
	国土资源部农用地质量与监控重点实验室	中国农业大学资环学院，信息与电气工程学院	2012
	黑龙江省季节冻土区工程冻土重点实验室	黑龙江省水利科学研究院	2012
	江苏省农业装备智能化高技术研究重点实验室	江苏大学农业工程研究院	2013
	江苏省食品智能制造工程技术研究中心	江苏大学食品学院	2013
	数字植物北京市重点实验室	北京农业信息技术研究中心	2014
国家工程研究（技术）中心	国家设施农业工程技术研究中心	上海都市绿色工程有限公司，同济大学	2011
	国家水泵及系统工程技术研究中心	江苏大学	2010
	海洋生态养殖国家地方联合工程实验室	国家发改委	2012
省、部、委工程研究（技术）中心	农业部东北设施园艺工程科学观测实验站	沈阳农业大学水利学院	2011
	教育部农业节水与水资源工程中心	中国农业大学	2012
	北京市植物工厂工程技术研究中心	北京京鹏环球科技股份有限公司，北京工业大学	2012
	北京市畜禽健康养殖环境工程技术研究中心	中国农业大学水利与土木工程学院	2012

类　别	名　　称	单　位	年份
省、部、委工程研究（技术）中心	浙江省设施水产养殖工程技术研究中心	杭州萧山东海养殖 / 浙江大学	2012
	智能微电网运行与控制北京工程研究中心	中国农业大学，北京中诚盛源技术发展有限公司共建	2013
	西北（宁夏）设施园艺工程技术研究中心	宁夏回族自治区科技厅牵头，中国农科院蔬菜花卉研究所，农业部规划设计研究院设施园艺研究所，国家农业智能装备工程技术研究中心，中国农业大学农业与生物技术学院，西北农林科技大学园艺学院和宁夏大学，宁夏农林科学院共同组建	2014
	北京市科技创新中心	北京农业智能装备技术研究中心	2014
教育部教育基地	黑龙江省中小学生节水教育社会实践基地	黑龙江省水利科学研究院	2011
国家级工程实践教育中心	测绘与土地整治工程	中煤平朔煤业有限责任公司，中国地质大学（北京）	2012
省级教育基地	研究生创新培养基地	黑龙江省电力公司	2013
	研究生培养创新基地	东北农业大学	2011
	沈阳农业大学水利综合工程实践教育中心	黑龙江省水利科学研究院沈阳农业大学	2012
其他重要基地	国家农业智能装备工程技术研究中心——中关村开放实验室	北京农业智能装备技术研究中心	2011
	国家信息农业工程技术中心如皋试验示范基地	南京农业大学	2012
	中国农业大学宜兴农业物联网研究中心（实验站）	中国农业大学	2013
	中欧农业信息技术研究中心（科技部国际合作基地）	中国农业大学	2013
	农业部国家农业科技创新与集成示范基地	北京农业信息技术研究中心	2014
	国家农业科技创新与集成示范基地（甘肃武威）	中国农业大学	2014
	北京市国际科技合作基地	中国农业大学水利与土木工程学院	2014
	全国科普教育基地（2015—2019）	北京农业信息技术研究中心	2014
	北京市专利试点单位	北京农业信息技术研究中心	2015
	北京市专利试点单位	北京农业智能装备技术研究中心	2015
	国家农业科技创新与集成示范基地	中国农业大学石羊河试验站	2015
	沈阳农业大学研究生工作站	沈阳汉化软件有限公司	2015

续表

类　别	名　称	单　位	年份
国土资源部野外科学观测研究基地	东南丘陵地区土地整理——福建建阳野外基地	福建省国土资源厅，国土资源部土地整治中心	2011
	黄淮海采煤塌陷地土地利用——江苏徐州野外基地	江苏省国土资源厅，中国土地勘测规划院	2011
	耕地质量——江苏东海，宜兴野外基地	江苏省国土资源厅	2011
	华南土地综合整治——广东从化野外基地	广东省国土资源厅	2011
	矿区土地复垦——山西朔州野外基地	山西省国土资源厅，国土资源部土地整治中心	2011
	盐碱地整治——吉林白城野外基地	吉林省国土资源厅	2011

（六）交流合作能力不断提升

自 1992 年我国坚持每两年召开一次全国农业工程学科建设和教学改革研讨会以及 2005 年每两年召开农业工程学术年会以来，我国农业工程学科国内外交流合作能力不断提升。经过多年的研究工作积累，我国农业工程学科继续在国内外学术交流与合作方面发挥积极作用，国际合作机构成立、国内外学术会议承办、国际合作协议签订、国内专家到外兼任客座教授等学术交流合作活动的开展，均使得我国农业工程学科在国内外影响力不断加大，国际地位得到进一步提升，社会关注度不断提高。

1. 国际合作机构

2011—2015 年，我国农业工程学科领域新成立国际合作机构 4 所，其中两所为农业电气化与信息化工程学科，1 所为农业生物环境与农村能源工程学科。

1）国际动物环境与福利研究中心（International Research Center of Animal Environment and Welfare）。2011 年 10 月，由中国农业大学牵头，并联合美国伊利诺依大学、普渡大学、衣阿华州立大学、密苏里大学、加拿大马尼托巴大学、荷兰瓦赫宁根大学、澳大利亚南昆士兰大学等 7 所国际畜牧工程顶尖研究机构以及国内的重庆畜牧科学院、南京农业大学和黑龙江八一农垦大学（2013 年 10 月起改为东北农业大学）等国内高校，共同成立"动物环境与福利国际研究中心（International Research Centre for Animal Environment and Welfare，网址为 http//www.ircaew.org/）"；2012 年 11 月在"中心"理事会上增补美国田纳西大学、丹麦奥胡斯大学为会员单位，2014 年 9 月在理事会上增补美国俄亥俄州立大学、比利时鲁汶大学、巴西坎皮纳斯大学为会员单位。中心由中国农业大学、重庆市畜牧科学院、南京农业大学、东北农业大学、美国衣阿华州立大学、美国伊利诺依大学香槟分校、美国普渡大学、美国密苏里大学、美国田纳西大学、加拿大马尼托巴大学、荷兰瓦赫宁跟大学以及丹麦奥胡斯大学等 11 家单位联合发起，总部设在重庆畜牧科学院，由重庆市科委和农委每年支持 100 万元作为国际交流与合作基金。目前，成员又扩展了巴西坎皮纳斯（Campinas）州立大学、比利时鲁汶大学等。每年定期就畜禽健康环境和福利化养殖作为专题开展学术交流与合作研究。成立以来，已经成功举办了两届"畜禽健康环境与福利化养殖国际研讨会"（该国际研讨会每两年举办一次）及理事会（每年举办一次），并通过合作单位对接会等方式，加强了学科与国际优势科研机构的人才与科研合作以及学术交流等，同时开展了相关的产业技术服务，提升了学科知名度、创新能力以及产业支撑能力。

2）中美农业航空联合技术中心。2013 年 9 月 19 日，国家农业信息化工程技术研究中心、国家农业智能装备技术研究研究中心、华南农业大学联合美国农业部南方平原研究中心等中美优势单位，成立了中美农业航空联合技术中心，主任是赵春江研究员。

3）国际电工委员会微电网特别工作组（IEC ahG 53）。IEC ahG 53 依托中国电科院，由盛万兴负责，于 2014 年 3 月 26 日在北京市成立。该机构在 IEC/SMB 第 149 次会议审议通过成立了 IEC ahG53 微电网特别工作组，以进一步研究微电网领域标准研究和制定的最佳组织形式，由中国任召集人。IEC ahG 53 专家工作组职责包括：全面推进中国在微电网领域的国际标准化工作；评估微电网应用的商业价值；梳理微电网相关概念；跟踪 IEC 内部各 TC 微电网相关标准化工作，识别潜在的不一致及重叠；反映微电网技术发展水平，收集和定义微电网典型用例，识别 IEC 微电网标准化工作的潜在缺失。

4）仿生技术中英联合实验室。承担了国家自然基金国际合作重大项目、英国皇家学会中英合作项目、英国皇家工程院中英合作项目、欧盟第七框架项目等。

2. 国际学术会议主（承）办情况

2011—2015 年，我国农业工程学科学者与国际农业工程领域的学术交流不断加强，每年我国都有不少学者参加美国、欧洲等国家和地区的农业工程学术会议，同时积极主（承）办各类国际农业工程会议，我国农业工程学者在国际的影响力不断提升，交流合作频繁加快，进一步推进了学科建设的高水平发展。据不完全统计，2011—2015 年农业工程学科主办国际学术会议 40 个，累计参加会议人数高达 8339 人次，比 2006—2010 年规模增加 3767 人次，其中外方代表 1389 人次。分学科看，农业电气化与信息化工程学科主办的国际会议次数最多，达到 17 场，参加会议人数 2795 人次（表 12）。

表 12　2011—2015 年我国举办的农业工程学科国际会议情况

序号	会议名称	时间	地　点	参加会议人数	外方参会
1	第五届国际计算机与计算技术在农业中的应用研讨会	2011	中国北京	200	20
2	中国寿光国际设施园艺高层学术研讨会	2011	中国寿光	150	14
3	农业与食品检测用纳米技术与生物传感器国际学术研讨会	2011	中国杭州	76	13
4	收获机械技术及装备国际高层论坛	2011	中国镇江	152	9

续表

序号	会议名称	时间	地　点	参加会议人数	外方参会
5	中荷智能农业装备国际研讨会	2011	中国镇江	50	10
6	第三届现代农业航空国际学术交流会	2011	中国南京	150	5
7	2011农业与食品检测用纳米技术与生物传感器国际学术研讨会	2011	中国杭州	76	13
8	旱区农业高效用水国际学术会议	2011	中国杨凌	30	10
9	农业水土资源利用与水工程国际农业论坛	2011	中国杨凌	300	30
10	畜禽健康环境和福利化养殖国际研讨会	2011	中国重庆	150	28
11	第六届智能化农业信息技术国际学术会议	2011	中国北京	140	30
12	生物质固体成型燃料与燃烧技术国际研讨会	2011	中国北京	200	40
13	2011农业工程国际研讨会	2011	中国长春	200	
14	第十八届三国三校国际学术研讨会	2011	中国苏州	107	
15	动物环境与福利暨国家现代畜牧科技产业示范园建设国际研讨会	2012	中国重庆	100	15
16	第六届国际计算机与计算技术在农业中的应用研讨会	2012	中国张家界	200	14
17	农业与生物系统工程科技创新发展战略国际论坛	2012	中国北京	300	42
18	第三届水产工业化养殖技术暨封闭循环水养殖技术国际研讨会	2012	中国杭州	220	6
19	中国保护性耕作20年国际研讨会	2012	中国北京	120	32
20	第三届农业航空精准应用和农业自动化国际研讨会	2012	美国USDA-ARS College Station	100	
21	第七届智能化农业信息技术国际学术会议	2013	中国北京	200	14
22	第四届国际仿生工程学术大会（2014 ICBE）	2013	中国南京	300	
23	2013年国际仿生工程应用研讨会（2013 Workshop on the Application of Bionic Engineering）	2013	中国长春	20	
24	第七届国际计算机与计算技术在农业中的应用研讨会	2013	中国北京	300	41
25	畜禽环境和福利化养殖国际研讨会	2013	中国重庆	150	32
26	中国寿光国际设施园艺高层学术	2013	中国寿光	180	16
27	生物质成型燃料热化学转化及利用技术研讨会	2013	中国北京	250	40
28	促进食品、农业、生物技术领域联合创新与合作研究中欧专家研讨会	2013	中国北京	200	40
29	可持续农业信息技术亚洲专家研讨会	2014	中国杭州	57	
30	INTERNATIONAL SYMPOSIUM ON CROP GROWTH MONITORING	2014	中国南京	100	20
31	第一届智慧农业创新发展国际研讨会	2014	中国北京	200	30

续表

序号	会议名称	时间	地 点	参加会议人数	外方参会
32	第四届水产工业化养殖技术暨封闭循环水养殖技术国际研讨会	2014	中国天津	250	20
33	国际畜禽环境与福利学术研讨会	2014	中国重庆	150	40
34	第18届农业与生物系统工程世界大会	2014	中国北京	2000	600
35	中英研究与创新合作——农业遥感科技转移项目研讨会	2015	中国北京	126	48
36	第十六届中国（寿光）国际蔬菜科技博览会	2015	中国寿光	285	15
37	国际计算机与计算技术在农业中的应用国际研讨会	2015	中国北京	100	19
38	中国发展论坛·2015暨第二届智慧农业创新发展国际研讨会	2015	中国北京	220	30
39	国际畜禽环境与福利学术研讨会	2015	中国重庆	150	40
40	2015国际仿生工程研讨会（2015 International Workshop on Bionic Engineering, IWBE2015）	2015	中国北京	80	13
合　　计				8339	1389

1）第18届农业与生物系统工程世界大会。

2014年9月16—18日，由国际农业与生物系统工程学会（CIGR）、中国农业机械学会与中国农业工程学会主办，中国农业机械化科学研究院、农业部规划设计研究院、中国农业大学共同承办的第18届世界大会（CIGR 2014）在北京国家会议中心召开。该会议是CIGR最高学术会议，每4年举办1届，自1930至今已举办了17届，素有"国际农业工程领域的奥林匹克盛会"之称。第18届世界大会是该大会创建以来首次登陆中国，国务院副总理汪洋出席大会开幕式并致辞。

来自51个国家和地区的近2000人，包括600余名外宾共聚一堂，同议农业工程事业发展。大会收到论文摘要1912篇，收录入集1198篇，向国内外5个学术期刊推荐论文全文718篇。会议期间召开78场平行会议，口头发言789人次，海报张贴682篇。同期还举行了CIGR主席团会议、CIGR常务理事会议等17个工作会议。英国皇家工程院院士Richard John Godwin教授、美国工程院院士Norman R. Scott教授、德国机械设备制造业联合会主席Hermann Garbers教授、中国农业机械化科学研究院院长李树君教授做大会主旨报告。

2）中英研究与创新合作——农业遥感科技转移项目研讨会。

2015年3月10—12日，中英研究与创新合作—农业遥感科技转移项目研讨会在北京召开。本次研讨会由"中英空间科学与技术联合实验室"主办，国家农业信息化工程技术研究中心（NERCITA）承办，会议得到了国家自然科学基金委、教育部、科技部、国家航天局和英国科技设施委员会（STFC）、英国研究理事会（RCUK）以及英国驻华大使馆等单位支持。本次研讨会重点围绕气候智能农业、可持续集约型发展、病虫害管理、精准农业与信息技术及相关支撑技术等5个方向凝练共识，形成农业技术优先支持项目建议，并邀请中英专家对双方征集的国际合作项目建议进行评议，同时，就中英双方项目合作机制及经费资助体系、管理方式等进行交流讨论。英方参会代表主要来自英国农业、遥感、空间技术领域27个科研机构、大学、企业，包括Rothampsted Research（洛桑试验站），Newcastle University（纽卡斯尔大学），Kings College London（伦敦国王学院）等著名机构专家学者共48人；中方参会代表主要来自23个科研机构、大学的专家学者78人。

3）第四届国际仿生工程学术大会。

2013年8月14—16日，第四届国际仿生工程学术大会（2014 ICBE）在南京航空航天大学举行。中国科学院院士任露泉，国家自然科学基金委员会处长王国彪、王成红以及Julian F. V. Vincent教授（University of Bath, UK），Robert J. Full教授（The University California, Berkeley, USA），Stanislav N. Gorb教授（University of Kiel, Germany）等国内外著名仿生专家出席了大会，近300名中外学者参加大会。随后，中央电视台中文国际频道以"中国仿生学水平整体提升，与国外差距缩小"为题，专门报道了8月14—16日在南京召开的第四届国际仿生工程学术会议的情况和吉林大学任露泉院士在仿生领域取得的突破。

3. 出国学术交流人次

据不完全统计，2011—2015年农业工程学科领域累计出国学术交流人次1000余人，其中农业生物环境与农村能源工程最多，为368人，主要交流内容为废弃物资源化利用技术国际合作、沼气技术合作交流、国际家禽博览会、农户储粮技术、生物质能领域相关技术合作交流等方面；农业电气化与信息化工程出国学术交流人次200余人，主要交流内容为农业信息化与智能装备技术、智能化节水灌溉技术、农业种养监测系统等。农业水土工程130余人次，主要交流内容为干旱半干旱灌区土壤水盐监测分析、农业高效用水、排水与节水灌溉等（表13）。

表13 2011—2015年农业工程学科出国学术交流人次

学　　科	出国学术交流人次
农业电气化与信息化工程	204
农业水土工程	134
农业生物环境与农村能源工程	368
土地利用工程	20
农业机械化工程	275
合计	1001

4. 出国参加国际学术会议

据不完全统计，2011—2015年本学科累计出国参加国际学术会议880余人次。主要参加的国际会议有：世界水产大会、国际农业工程学会（CIGR）—2012 农业工程国际学术会议、亚洲精细农业会议、美国农业与生物工程师学会学术年会、国际精准农业会议、国际排灌研究委员会、国际设施园艺大会、中日土地整理与农业可持续发展研讨会、AGU 2014 学术年会、每年的美国 ASABE 年会等。从学科领域看，农业生物环境与农村能源工程、农业电气化与信息化工程两门学科学者出国参加国际会议的国际交流活动相对频繁，2011—2015 年这两门学科出国参加国际会议人次达 510 余人，这表明这两门学科随着经济社会的发展，积极迎合产业技术革命，学科交流合作上逐渐与国际接轨，人才、装备"走出去"的趋势越发明显，国际影响力也逐渐提高（表 14）。

表 14　2011—2015 年农业工程学科出国参加国际会议人次

学科	出国学术交流人次
农业电气化与信息化工程	228
农业水土工程	84
农业生物环境与农村能源工程	282
土地利用工程	20
农业机械化工程	266
合计	880

5. 签订国际合作协议数量

2011—2015 年，农业工程学科共签订国际合作协议 30 项，其中农业电气化与信息化学科最多，为 21 项。相关合作协议涉及合作项目包括：平台建设、设备研发、技术合作研究、人才培养工作、学生及教师交流、研究中心共建等方面（表 15）。

表 15　2011—2015 年农业工程学科签订国际合作协议数量

学　　科	签订国际合作协议
农业电气化与信息化工程	与美国堪萨斯州立大学张乃迁、汪宁教授合作共建：《农牧业装备智能化技术实验平台》
	与加拿大曼尼托巴大学张强教授科研合作协议：《羊食草行为识别技术合作研究》
	2011 年 9 月 22 日，在第五届北京—意大利科技经贸周活动中，国家农业信息化工程技术研究中心与意大利国家科学研究委员会食品科学研究所、环境分析方法研究所分别签署合作协议，将与意大利的顶尖科研机构开展食品安全检测技术开发、农业遥感、传感器研制等方面的合作研究
	2013 年 7 月 2 日，国际精准农业技术专家 Armin Werner 教授到中心交流访问。赵春江研究员与 Armin Werner 教授就联合开展精准农业技术研究签署了合作协议
	2013 年 7 月 2 日，国家农业信息化工程技术研究中心与新西兰 Armin Werner 教授就联合开展精准农业技术研究签署了合作协议

续表

学　科	签订国际合作协议
农业电气化与信息化工程	2014 年国家农业信息化工程技术研究中心与新西兰林肯大学农业与生命科学学院签署框架合作协议，与 HongJ. Di 教授签署了关于联合开展农业物联网技术研究与人才培养工作的框架协议
	2015 年国家农业信息化工程技术研究中心在精准农业与信息技术及硬件设备研发、病虫害管理等方向中心共与英方签订 10 项合作协议
	2015 年美国德州农工大学生物与农业工程系签订学生及教师交流项目协议
	2015 年与美国伊利诺伊大学签订学生培养项目
	2015 年与日本京都大学签订人才培养、科研合作协议
农业水土工程	2013 年黑龙江农业大学与日本农业土木技术协会签订中日水利科技合作协议
农业生物环境与农村能源工程	2011 年与美国伊利诺依大学、衣阿华州立大学、普度大学、田纳西大学、密苏里大学以及加拿大马尼托巴大学、荷兰瓦赫宁根大学、澳大利亚南昆士兰大学、丹麦奥胡斯大学等 9 所国外著名高校联合成立了"动物环境与福利国际研究中心"（International Research Center for Animal Environment and Welfare, IRCAEW, http//www.ircaew.org/）；共同签署合作协议、研究中心章程和企业合作服务协议
	2012 年与荷兰瓦赫宁根大学农场技术组签署合作协议，在人员交流、研究生联合培养、课题合作等方面进行全面战略合作
	2015 年 3 月 25 日，农业部规划设计研究院与荷兰 GreenQ 企业签署"发展中国现代农业园艺技术"的合作备忘录
农业机械化工程	2010 年 1 月—2014 年 12 月，中英功能表面与流体交互作用仿生技术联合实验室（Sino-British bionic technology joint laboratory of function surface and fluid interaction），英国诺丁汉大学（University of Nottingham）
	2011 年 9 月—2014 年 9 月，自然功能表面的仿生研究（Biomimetic studies of natural functional surfaces），英国华威大学（The University of Warwick）
	本科生浙江大学—康奈尔大学 2+2 联合培养
	本科生浙江大学—美国伊利诺伊大学厄本那—香槟校区（UIUC, University of Illinois at Urbana — Champaign）"3+2" 交流协议
	中国农业大学与普渡大学本科生联合培养协议

6. 邀请外国长期、短期专家来访讲学

（1）长期专家来访情况

2011—2015 年，共邀请外国长期专家 1 位来访讲学，即来自德国的 Rolf Kloss 专家，长达 5 年在我国农业生物环境与农村能源学科讲授《废弃物处理》课程。

（2）短期专家来访情况

2011—2015 年，农业工程学科领域共邀请短期专家来访讲学次数 440 余次，其中农业机械化工程为 206 人次，占整个学科近一半；其次为农业生物环境与农村能源，为 145 人次。其他学科较少（表 16）。

表16　2011—2015年农业工程学科邀请短期专家来访讲学情况

学　　科	短期专家来访次数（人次）
农业机械化工程	206
农业电气化与信息化工程	95
农业生物环境与农村能源工程	145
农业水土工程	13
合计	440

7. 主办或承办国内学术会议

2011—2015年，农业工程学科围绕各学科学术年会主办了多次国内学术会议。如农业电气化与信息化工程学科每年举行的中国农业工程学会农业电气化与信息化分会暨中国电机工程学会农村电气化分会科技与教育专委会年度学术年会，参会人员200余人；农业水土工程学科每年举办的中国农业工程学会农业水土工程专业委员会，以及农业机械化工程学科每年举办的"食品加工装备学术年会""农产品加工与技术学术年会"等均为各学科探讨其学科建设发展的现状、成就及战略需求提供了重要交流平台。其中，2015年8月5—7日，在黑龙江哈尔滨举办的中国农业工程学会2015年学术年会，参会人数达1100余人。此外，食品加工装备、农业工程技术与装备产业、设施农业环境、高效农业节水技术、生物质能等专题学术会议在近5年也得到较大关注。截止目前，本学科共举办国内学术会议38场，参会人次达5000余人次。

8. 国际学术刊物编委

2011—2015年，农业工程学科共有21位国内专家担任国际学术刊物编委，其中农业水土工程学科最多，共8位，这表明我国农业水土工程学科在国际的影响力较大，受国际关注度、国际认可度较高（表17）。

表17　2011—2015年间农业工程学科国内专家担任国际学术刊物编委情况

学　　科	专家姓名	担任国际学术刊物编委情况
农业电气化与信息化工程	李道亮	Information Processing in Agriculture 主编
		Computer and Electronics inAgriculture 编委
	何　勇	Food and Bioprocess Technology（IF=4.994）等10多本国际学术期刊编委
农业生物环境与农村能源工程	毛罕平	International Journal of Comprehensive Engineering（IJCE）国际期刊 Part C（农业工程）执行主编
	王应宽	CIGR Journal 主编
		International Agricultural Engineering Journal, IAEJ 执行主编
	朱松明	Transactions of the ASABE, Applied Engineering in Agriculture 的 Associate Editor, Aquacultural Engineering 编委
	刘　鹰	Journal of aquaculture research

续表

学　科	专家姓名	担任国际学术刊物编委情况
农业水土工程	康绍忠	Agricultural Water Management 编委
	李久生	Irrigation Science 和 Irrigation and Drainage 副主编
	韩松俊	Hydrological processes 编委
	杨金忠	Irrigation and Drainage（国际灌溉排水委员会），编委
	杨金忠	Australia Journal of Soil Research（澳大利亚），编委
	黄介生	Paddy Field and Water Environment（日本），编委
	李典庆	Georisk — An International Journal on Assessment and Management of Risk for Engineered Systems and Geohazards，编委
	张喜英	Agricultural Water management 副主编
	钱忠东	International Journal of Fluid Machinery and Systems，编委
农业机械化工程	任露泉	Journal of Bionic Engineering（仿生工程学报）（SCI、EI 检索）杂志主编
	佟　金	国际学术刊物 Materials Science Foundations 编委（1998—）
	佟　金	国际学术刊物 International Agricultural Engineering Journal 编委（1999—）
	佟　金	国际学术刊物 International Journal of Biological and Agricultural Engineering 编委
	佟　金	Journal of Bionics Engineering 副主编（2004—）
	佟　金	Journal of Agricultural and Biological Engineering 编委并任动力与机械系统栏目主编（2008—）
	于海业	Biosystem Studies 编委
	应义斌	Transactions of the ASABE（美国）Associate Editor
	应义斌	Applied Engineering in Agriculture（美国）Associate Editor
	应义斌	Biological Engineering Transactions（美国）Associate Editor
	应义斌	International Agricultural Engineering Journal Associate Editor
	应义斌	International Journal of Agricultural and Biological Engineering（IJABE），Vice Chairman
	王　俊	CZECH J FOOD SCI 国际 SCI 收录期刊栏目主编
	廖庆喜	International Journal of Agricultural and Biological Engineering（IJABE），编委，2008—
	晏水平	Journal of Clean Coal and Energy，编委，2013—

9. 国际学术组织中任职

2011—2015 年，我国农业工程学科领域在国际学术组织中任职的专家共 28 人，参与国际学术组织 18 个。其中，农业电气化与信息化工程 2 人，农业水土工程 6 人，农业生物环境与农村能源工程 5 人，农业机械工程 13 人，其他专业 2 人（表 18）。

表 18　2011—2015 年农业工程学科领域专家在国际学术组织任职情况

专家姓名	国际组织任职
盛万兴	国际电工委员会微电网特别工作组（IEC ahG 53）成员 国际大电网会议配电系统及分布式发电（CIGRE C6）中国国家委员会委员 电气和电子工程师协会（IEEE）高级会员
李道亮	国际信息处理联合会（IFIP）农业信息处理分会主席（2015—2018） IFIP 农业信息处理分会主席（2011—2014）
黄冠华	国际农业工程学会（CIGR[1]）荣誉副主席（2015—2018） CIGR 水土工程分会荣誉主席（2015—2018） CIGR 水土工程分会主席（2011—2014）
杜太生	CIGR 水土工程分会理事（2015—2018）
黄介生	国际灌溉排水委员会（ICID）灌溉服务现代化工作组委员（2007—） ICID 技术与研发工作组委员（2007—）
丁昆仑	ICID 副主席（2014—2017）
李典庆	美国土木工程协会（ASCE）岩土工程风险评估与管理委员会理事（2011—） 国际土力学与岩土工程学会（ISSMGE）会员（2006—2013）
刘鹰	国际水产工程学会（AES）荣誉主席（2015） AES 主席（2014） AES 副主席（2011—2013）
李保明	CIGR 农场建筑环境、设备、结构与环境分会理事（2015—2018） CIGR 炎热气候区畜舍工程工作组秘书长（2015—2018） CIGR 农场建筑环境、设备、结构与环境分会理事（2011—2014）
朱明	CIGR 农业能源分会理事（2015—2018） CIGR 农业能源分会理事（2011—2014）
杨邦杰	世界工程组织联合会创新专委会（WFEO—CEIT）[2]委员（1997—）
管小冬	WFEO-CEIT 委员（2009—）
韩鲁佳	国际标准化组织饲料机械技术委员会（ISO/TC 293）主席（2015—） 世界工程组织联合会妇女委员会（WFEO-WIE）执委（2007—）
张兰芳	CIGR 执委（2015—2018） 亚洲农业工程学会（AAAE）秘书长（2010—）
王应宽	CIGR 执委（2011—2014）
王朝元	CIGR 农场建筑、设备、结构与环境分会理事（2015—2018）

续表

专家姓名	国际组织任职
任露泉	国际地面车辆系统协会（ISTVS）中国国家代表 AAAE 副主席 国际仿生工程学会（ISBE）常务副主席
朱松明	美国农业工程师学会（ASABE）食品工程分会理事（2010—　） 国际食品工程协会（ISFE）理事（2011—2015）
李建桥	ISBE 秘书长（2010—　）
尚书旗	国际田间试验机械化协会（IAMFE）主席（2012—2016） IAMFE 主席（2008—2012）
应义斌	CIGR 信息系统分会理事（2015—2018） CIGR 信息系统分会理事（2011—2014）
李洪文	亚太保护性农业联盟（CAAAP）副主席（2015—　）
李树君	CIGR 候任主席（2015—2016） CIGR 农产品采后技术和质量控制分会名誉理事（2015—2018） CIGR 主席团成员（2015—2020） AAAE 副主席（2015—2016） AAAE 主席（2013—2014） CIGR 执委（2011—2014） CIGR 农产品采后技术和质量控制分会副主席（2011—2014） AAAE 主席（2011—2012）
汪懋华	CIGR 会士（2006—　）
方宪法	CIGR 作物设备工程分会理事（2011—2014）
何　勇	CIGR 农产品采后技术和质量控制分会理事（2015—2018）
兰玉彬	CIGR 精准农业航空应用工作组主席（2015—2018）
薛新宇	CIGR 精准农业航空应用工作组副主席（2015—2018）

注：1. 2008 年，国际农业工程学会（CIGR，Commission Internationale du Génie Rural）将英文名称由"International Commission of Agricultural OEngineering（中文译为'国际农业工程学会'）"变更为"International Commission of Agricultural and Biosystems Engineering（中文译为'国际农业与生物系统工程学会'）"。

2. 2010 年，世界工程组织联合会技术委员会（WFEO–COMTECH）变更为世界工程组织联合会创新专委会（WFEO–CEIT）。

10. 外国大学聘任的兼职或客座教授

2011—2015 年，农业工程学科外国大学聘任的兼职或客座教授共 10 名，均为农业电气化与信息化工程学科。农业机械化工程学科中，则于 2011 年 7 月 15 日，聘任亚洲农业工程学会（AAAE）前主席、印度 Kaziranga 大学副校长 V. M. Salokhe 教授为中国农业机械化科学研究院客座教授（表 19）。

表 19   2011—2015 年外国大学聘任的兼职或客座教授

姓名	外国大学所在地	兼职 / 客座教授
Bill Stout	美国	客座教授
李延斌	美国阿肯色大学	客座教授
Yanqing Duan	英国 Aston University	兼职教授
隋殿志	美国乔治亚大学地理系	兼职教授
ZhangNaiqian	堪萨斯州立大学	兼职教授
Simon Blackmore	UniBots Ltd	兼职教授
野口伸 –Noboru NOGUCHI	北海道大学	兼职教授
澁澤荣 –Sakae SHIBUSAWA	东京农工大学	兼职教授
Naoshi Kondo	京都大学	客座教授
李道亮	意大利 Messina 大学	客座教授
张勤	美国华盛顿州立大学	讲座教授
佟金	美国堪萨斯州立大学	客座教授
V. M. Salokhe	印度 Kaziranga 大学	客座教授
Naoshi Kondo	日本京都大学	客座教授

（七）学术出版数量再创新高

1. 学术著作、教材硕果累累

据不完全统计，2011—2015 年农业工程学科学术共出版图书 217 本，其中农业电气化与信息化工程学科数量最高，达到 68 本，占全部出版成果数量的 31.34%，年均出版量 13 本；其次为农业水土工程，达到 59 本，占 27.2%。在出版的图书中，著作 114 本、教材 103 本（表 20）。

表 20   2011—2015 年农业工程学科学术著作与教材出版情况

年份	学　　科	著作数量	教材数量	合计
	农业电气化与信息化工程	5	15	20
	农业水土工程	13	5	18
2011	农业生物环境与农村能源工程	10	3	13
	农业机械化工程	1	15	16
	农产品加工与贮藏工程	0	1	1
	小计	29	39	68

续表

年份	学 科	著作数量	教材数量	合计
2012	农业电气化与信息化工程	9	9	18
	农业水土工程	18	2	20
	农业生物环境与农村能源工程	6	3	9
	农业机械化工程	3	13	16
	农产品加工与贮藏工程	2	2	4
	小计	38	29	67
2013	农业电气化与信息化工程	10	8	18
	农业水土工程	8	1	9
	农业生物环境与农村能源工程	6	0	6
	农业机械化工程	4	4	8
	农产品加工与贮藏工程	0	1	1
	小计	28	14	42
2014	农业电气化与信息化工程	3	5	8
	农业水土工程	5	1	6
	土地利用工程	1	0	1
	农业机械化工程	2	3	5
	农业生物环境与农村能源工程	1	0	1
	农产品加工与贮藏工程	0	1	1
	小计	12	10	22
2015	农业电气化与信息化工程	0	4	4
	农业生物环境与农村能源工程	0	1	1
	农业水土工程	5	1	6
	土地利用工程	0	1	1
	农业机械化工程	2	5	7
	小计	7	12	19
2011—2015	总计	114	103	217

2. 论文发表、发明专利等再创新高

2011—2015 年农业工程学科科研成果再创新高。据不完全统计，在此期间农业工程学科在 SCI 和 EI 收录期刊及一级学报上发表学术论文 23000 余篇。其中 SCI 收录 6000 余篇、EI 收录 8000 余篇其他以及学报论文 4000 余篇、授权发明专利 2000 余件，分别比 2005—2010 年增加 500.40%、160.33%、0.13% 和 195.96%（表 21）。

表 21　2011—2015 年农业工程学科发表论文数量统计

年份	SCI 收录论文数	EI 收录论文数	其他一级学报论文数	获得授权的发明专利数
2011	1825	2479	1060	561
2012	1602	2042	1118	683
2013	1646	2149	1114	850
2014	660	1390	621	541
2015	542	700	862	292
2011—2015	6285	8760	4775	2927
2005—2010	1256	3365	4781	989
比 2005—2010 增加（%）	500.40%	160.33%	−0.13%	195.96%

（八）小结

总体看，"十二五"期间，我国农业工程学科主动迎接抓住新一轮科技革命和产业变革的重大机遇，其学科建设与发展适应了我国农业科技创新和经济社会发展的需要，科技创新水平不断提高，科技队伍不断扩大，平台基础不断巩固，国际影响力不断提升，自主创新和为社会服务的能力不断增强，为我国高级专门人才培养和农业工程科技创新做出了重大贡献。尽管农业工程学科在上述领域取得了重大进展，但我们要清醒地看到，我国农业工程学科还存在人才培养落后于科学研究、学科间发展不平衡、国家科技成果数量较少、应用研究与科技成果转化较慢等问题，在解决农业可持续发展问题以及农村民生、民计、民情问题上仍显动力不足，标准、规范、适用性技术方案等的科技产出仍较少，科技成果产出与原始创新能力仍有待加强。今后一段较长的时间内，农业工程学科要以适应现代农业与美丽乡村建设工程科技需求为导向，重点围绕保障"三安"、提高"三率"等农业重大工程技术问题，强化创新驱动，针对制约农业农村发展的工程科技瓶颈问题提出适用、实用的解决方案。将农业工程技术与"三农"问题研究紧密联系起来，促进中国农业工程科技更好地服务于农业农村经济，为建设创新型国家和实现农业可持续发展提供强力支持。

三、本学科国内外研究进展比较

随着世界经济的发展和工业化进程的加快，各国的传统农业都在向现代农业转变，农业工程学科有了长远的发展。但由于世界经济发展的不平衡性，各国国情的不同，以及国家间农业生产水平的差异，农业工程学科在世界各国的发展呈现出较大的不同。

（一）各国农业工程学科的发展历程

农业工程最早可追溯到使用犁、谷物存储和灌溉的古文明时期。1905 年，在美国成立了世界上第一个农业工程系，1907 年美国农业工程师学会的成立标志着世界农业工程学科的正式建立。20 世纪初，为适应农业现代化的需要，美国一些高等院校相继成立了农业工程系，研究方向涉及农业动力机器、农业机械、农业机械化、农业电气化、农产品加工、农业生物环境控制与农业建筑、水土控制、食品工程、森林工程等，主要是用来满足提高农业生产率和推进农业机械化的需求。20 世纪 40 年代美国基本实现了农业机械化，较早建成了高度发达的农业。随后，美国农业工程在农业电气化及机械化方面继续引导世界农业工程学科的发展。自 20 世纪 80 年代以来，资源短缺、生态破坏和环境污染问题日益成为各国关注热点，对资源能源开发利用、环境保护以及生产生活各领域的工程科技创新提出了新的迫切要求。生物技术将继续在农业、能源与环境等应用上取得重大进展，并有望成为新的现代工业技术革命的重要驱动力之一。美国在农业工程学科建设方面代表了世界农业工程的发展方向，为适应农业和科技的新进展，一直进行着有效的改革。20 世纪 90 年代初，由于传统农业工程人才的需求减少，为推动农业工程学科教育的发展，美国农业工程界进行了有效的改革尝试，将农业工程学科从原来基于应用的工程类学科向基于生物科学的工程类学科转变的改革方向被普遍接受。从那时开始，人们开始逐渐认识到生物科学与农业工程学科融合的价值。美国一些设置农业工程系的高校都对系的名称进行了调整，在美国 47 个由农业工程系改造的系中，更名后包含"生物"的系占到 97.9%，此番改革扭转了美国农业工程学科教育的低迷状态，生源质量和数量都有明显提高，并且进一步拓展了农业工程学科的研究领域。2005 年，美国农业工程师学会更名为美国农业与生物工程师学会（简称 ASABE）。

欧洲现代农业工程始于 1930 年成立的国际农业工程委员会（CIGR），当时的欧洲大陆，农业工程在农业生产的应用主要基于经验，缺乏科学研究，简单农业机械产品的发明和改进是当时欧洲农业工程发展的明显特点。然而，尽管农业工程在农业生产中有着重要的意义，但是行业的发展较为缓慢，且规模有限。第二次世界大战结束后，农业领域需要大量的重建工作，通过农业工程促进农业发展，是满足人口需求和经济复苏的基础条件，至此农业工程学科有了蓬勃的发展，1953 年，苏联及联邦德国已基本实现农业机械化。从 20 世纪 90 年代中后期开始，农业工程学科的领域亟须进一步的拓展，欧洲各国农业大学农业工程专业的生源减少，学科发展受限，为促进农业工程学科的发展，欧洲农业工程开始与生物科学及资源环境科学等相融合，取得了一定的效果。欧洲农业工程大学研究联盟在 2006年发布的"欧洲大学农业工程教育培养方案及核心课程"是欧洲农业工程学科发展史上的一个里程碑。为追赶美国在农业工程领域的领先地位，欧洲国家提出了亚特兰提斯计划（EU–US Atlantis program），与美国在生物系统工程研究方面开展了深入的合作，增强了欧洲农业工程学科的研究水平。为顺应农业工程学科的发展潮流，2008 年，欧洲农业工程大学研究联盟改名为欧洲农业与生物工程教育和研究联盟，欧洲农业工程学科进入生物系统工程的发展阶段。从国际农业工程委员会（CIGR）的技术部门分布来看，土地和水工程，农业建设、设备、结构和环境，工厂的设备工厂，农村电力及其他能源，管理、人类工程学以及系统工程，采收后科技和处理工程，信息系统是当前国际农业工程学的研究热点。

在日本，农业工程被称为农林工程，主要研究领域为农业土木工程和机械工程，1911年东京帝国大学开设的农业工程讲座是日本农业工程学科建立的标志。1947年农业工程教育与研究开始进入各大学的农学院系，日本从 20 世纪 50 年代开始，加快了农业机械化的研究及推广，在 27 年的时间实现了农业生产全程机械化，但到 20 世纪 90 年代后农业工程学科的发展受到阻碍，社会需求减少，日本农业工程学科开始寻求研究领域的拓展，生物工程与传统农业工程学科的融合成为该时期显著的特点。进入 21 世纪后，日本农业工程学科针对生物环境、农业信息化、农业智能化等领域，不断对研究重点进行调整和改造，积极开展国际合作，增强本国农业工程学科的国际竞争力。经济的迅速增长导致韩国农业的相对萎缩，为解决工业化和城市化过程中的农村农业问题，推广农业机械化成为20 世纪 60 年代韩国农业发展的重点，1990 年，随着国际上对农业工程学科的重新认识，韩国的农业工程学科教育开始向北美农业工程学科的研究和领域靠近。

巴西农业工程的研究主要集中在农村建筑、机械、农田水利等传统领域，当前农业工程本科教育面临着生源减少的问题，研究领域的进一步拓展和多学科的进一步融合是巴西农业工程学科的重点发展方向。印度农业的机械化程度不高，农业生产主要依靠人力，农田水利设施落后，很大程度限制了印度农业的发展，到 20 世纪末，印度形成了相对完善的农业工程教育体系，开始了由传统农业工程向现代农业工程的转变。中国正处在全面推广农业机械化的应用阶段，农业机械化在中国的发展呈现出典型的地域性不平衡和领域间不平衡，发达地区的农业机械化水平远高于落后地区，种植业的农业全程机械化水平远高于养殖业。

发达国家在 20 世纪已基本实现农业全程机械化，正在向农业生产自动化、信息化和农业生物工程方向发展，而发展中国家由于自身国情，农业工程学科当前的发展重点仍然是实现机械化，生物工程与农业工程相融合来服务于现代农业，是发展中国家农业工程学科的发展方向（表 22）。

表 22 不同国家农业工程发展历程

	美国	欧洲	日本	中国
农业工程诞生	1907 年	1930 年	1911 年	1949 年
农业机械化工程	20 世纪 40 年代	20 世纪 50 年代	20 世纪 70 年代	1978 年
农业工程时代	50 年	40 年	20 年	—
生物工程	20 世纪 90 年代	20 世纪 90 年代	20 世纪 90 年代	—

注：—表示未全面实现。

（二）世界农业工程的发展趋势及前沿

1. 智能化成为继机械化、电气化、自动化之后的新热点

新一代信息技术发展和无线传输、无线充电等技术实用化，为实现从人与人、人与物、物与物、人与服务互联向"互联网+"发展提供丰富高效的工具与平台。进入21世纪，美国和欧洲发达国家提出了"农业物联网"的概念，农业感知设备提升到了前所未有的重要程度。农业专用传感器和仪器仪表技术发展迅速，农业感知设备的产业链更加精细，产业规律和市场需求日益增大，传感器敏感材料已成为完全独立的产业链条。在发达国家，农业物联网被主要应用于资源环境监测、农业生产精细管理和农产品物流中。

生物感知、精准农业、自动控制是农业信息化的研究热点，当前遥感技术在发达国家主要应用于病虫害预警、施药、叶面积指数估计和冠层生物量检测、产量预测和果品品质评估等，指导农业生产管理的研究相对较少，将多种遥感手段结合，全面监测作物的长势，指导作物生产管理精细化是研究的重点。美国于1974年最早开展了基于遥感的大面积作物估产试验，对小麦种植面积和产量进行了估算，随后又对多种作物的种植面积和产量进行了估算。欧洲的发达国家采用卫星遥感对农作物的长势和产量进行了监测和预测分析，取得了一定的成果。如今美国的精细农业已经普遍采用遥感技术用来直接指导农业生产。作物模拟模型在国外农业生产中已有广泛的应用，包括产量预测、病虫害防治、指导水肥施用等方面，并取得了较好的效果。

发达国家农田作业智能技术装备已趋于成熟，多种电子监视、控制装置已应用于复杂的农业装备上，土地精细平整设备、变量作业装备、农业机械自动导航、联合收割机等高度智能化农业机械已逐步进入国际市场。欧美等发达国家农业智能装备技术的应用，全面带动了现代农业高新技术的发展，在美国等发达国家，农业智能装备已形成一种高新技术与现代农业生产相结合的产业，被广泛认同为可持续发展农业的重要途径。

2. 农业生物系统工程将承载农业科技革命的重要内容

自20世纪80年代以来，全球性资源、生态与环境问题日益成为各国关注热点，对资源能源开发利用、环境保护以及生产生活各领域的工程科技创新提出了新要求。生物技术在功能基因组、蛋白质组、干细胞、生物芯片、动植物生物反应器等领域的研究已取得重大突破，在农业、能源与环境等应用上取得重大进展，将成为现代农业技术革命的重要驱动力之一。

经济全球化进程中，人类对生态环境的破坏尤为严重，农业生态环境面临的形势相当严峻。利用生物技术治理环境具有无可比拟的优越性。例如，由土壤、地下水、海滩等环境危险污染物所造成的污染常常具有污染严重且难于治理的特点。在这一领域，生物修复技术以其独特的优势占有重要地位。转基因技术通过分子生物学手段将外源基因导入特定的作物品种载体使之表现出预期的性状，使基因资源的广泛利用成为可能，育成了一批抗病虫、抗除草剂、抗逆等的优良品种。迄今为止，全球共有 50 多种转基因植物产品被正式批准投入商品化生产，其中抗除草剂、抗虫的转基因大豆、玉米、棉花、油菜等多种作物已大面积商业化种植。虽然转基因生物安全性一直存在争论，但总体看来，转基因植物的研究和产业化也在争论中不断发展。在全球能源短缺，各国政府积极探索可再生能源发展的战略背景下，利用生物技术，有效开发农业生物质能源已经成为各国发展可再生生物能源的重要方向。许多国家都制订了开发生物质能源、促进生物质产业发展的研究计划和相关政策。如欧盟委员会提出到 2020 年运输燃料的 20% 将用生物柴油和燃料乙醇等生物燃料替代；日本制订了"阳光计划"；印度制订了"绿色能源工程计划"；巴西实施了酒精能源计划；丹麦、荷兰、德国、法国、芬兰等国通过多年努力，形成了各具特色的生物质能源研究与开发体系，拥有各自的技术优势。利用农业资源生产生物质能源已经成为能源补充的一条重要途径。

3. 农业工程集成创新特点日益凸显

未来科技和产业革命不会仅仅依赖于一两类学科或者是某类单一技术，而是多学科、多技术领域的高度交叉和深度融合，其中，信息技术将进一步发挥基础和支撑性作用，生物、纳米、材料等尖端技术将更广泛地相互渗透、交叉、融合，由此产生若干新兴技术和新兴产业，进而引发新的技术变革和产业革命。农业生产的复杂性及市场需求的多样性也促进了农业工程集成创新的发展。随着科技的迅速发展，各种新技术新方法层出不穷，技术和方法更新换代的周期也日渐缩短，工程技术集成将所有相关要素都整合起来可以迅速掌握新技术新方法的更替，快速适应工程主体、工程流通工艺的需求，加速技术创新的频率，促进新技术新工艺不断涌现。荷兰的设施农业以及以色列的节水农业是先进农业工程技术综合应用的典型代表。荷兰由于人均耕地少、日照短、气温低等不利条件，采取高度密集的现代农业技术，大力发展了以设施农业为特色的现代农业工程，大规模建设了玻璃温室和配套的工程设施。以色列为缓解水资源紧缺的状况，发展了以滴灌、喷灌为主的节水灌溉农业，取得了巨大成就，设施农业的产量不仅可达露地的几十倍，还增加了作物的水分利用率。

（三）我国农业工程学科的发展

1. 农业机械化工程

我国农业机械化在近几年得到了较为迅速的发展，小麦和水稻已实现生产全程机械化，玉米生产耕整地、播种已基本实现机械化，大豆、花生、油菜、马铃薯、棉花、甘蔗、甜菜经济作物机械化生产、柑橘、苹果、葡萄等机械化生产、牧草机械化生产及加工、畜禽养殖机械化及废弃物处理等耕种收综合机械化水平增长迅速，在水稻直播机械化、甘蔗生产机械化、油菜直播机械化、丘陵山区机械化、玉米生产机械化、保护性耕作、块根茎类种植和收获、精准农业、农垦系统农机标准化、牧草生产机械与装备等方面取得了创新性成果。我国农业机械化已经进入一个快速发展机遇期，建立了从科研、开发、制造、销售、服务比较完整的农机工程体系。农机装备制造业持续稳定快速发展，产品国际竞争力与科技创新能力跨入世界先进行列。在精细农业关键技术、农业先进传感技术、微电网运行与控制技术、村镇低碳节能发配电工程以及农业农村信息化技术等领域，本学科的部分研究成果处于国际先进水平。

我国的农业机械化学科和国际同类学科相比，发展仍显滞后，表现在：基础性试验条件和设备仍待改善，如种子与土壤、土壤与犁体、作物与土壤、作物与机械等相互关系、各类机构运动原理、模拟分析软件等试验条件和设备尚缺乏，试验数据匮乏，使农机产品缺乏自主创新能力，市场竞争性不强；科技人才短缺、队伍不稳定，人才的社会竞争力不强，科研与教育经费不足等；农业机械化工程学科领域有待拓展，如农用航空、信息化等，在各层次专业知识培养体系中，要增加相应的内容。因此，农业机械化工程学科不仅要在领域上拓展，更要深入到深层次的机理，培养高水平、高质量的人才，出高水平的成果。

2. 农业生物与环境工程

农业生物与环境工程利用先进的现代技术，实现农业生产的高效优质，大幅度提高了劳动生产率和资源利用率。当前我国设施种植业的面积已居世界第一，且发展迅速，形成一整套的日光温室主动蓄放热系统规模化生产技术工艺，为设施种植产业化提供技术支撑。建立了人工光与自然光植物工厂技术研发平台，研发形成了具有自主知识产权的植物工厂生产技术与配套控制装备，为提高我国农业现代化与智能化水平，拓展农业生产模式提供技术保障。设施养殖业由小规模分散养殖向大规模集约化养殖转变，畜禽新型健康养殖工艺与技术日益受到重视，畜禽舍空气质量与排放引起普遍关注，无害化环境净化技术取得了突破。水产设施与装备生产产业快速发展，池塘陆基和浅海设施养殖、网箱工程技术日益成熟，工业化循环水养殖技术方兴未艾，集工程化、规模化、标准化和信息化之大成于一体的现代化养殖生产新模式越来越受到各级政府、养殖企业的支持鼓励和优先发展。

虽然我国农业生物与环境工程学科发展取得很大进展，但技术水平、生产效率、经济效益等与国外先进国家相比还有较大差距。一方面我国各类农业设施的环境调控水平低，技术与设备配套性较差，抵御恶劣自然环境条件的能力差；另一方面，设施生产运行成本高问题突出。亟须加强农业生物与环境工程领域的基础研究和技术开发，为设施农业向高水平发展做出积极的贡献。

3. 农业电气化与信息化工程

我国开展了包括生物信息感知、智能操作及智能化加工等方向的一批重大研究项目，通过国家科技支撑计划和国家"863计划"等重大研究项目，解决了农业生产环节自动化应用的一些关键技术。在农业信息应用方面，20世纪80年代开始将遥感技术用于农业资源环境的评估、农业灾害的监测预报以及作物产量的预测，经过数十年的努力，我国利用遥感技术预测农作物产量取得丰硕成果，实现由单一作物向多种作物，小范围到大区域，单一数据源到多种数据源综合应用的跨越，研究水平不断提升，承担了包括面向移动终端的农业信息智能获取关键技术及应用、猪胴体在线无损定级系统的研究与应用、旱区多遥感平台农田信息精准获取技术集成与服务、低成本体验式农村信息服务关键技术与终端研发、农业物联网与食品质量安全控制体系研究等一批项目的研究，攻克众多农业信息化技术应用难题，并开展了广泛的国际合作，提升了学科的研究水平和国际竞争力。在动植物管理智能决策方面，农业专家系统是国家"863"计划的高科技产品，从20世纪90年代开始作物生长模拟模型被用来预测作物产量及指导作物生产，智能农业专家系统用来指导畜禽水产养殖管理，取得了一定的效果。在设施农业自动控制技术方面，20世纪80年代开始，中国相继开展了设施园艺和集约化养殖场自动控制技术的研究。在精细农业技术方面，我国已经开展了精细农业研究示范，并在关键技术上取得了重要突破，为今后精细农业的发展奠定了基础。

"农业电气化与自动化"国家级重点学科是我国农业工程一级学科的重要组成部分。经过近60年的快速发展以及"211"和"985"工程的重点建设，学科的综合实力和学术影响力不断扩大，发展成为集电气、电子、计算机、通信、生物和生命科学以及信息化技术于一体，同时开展科学研究、系统集成和工程应用的综合性学科，部分成果处于世界领先水平。

4. 农村能源工程

2000年农业部在全国推广的将沼气技术与农业生产结合的"生态家园富民计划"既满足了农民的生产生活需求，又优化了农村环境，促进了资源的循环利用，对建设社会主义新农村起到了至关重要的作用。"十二五"期间，一批重大研究项目使农村能源的关键技术得以突破，生物燃气吸附式存储技术、生物燃气燃料电池技术、混氢天然气输送和利用技术、生物燃气催化制备天然气技术等取得重要进展。通过采用改进燃烧室结构、二次进风半气化燃烧等方式，我国研发出各类生物质炊事炉、采暖炉和多功能炉具，具有燃烧充分、上火速度快、使用方便，干净卫生等特点，热效率由35%提高到60%以上，薪柴、秸秆、生物质成型燃料和煤炭等均可使用，基本满足了不同层次农户的各种需求。国内与国际同步发展了基于生物质糖平台的水相催化合成烃燃料技术，具有转化效率高、流程短、全糖利用等特点，生产的生物汽油/生物航空燃油可与传统汽油/航油以任意比例掺混，应用于现有车辆及航空发动机。在热解装置方面国内外差距不大，均处于产业化示范和产业化前期。我国农村可再生能源的科技水平显著提高，改善了农村能源结构单一的情况，促进了农村能源结构优化。

农村能源学科通过条件建设进一步完善了学科协同创新机制和资源共享机制，学科科研机构布局日趋合理，科研条件不断完善，平台建设成效显著，学科已发展为国家科技创新体系的一支生力军。以沼气、太阳能利用为特征的中国可再生能源利用产业发展势头强劲，尤其是沼气技术应用在世界处于领先地位。

5. 农产品加工与贮藏工程

"十五""十一五"和"十二五"期间，启动和实施了多批涉及农产品加工的国家科技支撑计划、"863"计划等重大项目，包括："农产品深加工技术与设备研究开发""食品加工关键技术研究与产业化开发"等专项。针对严重制约我国农产品加工业发展的突出问题，重点对粮油产品、果蔬产品、畜禽产品、水产品、林产品等主要农产品的深加工技术、工艺与设备、标准体系和全程质量控制体系等进行研究与开发，攻克了膜分离技术、物性修饰技术、无菌冷灌装技术、冷榨技术、浓缩技术、冷链技术、食品冷杀菌、高效分离与干燥、食品包装与检测等一批农产品深加工关键技术难题，开发了冷却肉、大豆分字蛋白、浓缩苹果汁等一批在国内外市场具有较大潜力和较高市场占有率的名牌产品，实现了食品加工高新技术研究和重大装备技术开发及成套装备生产上的跨越式发展。

"十二五"期间，开展了农户储粮、果蔬采后贮藏保鲜与加工干燥等技术研究和示范应用，为国家农产品产地初加工补助项目提供了全面的技术支撑，为农产品加工产业发展发挥了重要作用。

农产品加工与贮藏工程学科在我国得到长足发展，上述专项的研究成果，整体缩小了我国农产品加工技术与国际先进水平的差距，部分领域达到了国际领先水平，实现了我国农产品加工产业科技领域向营养、安全、高效、节能方向发展的历史性跨越和战略性转变。

6. 农业水土工程

农业水土工程学科在原有基础上稳步发展并取得了一些新的进展。农业水土工程研究由原来只强调作物产量的提高，转变为研究提高作物品质，从研究作物水分—产量关系转变为研究作物水分—产量—品质关系，从研究水量对产量的影响转变为研究水质对品质的影响，从单纯考虑水量变成综合考虑水量与水质。由资源性缺水转成水质性缺水。农业研究方面开始综合考虑对环境与生态的影响，提出生态灌区建设与农村水环境与生态保护。从发展特征来看，农业水土工程研究目标趋于综合性，在提高农业用水效率、保障国家粮食及水安全的同时，日趋关注农村供水与饮水安全及人居水环境的改善。研究手段趋于多元性，从着重对自然科学技术的研究，逐步转变为自然科学技术与管理及经济学研究的有机结合与融合。通过生物节水、工程节水和管理节水，在耕地减少、水资源未显著增加的情况下，我国粮食生产能力由3亿吨增加到5亿吨，水土资源利用的效率和效益显著提高。我国土壤—植物—大气连续体（SPAC）水分传输与利用过程定量表征研究得到国际关注，作物生命需水信息与过程控制理论与技术有所突破，大田作物高效用水理论研究的总体水平进入国际前列，再生水高效安全利用原理与技术研究领域形成了明显特色，农田水分溶质运移转化的定量表征研究得到进一步拓展，农业旱涝渍灾害的致灾机理与预警研究进一步加强，农业水资源系统对变化环境响应的辨识研究继续深入。

虽然我国农业水土工程学科应用基础研究和某些农田水利技术具有明显的特色，但研究基础相对薄弱，整体研究条件较差，跟踪模仿性研究居多，原创性研究较少。在精准灌溉和灌溉系统的自动控制方面，我国与国际领先水平的差距还较大。

7. 土地利用工程

近年来，我国在高标准基本农田建设、矿山土地复垦工程与耕地质量提升方面取得了显著的成果，推动了土地利用工程事业的发展。我国首部高标准农田建设的国家标准《高标准农田建设通则》，在土地开发整理的规划设计、村镇建设、土地整理潜力及效益评价、土地整理信息化建设及土地开发整理新技术等方面提出了一些新的理论，注重土地的生态功能，系统评价了土地整理对生态环境的负面影响，高标准农田建设取得较大的成果。"十一五"期间，砒砂岩与沙复配成土造田技术、农村居民点整治理论创新与关键技术、井工煤矿边开采边复垦技术、生态脆弱矿区露天煤矿生物多样性保护与重组技术、煤矿废弃地复垦工程质量快速监测信息技术、耕地质量变化快速监测评价及信息系统建设、耕地保护监控预警关键技术、区域基本农田保护技术、城乡统筹与节约集约用地理论与技术等多项技术获得重大突破，有效地推动了我国土地利用工程事业的发展。

土地利用工程对国家的战略部署、目标的现实转变、统筹城乡与促进农业现代化、社会经济发展阶段等方面有着重要的战略意义。土地利用工程学在工程技术革新与综合评价方面发展迅速，尤其在高标准农田建设和土地复垦工程技术方面成果显著。但是，由于土地利用工程学科起步晚，理论研究滞后于现实发展，尚未形成相对独立、自成体系的理论、知识基础，与国际水平具有较大的差距。

8. 农业系统工程

我国在1964年就提出用线性规划方法解决人民公社农田作业系统中的作业分派、机具配备和配套问题。1978年，钱学森等率先倡导大力发展系统工程，这以后农业系统工程发展很快。1983年以前，系统工程主要的研究方面是农业区划、区域开发规划、作物布局、农业机具配备、机具更新和农业机器机组参数选择等。1983年以后，随着我国农村家庭承包责任制的稳定和完善，以及现代农业的发展推进，农村经济结构的调整、农业规模化专业化经营、新型农业经营主体的培育成为现代农业规划和发展分析的主要课题。目前，我国系统工程在农业方面的运用主要围绕上述工作开展，研究具有以下几方面特点：一是研究了多种层次的问题。如关于区域社会、经济、科技、生态系统总体设计的，有关于农业结构优化或农村能源结构优化的，还有研究作物栽培技术规范化的；二是研究方法的多样化和模型的群体化，农业系统工程主要的模型处理技术从线性规划转到更多新发展的数学方法。如在农业总体设计规划方面，采用多目标、多因子、多层次、多方案的过程系统分析方法，针对不同目的和层次的要求选择不同数学模型，使各种模型围绕总体，相互协调、衔接形成统一的模型群。在农业区划方面，应用灰色系统理论研究系统区域划分、区域经济优势的灰色决策及区域灰色动态经济模型。在农业能源规划方面，建立了农村能源、农村经济和生态环境综合多目标线性规划模型。在农作物生产规范化研究方面，利用回归试验设计方法建立了各试验因子（播种期、播种量和密度，施肥水平，插秧时的叶龄等）在空间上的多维反应面数学模型，通过计算机进行仿真优化。在农业机械化方面，建立了农机动力结构的一般线性规划模型，研究了农户生产决策和选择机械化作业项目的非线性规划问题，提出了用模拟方法解决农场机具更新的数学模型。

"十二五"期间，通过国家公益性行业科技专项支持，开展了"现代农业产业工程技术集成与模式研究"，提出了农业工程技术集成的理论与方法，集成优化了一批现代农业产业工程集成模式，在全国22省（市、自治区）示范应用取得明显效果，研究成果达到国际先进水平，理论方法创新方面达到国际领先水平。

但总体来看，我国农业系统工程学科仍处于起步阶段，与国际先进水平还具有相当的差距。

四、本学科发展趋势及展望

（一）农业工程学科发展存在的问题

1. 学科基础研究薄弱，科技成果的创新性和原创性不足

目前，农业工程学科创新能力建设还比较薄弱，基础性、原创性科研成果偏少，跨学科、跨部门的科研团队难以形成。我国农业机械化研究相对不足，农业机械的发展水平、性能与发达国家间存在较大的差距，农业机械工程学科的基础条件和基础设备薄弱，造成我国农业机械化的发展模仿国外技术较多，科技成果缺乏创新性和原创性。我国农业水土工程学科应用基础研究和某些农田水利技术具有明显的特色，但研究基础相对薄弱，整体研究条件较差，跟踪模仿性研究居多，原创性研究较少。土地利用工程学科起步晚，理论研究滞后于现实发展，尚未形成相对独立、自成体系的理论、知识基础，农业工程、土地科学等学科没有土地工程专业，不同院校设立的土地科学专业五花八门，可归属的二级学科不统一、不明确，一定程度上影响了土地工程建设学科的深入开展。我国在生物质能利用方面一些关键技术尚未完全突破，生物转换和化学转换效率低，能量利用率低，生产成本高，制约了生物质能大规模的有效利用，离产业化还有较大距离。

2. 区域间和产业间发展不平衡现象突出

受自然条件和社会经济条件影响，不同区域、不同产业农业工程应用和发展不平衡现象突出。以农业机械化为例，我国农业机械化的应用存在着显著的区域差异，当前我国北方旱作农田的农业机械化水平明显高于南方水田，平原地区的农业机械化水平明显高于丘陵山地，发达地区的耕种收综合机械应用水平已达80%以上，而落后地区仅不足20%。农业机械化在农业生产的不同领域也存在较大的差异，当前种植业和养殖业的机械化应用水平存在差异，在种植业中，粮食作物农业机械化的应用程度远高于经济作物，小麦生产已经实现全程机械化，耕种收的综合机械化水平已经超过90%，而水稻、玉米的全程机械化处在迅速发展的时期，而经济作物的机械化应用仍处于起步阶段。农业信息工程技术的应用也呈现区域差异化特征，土地规模化程度高、经济条件较好的地区农业信息化示范应

用水平较高，如黑龙江农垦、新疆建设兵团等，相比山区或丘陵地区，信息化程度显著提高，已实现农业生产全程机械化、智能化。又如土地利用工程，东部地区和西部地区的高标准农田建设的数量存在较大的差异，不同地区间耕地质量差异较大，对不同地区的土地利用提出了差异化要求。

3. 学科研究方向较为分散且缺乏特色，需进一步凝练

农业生产的实际需求及农业工程学科发展的需要，共同促进了农业工程研究领域的进一步拓展，研究方向呈现多元化、综合性的特征，但当前我国农业工程学科的研究方向不集中、不突出、缺乏特色的现象突出，部分项目研究方向分散，研究不够深入、系统，缺乏创新性，应用性研究方面的力度不够。应加强研究方向的凝练，既要注重适用技术的规模化应用，又要充分利用高新技术和先进适用技术改造提升传统产业，提升我国传统产业的国际竞争力。以农产品加工学科为例，提高技术含量和提升高新技术的应用化程度，已在农产品加工业的技术竞争中发挥日渐明显的作用，如膜技术、生物技术、微波技术、辐照技术、挤压技术、膨化技术、智能技术、信息技术等，将是农产品加工学科的重点凝练方向。而现实培养过程中许多院校的课程设置不切实际，研究方向与产业需求相差较大，造成毕业的学生无法掌握产业所需的知识及工作技能，不利于提升国际竞争力。

（二）农业工程学科的战略需求

当前，我国正处在传统农业向现代农业转变的关键时期，农业与农村经济发展面临着自然资源短缺、生态环境恶化、农业灾害频发、劳动生产率低、农民增收乏力、城乡差距加大等严峻挑战。国内外实践表明，农业工程的应用水平已经成为农业现代化水平的重要标志。建设现代农业，迫切需要加快发展农业工程系统应用，在保"三安"、促"三率"、提产量、畅流通、稳增收、缩鸿沟等方面实现根本性突破。

1. 农业资源要素支撑紧绷，迫切需要利用工程技术提升资源利用效率

伴随工业化、城镇化水平的提高，现阶段及今后相当长一个时期，我国农产品需求仍呈现刚性增长，粮食等主要农产品产需矛盾愈加突出。根据《国家粮食安全需求中长期规划纲要》预测，2020 年粮食缺口可能达到 3250 万吨。其中，国内大豆需求约 7000 万吨，5800 万吨来自进口，对外依存度高达 80%。近几年农业发展方式粗放、资源过度开发利用等问题越来越突出，资源要素支撑紧绷。

从耕地资源看，据第二次全国土地调查，2013 年全国耕地面积 20.3 亿亩，人均耕地面积 1.4 亩，不到世界人均水平的 50%。50% 以上的耕地位于干旱、半干旱地区，标准农田建设水平低，土地产出率低。与此同时，近几年全国新增建设用地占用耕地年均 486 万亩左右，坚守 18 亿亩耕地红线的压力越来越大，加上粮食单产已处于较高水平，依靠传统生产方式已难以持续提高；从水资源看，我国水资源短缺与粗放低效利用的状况并存，全国人均水资源仅相当于世界的 1/4，是 13 个严重缺水国家之一，且分布不均，与生产用水需求严重错时。目前，农业用水量约占全社会用水量的 63.4%，农田灌溉用水每年缺口达 300 亿立方米，部分地区地下水过度开采和地表水污染情况严重。农田水利工程老化失修，用水效率较低，大部分农区仍采用大水漫灌，节水灌溉面积仅占耕地面积的 13.4%，农业灌溉用水有效利用系数 46.9%，低于发达国家平均水平近 25 个百分点，实现农业控水"1 控""农田灌溉水有效利用系数提高到 0.6 以上"水资源红线等目标压力较大。总体来看，我国人多地少、人均资源紧缺，农业生产方式依然粗放。

表 23 2012 年世界主要国家的资源利用情况

	人均耕地（公顷/人）	人均可再生内陆淡水资源（立方米）	农业用水占比（%）
澳大利亚	2.07	21647	74
加拿大	1.32	82009	12
俄罗斯	0.86	30123	20
阿根廷	0.96	7107	74
美国	0.49	8978	40
巴西	0.37	28496	60
法国	0.28	3046	12
德国	0.15	1330	40
中国	0.08	2083	65
日本	0.03	3371	63
韩国	0.03	1297	62
印度	0.13	1169	90
泰国	0.25	3362	90
世界	0.20	6055	71

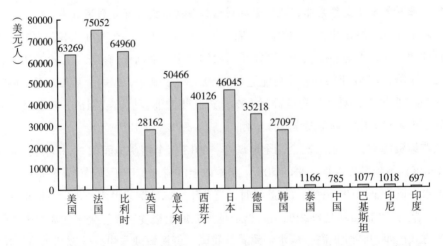

图 1 2013 年主要国家农业劳动生产率（美元/人）（以 2005 年美元为不变价）

数据来源：世界银行，其中美国、日本为 2012 年数据。

http://data.worldbank.org/indicator/EA.PRD.AGRI.KD/countries

2. 农业环境问题更加凸显，迫切需要利用工程技术构筑质量安全长效监管机制

工业"三废"污染向农业扩散严重导致耕地污染问题严重。镉、汞、砷等重金属不断向农产品产地环境渗透，耕地污染超标率近20%，超标面积约3.5亿亩，导致部分农产品重金属含量超标，威胁人体健康。据统计，2013年全国化学需氧量排放量为2352.72万吨，氨氮排放量为245.66万吨。

农业投入品不断增加导致农业面源污染问题突出。一是大量使用化肥，导致土壤有机质含量下降，土壤板结。近20多年来，我国化肥施用量由1990年的2590.3万吨增加到2013年的5911.9万吨，增长了1.28倍，单位土地面积化肥施用量由270.75千克/公顷增加到647.6千克/公顷，远高于发达国家水平，其利用率比世界发达国家低15%；二是农药利用率低导致农药残留问题严重，农产品质量安全问题时有发生。据统计，农药使用量由1990年的73.3万吨增加到2013年的180.2万吨，增长1.46倍，但目前农药利用率仅为35%左右，低于发达国家20～30个百分点，中国农科院在北方5个省20个县集约化蔬菜种植区的调查显示，在800多个调查点中，50%的地下水硝酸盐含量因过量用氮而超标。农产品农药残留超标造就了水、土和空气的污染问题，全国约有1.4亿亩耕地受农药污染，土壤微生物群落受到生态恶化和环境污染的破坏，土壤自净能力受到严重影响；三是农膜回收利用率低导致白色污染严重。目前，全国农业每年适用农用塑料薄膜约250万吨，比1990年增加了4.17倍，而回收不足150万吨，这意味着每年约有100万吨废弃的农膜碎片残留在土壤中。

畜禽养殖废弃物无害化处理率低导致农田污染状况不断加剧。我国每年大约排放38亿吨畜禽粪污，有效处理率仅为42%，大部分畜禽粪污长期用于灌溉，导致土壤孔隙堵塞，造成土壤透气、透水性下降及板结，进而导致作物徒长、倒伏、晚熟或不熟，造成减产，甚至毒害作物出现大面积腐烂，严重影响土壤质量和土地产出率。此外，种养业之间的污染链交叉循环，造成环境污染物富集，农田污染状况不断加剧（表24）。

表24　1990—2013年全国农用化肥、农药、农用塑料薄膜使用量

年份	化肥（万吨）	农药（万吨）	农用塑料薄膜（万吨）
1990	2590.3	73.3	48.2
1991	2805.1	76.5	64.3
1992	2930.2	79.9	78.1
1993	3151.9	84.5	70.7
1994	3317.9	97.9	88.7
1995	3593.7	108.7	91.5
1996	3827.9	114.1	105.6
1997	3980.7	119.5	116.2

年份	化肥（万吨）	农药（万吨）	农用塑料薄膜（万吨）
1998	4083.7	123.2	120.7
1999	4124.3	132.2	125.9
2000	4146.4	128	133.5
2001	4253.8	127.5	144.9
2002	4339.4	131.1	153.1
2003	4411.6	132.5	159.2
2004	4636.6	138.6	168.0
2005	4766.2	146	176.2
2006	4927.7	153.7	184.5
2007	5107.8	162.3	193.7
2008	5239	167.2	200.7
2009	5404.4	170.9	208.0
2010	5561.7	175.8	217.0
2011	5704.2	178.7	229.5
2012	5838.8	180.6	238.3
2013	5911.9	180.2	249.3

数据来源：《中国农村统计年鉴》。

3. 农业比较效益低下日益常态化，迫切需要利用农业工程技术创新农业生产经营方式

从农业本质特征来看，当前我国农业主体仍是生计型农业，农业仍是农民生活生计的主要依靠。2014年，我国农民纯收入达9892元，实现了连续11年快速增长。但从收入结构看，家庭经营收入占41%，仍是农民的主要收入来源。在投入品价格、劳动者工资和土地租金上涨的共同作用下，农业生产成本快速攀升。据统计，2003—2013年，稻谷、小麦、玉米3种粮食平均每亩生产成本由283.67元上升到844.83元，扣除价格指数增长了1.20倍，成本利润率由30.91%下降到7.11%，农业比较效益显著下降。近几年我国农副产品供销两头渠道不畅、价格波动幅度较大、供需不均衡不匹配的问题日益突出，农民增产不增收问题不断显现，挫伤了农民生产积极性，市民的"菜篮子"难以得到保障，也扰乱了农产品市场的稳定。与此同时，伴随工业化、城镇化的快速发展，农村青壮年劳动力大量进城务工，农业兼业化、农民老龄化、农村空心化问题日益严重，今后"谁来种地"问题日益突出。据统计，2014年农民工总量27395万人，比上年增加501万人，许多地方60%以上的新生代农民工不愿意回乡务农。此外，我国农业千家万户小生产格局没有根本改变，"提产量与稳增收"面临较大压力。

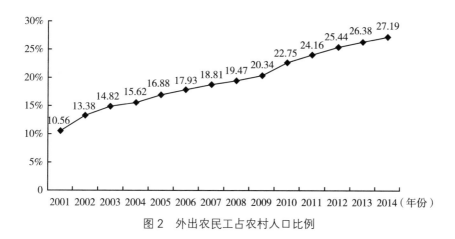

图 2　外出农民工占农村人口比例

表 25　2003—2013 年全国三种粮食平均成本支出　　（单位：元/亩）

年份	人工成本	物质与服务费	土地成本	总成本
2003	137.66	186.64	52.73	377.03
2004	141.26	200.12	54.07	395.45
2005	151.37	211.63	62.02	425.02
2006	151.90	224.75	68.25	444.90
2007	159.55	239.87	81.64	481.06
2008	175.02	287.78	99.62	562.42
2009	188.39	297.40	114.62	600.41
2010	226.90	312.49	133.28	672.67
2011	283.05	358.36	149.75	791.16
2012	371.95	398.28	166.19	936.42
2013	429.71	415.12	181.36	1026.19

数据来源：全国农产品成本收益资料汇编。

以工程技术手段大力发展现代农业，有利于提高农业基础条件（强化农业物质装备），深挖粮食生产能力，保障粮食安全；有利于监管农业全产业链，促进农业转型升级，确保食品安全；有利于破解资源环境制约，优化资源要素配置，确保生态安全；有利于提高农业竞争优势，促进农民增收，实现农业可持续发展。针对当前农业农村新形势与新机遇，以应用现代生物工程、现代装备工程、节能环保技术、高效节水技术、现代信息技术等一切先进技术为核心技术路线的农业工程科学将是建立新型的绿色优质高产高效型大农业生产体系的系统工程的重要科技支撑，更是 21 世纪对国计民生做出特殊贡献的重要领域。

（三）农业工程学科重点发展方向

1. 农业机械化工程应用

我国农业机械化学科应重点向资源节约型、生产高效型的农业装备制造技术方向发展。农业装备制造技术与材料落后是制约我国农业装备整体水平的关键因素之一。在我国基本实现农业机械化的同时，应从材料、制造技术等方面提升我国农业装备的整体水平。随着农村劳动力紧缺，人工成本增加，越来越多的田间作业将会通过无人驾驶方式来完成，实现单人多机作业、遥控装卸物料、遥控挂接机具，提高遥控飞机的操控方便性、稳定性、承载能力等是未来发展重点。在秸秆还田方面，秸秆还田涉及播种、整地、植保、收获各个方面的农机装备技术改进与提升，应从机械化方面研究秸秆还田方式与路径，比如秸秆精细粉碎、秸秆选择性捡拾收获等。

2. 农业水土工程

针对我国水资源短缺、生态环境脆弱及农业用水浪费的现状，面向我国建设高效农业和可持续农业的需求，我国农业水土工程学科未来将向提高农业水土资源可持续利用的协同创新能力方向发展，构建生物环境、信息等交叉创新平台，促进农业与生态节水技术向着定量化、规范化、模式化、多元化、集成化方向发展。农业水土工程学科的发展应重点围绕现代农业节水高新技术体系、水资源可持续利用技术体系和水土环境保护与修复技术体系的建设，研发一批具有先进水平、适合我国国情、并可进行产业化的高效用水及优化配水的技术。重点发展方向包括：作物生命健康需水及高效利用、精量灌溉技术及装备、农业水循环多过程耦合及模拟、农业水土环境演变及保护、农业水旱灾害的致灾响应与预警、农业水资源系统对变化环境响应。

3. 农业生物环境工程

我国农业生物环境工程与能源工程学科未来将向建设资源节约型、环境友好型、促进农业可持续发展的农业生产体系方向发展。农业生物环境学科会朝着与生物工程学科紧密结合的方向发展，可持续发展是学科发展的主线。畜禽养殖领域不仅从动物福利和产品安全角度发展，更加注重养殖环境的智能管理。未来5年是我国设施农业产业从传统粗放式设施生产到现代设施农业健康安全生产转型升级的关键时期，亟须设施农业产业转型理论、新型设施生产工艺模式研发及其配套设施设备与环境控制技术等的支撑保障。随着我国设施农业的快速发展，设施环境管理越来越朝数字化、智能化精准控制方向发展，对设施植物与环境互作机理及其调控机制、温室环境动力学过程数值模拟与结构优化以及植物高效生产智能化管控等技术需求日益迫切。重点发展方向包括：温室微气候环境动力学过程模拟及节能调控研究；智能LED植物工厂节能高效生产技术与装备研究；设施植物与环境互作生物学规律及高效栽培技术研究；设施园艺工程结构设计理论的研究与构建工作；畜禽福利化设施养殖工艺技术；设施蔬菜封闭式无土生产技术；非耕地资源的设施化高效利用技术；饲草全程机械化收获技术；设施水产养殖的装备化技术。

4. 农村能源工程

农村能源工程学科将向开发农村新型能源，提高热能利用效率、降低生态环境污染、促进能源产业和循环经济方向发展。生物质能、太阳能、风电、地热能等绿色能源将是未来发展的重点。农村能源是我国能源战略的重要组成部分，发展高品质再生能源，优化农村的能源结构，是推动社会经济可持续发展的重要动力。农村能源工程学科未来的发展应重点突破一批前沿技术及核心技术，开发重大产品，进行区域性的产业化示范。国家对生态文明建设和环境保护高度重视，中共中央、国务院印发的《关于全面深化农村改革加快推进农业现代化的若干意见》、国务院常务会议通过的《畜禽规模养殖污染防治条例》以及国家发改委印发的《分布式发电管理暂行办法》等一系列文件的发布，为农村能源的开发利用指明了方向，并提供了制度支持。国务院办公厅印发的《关于推进大气污染联防联控工作改善区域空气质量的指导意见》、环保部、财政部和国家发改委联合印发的《重点区域大气污染防治"十二五"》规划及国务院印发的《大气污染防治行动计划》等文件均提出加快发展农村沼气清洁能源和加强秸秆综合利用，推广生物质成型燃料技术，加大地热能、太阳能和风能的开发利用。

5. 农业电气化与信息化工程

我国农业电气化与信息化工程学科将重点向农业物联网技术、云计算技术、空间信息技术、实用仪器仪表产品、智能决策与管理系统、信息服务平台等信息技术产品的集成应用方向发展。农业电气与自动化技术重点解决农业生物、资源、环境信息自动获取和多变环境复杂系统的智能控制关键技术，支持农业装备技术创新以及精准作业技术与系统集成，重点包括精准农业关键技术与系统集成、农业自动化技术、农业生物与环境信息检测技术等；农村电气工程与新能源开发利用技术重点研究农村高效安全电力系统关键技术与自动化装备、农村可再生能源开发与利用、农村电网智能配电及分布式发电并网技术；农业信息化技术重点研究农村与农业信息化、低成本农业信息综合服务技术、物联网技术、农业遥感、农业云计算与大数据技术等。

6. 农产品加工与贮藏工程

农产品加工工程学科未来的发展应朝着经营产业化、生产集约化和产品标准化的方向，重点包括：一是农产品生产、加工、储运及销售全产业链技术与装备的研发，应用高新技术装备武装和改造传统农产品加工业，开发应用和推广新技术、新工艺、新设备和新产品；二是优质原料生产的工程技术措施及规模化生产的技术设备，优化农企关系搭建原料基地，以适应农产品加工的需要，开展加工副产品转化利用技术装备研发；三是农产品加工业行业标准的制定，对涉及农产品加工全过程的标准及检测方法采用国际法定单位、标准指标编制。

7. 土地利用工程

在国家生态文明建设的大背景下，土地利用工程发展面临着既要增加耕地数量又要保障生态改善的双重压力。未来5年应重点增强土地利用工程基础理论研究，推动土地利用工程与经济建设协调关系研究，研发"田—水—路—林—村"系统化土地利用工程技术，提高土地利用工程技术标准化水平。随着土地信息获取和处理技术的不断发展，信息化和现代测绘技术在土地利用工程的监管方面具有广阔的前景，今后应构建整理复垦后土地质量、生态状况及其利用方向等综合监管技术系统，实现土地利用工程技术的产业化、信息化和智能化。

8. 农业系统工程

农业系统工程学科未来发展重点是：研究和建立各类农业决策支持系统，如战略发展规划决策支持系统，农业生产管理决策支持系统，重视实施验证和经济效益，为农业发展的宏观决策提供决策支持；研制各种农业生产技术专家系统，总结和提高农业生产领域的专家知识，为各级生产指挥者做好参谋和后盾，如作物栽培，病虫害防治、农业机械化，农产品干燥和加工，农业资源（水、土，能源）开发管理等；确定农业工程设施的最佳设计方案，如应用系统工程原理确定低碳生态能源经济循环农业典型模式及配套技术、畜禽粪便污染的控制模拟及防控对策等；加强农业系统工程各项基础工作，包括数据库、模型库、软件库的建设，模型系统理论及其实现方法的研究等，继续面向生产建设实际，开拓新的应用研究领域（图3）。

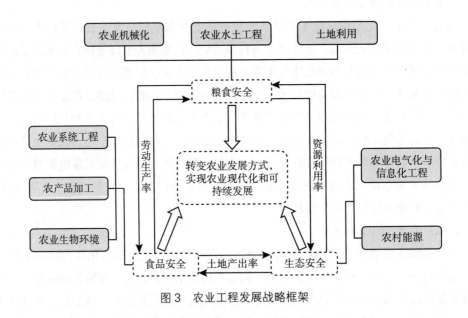

图3　农业工程发展战略框架

（四）农业工程学科发展的措施与建议

1. 加快促进多学科交叉融合，增强自主创新能力

从农业发展的总体规律来看，现代农业的技术密集程度将显著提高，如何快速有效地将新技术新产品融入到农业生产消费领域，是世界各国包括我国都尽力研究解决的问题。将农业工程多学科集成创新，通过农业设施装备或工程装备凝练农业技术将成为未来发展

的重要方向。农业工程科技创新，必须更紧密地与农业生物、资源环境、经济社会等学科携手，大力推进农业工程与农艺和农业经营管理的深度融合，改变农业产业发展方式，实现"良田、良种、良法"经营，"农、工、管"三管齐下，实现资源节约、环境友好和提升可持续发展能力。建立"高产、优质、高效、生态、安全"的现代农业产业体系。

2. 进一步加强国际间交流合作，增强学科的国际竞争力

中国的农业工程学科发展落后于欧美等发达国家 20 年左右的时间，为了促进我国传统农业向现代化农业的转变，增强农业工程学科的国际核心竞争力，应加强与国外知名科研机构的交流合作，提高农业工程学科的科研水平，增强国际竞争力。从目前情况看，生物工程、信息工程是国际合作交流的热点，2011—2015 年，我国与国际机构相继成立了国际动物环境与福利研究中心、中美农业航空联合技术中心等国际组织机构，主（承）办各类国际农业工程会议，我国农业工程学者在国际的影响力不断提升，交流合作频繁加快，进一步推进了学科建设的高水平发展。未来将通过搭建平台、引进人才、项目合作等多种方式逐步加大国际合作力度，增强学科的国际竞争力。

3. 凝练学科研究方向，发挥优势，突出重点，彰显特色

随着科技革命日新月异，人类社会发展发生深刻的变化，特别是农业生产的组织形式、生产方式和应用技术发生根本的变化，这就要求农业工程学科及其技术的发展和研究与之相适应。近年来，美国等发达国家纷纷对其农业工程学科及相关学术组织进行调整或更名，以反映其各自不同的研究方向和重点，并将教学和研究的重点从传统的农业机械设计制造和农业生产过程机械化转移到农副产品加工、农业生产系统技术、农业生产资源有效利用以及农业环境保护等方面，使农业工程学科朝着现代工程技术与现代生物学密切结合的方向发展，代表着国际农业工程学科发展的主流方向和前沿方向。为适应新的变化，我国的农业工程学科发展应采取相应的措施，进一步凝练学科方向，发挥优势、集中力量、重点突破，最终用 5 ~ 10 年时间形成 3 ~ 5 个具有世界影响力的重点学科领域及研究方向，为实现农业工程学科的跨越式发展选好战略方向。

4. 增强政策扶持力度

农业工程技术的发展重点，是围绕农业结构的战略调整、增加农民收入、提高国际竞争力、科学治理集约高效利用资源、生态环境建设和农业可持续发展战略提出的，带有明显的全局性、战略性、前瞻性和公益性，应当加大政策的扶持力度。一要择优扶持，建设一批按新机制运行的工程技术中心；二要在科技计划项目的立项上给予倾斜，在资金上给予保证；三要加强集成、中试、示范基地建设，加速农业工程技术成果向现实生产力的转化；四要加大高层次、高质量农业工程科技人才的培养力度。

五、致谢

综合报告撰写人感谢《2014—2015 农业工程学科发展报告》专家组成员和各有关

高校和科研单位的专家学者对报告撰写提出的重要修改意见，特别是汪懋华院士、罗锡文院士、应义斌教授提出的重要修改意见；感谢中国科学技术协会学会部刘兴平副部长和黄钰处长提出的有价值的修改意见和建议，感谢各有关高校、科研院所为本报告撰写提供数据和资料。本报告内容吸收了中国农业工程学会 2015 年学科发展研讨会上许多学者的讨论意见和观点建议，特此一并感谢。

—— 参考文献 ——

［1］Day D. Engineering advances for input reduction and systems management to meet the challenges of global food and farming futures［J］. Journal of Agricultural Science, 2011, 149:55–61.

［2］Dionysis D B, Claus G C, Sørensen P B. Advances in agricultural machinery management:A review［J］. Biosystems Engineering, 2014, 126: 69–81.

［3］Hameed I A, Bochtis D, Sørensen C, Driving angle and track sequence optimization for the operational path planning using genetic algorithms［J］. Applied Engineering in Agriculture, 2011，27（6）:1077–1086.

［4］Sørensen C G, Halberg N, Oudshoorn F W, et al. Energy inputs and GHG emissions of tillage systems［J］. Biosystems Engineering, 2014, 120: 2–14.

［5］陈涛. 加快用工业手段武装现代农业［N］. 农民日报，2012–10–29，001.

［6］崔军，周新群，徐哲，等. 推进我国农业工程科技创新的对策研究［J］. 农业科技管理，2012, 31（6）：24–27.

［7］冯水娟，孔汶汶，何勇，等. 农业工程学科导学团队的构建与实践［J］. 实验室研究与探索，2013, 32（4）：187–189+209.

［8］傅隆生，黄玉祥，李瑞. 农业工程类学科专业建设探讨［J］. 教育教学论坛，2014（11）：220–221.

［9］黄超. 我国农业工程科技创新对策探讨［J］. 黑龙江科学，2014, 5（11）：140.

［10］黄国勤，缪建群. 农业系统工程若干问题探讨［J］. 农机化研究，2015,（7）：1–5.

［11］雷茂良，张凤平. 对当前我国农业工程科技创新的主要内容及对策的思考［J］. 农业工程学报,2002,18(4)：176–179.

［12］李成华，石宏，张淑玲. 美国农业工程学科发展及人才培养模式分析［J］. 高等农业教育，2005（5）：89–91.

［13］刘洁. 试论我国农业工程的科技创新与人才培养［J］. 南方农机，2015（6）：92–93.

［14］罗海霞. 我国农业水土工程学科的发展与创新［J］. 农业科技与信息，2015（9）：60.

［15］罗锡文. 对加快发展我国农业航空技术的思考［J］. 农业技术与装备，2014，（5）：7–15.

［16］齐飞，朱明，周新群，等. 农业工程与中国农业现代化相互关系分析［J］. 农业工程学报，2015, 31（1）：1–10.

［17］邵孝侯，单捷. 世界农业与农业工程的发展现状及发展政策［J］. 农业开发与装备，2007（4）：35–37.

［18］师丽娟，杨敏丽. 欧美发达国家农业工程学科发展规律与趋势［J］. 中国农机化学报，2014, 35（2）：330–336.

［19］师丽娟，杨敏丽. 中国农业工程学科之演化与转型［J］. 中国农业大学学报（社会科学版），2015, 32（5）：1–8.

［20］石彦琴，赵跃龙，李笑光，等. 中国农业工程建设标准体系构架研究［J］. 农业工程学报，2012, 28（5）：1–5.

［21］宋毅，张桃英．汪懋华：农业工程学科从未停止发展脚步［N］.中国农机化导报，2012-06-25，005.

［22］孙璐，陈宝峰.中国近代农业科技的创新与发展［J］.农业考古，2015，1：9-15.

［23］汪懋华.创新驱动——加快推进果园农机研发与机械化发展［J］.农业技术与装备，2013，（05）：12-15.

［24］汪懋华.把握机遇 创新思路 协力发展——未来20年农业工程科技发展愿景展望［J］.山东农机化，2010（12）：6-7.

［25］王英利．基于安全系统工程农业机械问题的研究和分析［J］.农村经济与科技，2014，25（1）：116-118.

［26］魏丽爱，裴宝琦，李庆亮.培养高素质科技人才 为农业发展提供保障——以国家半干旱农业工程技术研究中心为例［J］.农业科技管理，2012（1）：94-96.

［27］张桃英.加快发展农业工程学科 有力推动现代农业建设［N］.中国农机化导报，2009-01-19，004.

［28］张象枢，晏国生，刘君．整合系统、信息与控制工程为农业服务——创新农业科技服务模式的必要性与路径探索［C］// 2013年全国农业系统工程学术年会论文集.中国系统工程学会农业系统工程专业委员会、中国农业工程学会农业系统工程专业委员会，2013.

［29］赵春江.对我国农业物联网发展的思考与建议［J］.农村工作通讯，2014，（7）：25-26.

［30］中国科学技术协会，中国农业工程学会.2010—2011农业工程学科发展报告［M］.北京：中国科学技术出版社，2011.

［31］朱明.农业工程技术集成理论与方法［M］.北京：中国农业出版社，2013.

［32］朱明.推进农业工程科技创新，建设社会主义新农村［J］.农业工程学报，2006，22（6）：192-196.

［33］朱明.我国农业工程科技创新与农业产业化［J］.农业工程学报，2003，19（1）：7-10.

［34］朱明.中国农业工程的新进展［C］// 农业工程科技创新与建设现代农业——中国农业工程学会学术年会论文集.北京：中国农业工程学会，2005.

撰稿人：赵春江 李 瑾 冯 献 刘建刚 顾戈琦 管小冬 武 耘

专题报告

农业机械化工程学科发展研究

一、引言

2013 年我国农业机械化得到迅速发展，全国农机总动力达到 10.4 亿千瓦，全国农作物耕种收综合机械化水平达到 59.48%，2014 年的全国农作物耕种收综合机械化水平达到 61%，连续 9 年保持两个百分点以上的增幅。我国小麦和水稻已实现生产全程机械化，玉米生产耕整地、播种已基本实现机械化，大豆、花生、油菜、马铃薯、棉花、甘蔗、甜菜经济作物机械化生产、柑橘、苹果、葡萄、茶、枣、加工番茄等机械化生产、牧草机械化生产及加工、畜禽养殖机械化及废弃物处理等耕种收综合机械化水平增长迅速，在水稻直播机械化、甘蔗生产机械化、油菜直播机械化、丘陵山区机械化、玉米生产机械化、保护性耕作、块根茎类种植和收获、精准农业、农垦系统农机标准化、牧草生产机械与装备等方面取得了创新性成果。在新的形势下，农业机械化工程学科要担负起新的历史任务，与国际接轨，实现环境友好型农机，农机农艺相结合，构建新型的农机化科研团队，探索新型农机化服务体系的发展模式等，促进农业机械化事业的发展。

二、我国农业机械化的发展现状

（一）我国农业机械化的发展现状

水稻种植、机械化免耕覆盖播种、玉米机收、保护性耕作、机械化秸秆还田、机械烘干、农用飞机等快速推进，增产增效型、环境友好型、资源节约型的农机化新技术进行了实践应用，取得了较好的经济效果。

（二）2011—2014年我国农业机械化发展的主要特点

1. 发展特点

2012年党的十八大胜利召开，再次强调了"三农"工作"重中之重"的战略地位，提出了"四化同步"、城乡一体化的发展思路，保证了2012—2014年农业机械化水平的稳步增长。

——中央财政农机购机补贴逐步增加，2011年补贴175亿元，2012年补贴215亿元，2013年补贴218亿元，2014年达到237.5亿元，通过开展报废更新补贴试点工作，农机购机量逐年下降，补贴制度逐步健全，全面推行"全价购机、定额补贴、县级结算、直补到卡"，开展了补贴产品市场化改革试点。

——农机总动力平稳增长，由2011年的9.78亿千瓦增加到2013年的10.4亿千瓦，增幅为6.3%；每百亩耕地拥有农机动力由2011年的53.53千瓦增加到2013年的56.91千瓦，增幅为5.5%。

——大马力拖拉机稳步增长，拖拉机的拥有量由2011年的2255.87万台，增加到2013年的2279.28万台，增加了23万台；但大型拖拉机的增长势头超过了小型拖拉机，大中型拖拉机2013年达到527.02万台，比2011年的440.64万台，增加83.68万台，增幅和增量连续6年超过小型拖拉机；2013年小型拖拉机1752.28万台，比2011年的1815.22万台，减少了62.94万台。

——先进作业机械增长迅速，大大提高了作业效率。乘坐式水稻插秧机和自走式稻麦联合收获机数量稳步增长；2013年自走式玉米联合收获机占玉米联合收割机总量的比重达66.81%，比2011年的55.12%增长11.69%。

——农作物机械化水平持续提升，2011—2014年，耕种收综合机械化水平从54.82%，提高到61%，增长了6.18%，但机耕水平仍远高于机播水平和机收水平。

——主要粮食作物的薄弱环节机械化水平有突破：小麦耕种收综合机械化水平已达到93%，实现了全程机械化；水稻的机播（机插秧）水平2013年比2011年增长了9.86%；玉米机收水平2013年比2011年增长了17.98%。

——农机作业领域不断扩大，从主要粮食作物的小麦、玉米、水稻，扩大到广义经济作物，如大豆、马铃薯、花生、甜菜、油菜、棉花、蔬菜、林果、茶叶、青饲料、牧草、中药材等，机械化水平逐年提高。其中，油菜的机械化水平增长最快，2013年比2011年增加了10.14%，其次是水稻、花生和棉花，分别增加8.07%、7.57%和7.18%。从新型收获机的拥有量来看（图1），林果机械拥有量最多、增速长最快，牧草收获机和花生收获机拥有量也均超过10万台，茶叶采摘机为8万台。此外，农用飞机近年增长迅速，从2011年的111架增加到2013年的176架，增幅达58.6%。由此可见，在农机作业领域和种类不断扩大的同时，农业机械整体现代化水平也在不断提高。

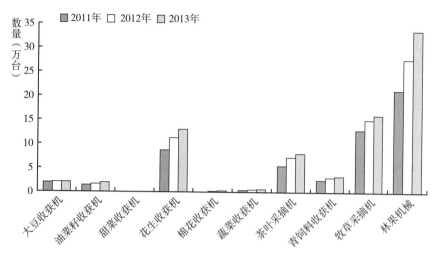

图 1　新型收获机的拥有量

——农机社会化服务加快，农民收入提高。2013 年农机户的数量 423 万个，比 2011 年的 411 万个，增加了 3.1%；2013 年的农机专业合作社数量比 2011 年增长了 51.97%，2014 年达到 474 万个，比 2013 年增加 5100 个；2013 年的农机化跨区作业面积比 2011 年增长了 11.53%；农机化田间作业收入 2013 年比 2011 年增长了 22.04%。

2. 存在的问题

在党中央惠民政策的扶持下，我国农机化水平得到了大幅度的提升，但仍存在部分问题。

——农机农艺融合不够：主要作物的关键环节机械化水平发展缓慢，如水稻种植、油菜 / 马铃薯 / 花生的机播 / 机收、玉米 / 棉花的机收等，而这与作物品种、种植模式等农艺方式有着直接的关系，因此，如何加强农机农艺的融合，是促进农机化快速发展的关键所在。

——农机化水平提高滞后于农业生产动力增长：2005—2013 年，拖拉机动力由 19111.9 万千瓦增长至 33023.23 万千瓦，提升了 72.79%，每百亩耕地的农机动力增长 62.14%；而耕种收综合机械化水平则由 35.9% 提高到 59.48%，仅增加 23.58 个百分点。

——农机能源消耗大，非农田作业消耗占比例略高：农业生产每年燃油消耗量高于 3500 万吨，其中柴油占主要成分；同时，农业运输所消耗的油量略高出农田作业耗油大约 3 个百分点（图 2）。

——农机事故攀升，农机部件的安全性弱：2012 年的农机事故次数 2091 次比 2010 年的 812 次增长了 157%，2013 年有所下降，为 1733 次，农机事故对人员和经济造成了很大的损失。2014 年 6 月 20 日中央电视台报道了《旋耕机伤人》的事件，引起管理部门、研发部门和使用部门的高度重视。因此，加强农机的安全性和保护性设计，排除农机部件安全隐患，势在必行。

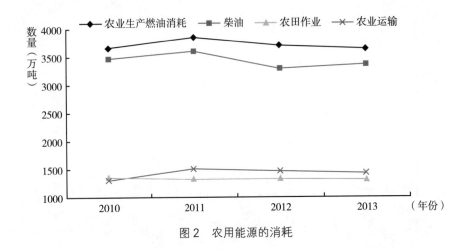

图 2 农用能源的消耗

——丘陵山区农机化基础设施亟待建设和改善占国土面积 2/3 的丘陵山区，大多地块狭小零碎分散，深泥脚田和冷浸田，机械作业困难，缺乏机耕道和机库，机电提灌站陈旧老化严重等，这些问题严重地制约了农业机械化的发展。

三、农业机械化工程学科现状与进展

（一）农业机械化科技体系稳步发展

2011—2014 年，我国现代化大农业快速发展，高新技术的不断融入，带动了农业机械化科技体系的改革和发展。

1. 建立了"企业 + 市场 + 高校 / 科研院所 + 推广站 + 基地"产学研推相结合的技术创新体系

1）国家 / 省部级的农机科研项目数量递增迅速：2011—2014 年，农业机械化行业获批 24 个国家、省部级重点实验室、省部级工程技术中心和教学示范中心（表 1），形成了以企业、高校 / 研究所、推广站和示范基地为一体的"产学研推"相结合的高水平研发团队。在农业机械化工程领域，全国农业院校、研究院所和农机企业获批 89 项国家自然科学基金项目（表 2），2011—2015 年的农业部现代农业产业技术体系承担了 29 项公益性行业（农业）科技项目（表 3）。

表 1　实验室和教学中心

名　　称	单位	批准单位 / 获批年份
1. 机械与农业工程国家级虚拟仿真实验教学中心	中国农业大学	教育部 /2014
2. 机械与农业工程实验教学中心	中国农业大学	教育部 /2014
3. 农业部农产品加工装备重点实验室	中国农业机械化科学研究院	农业部 /2013
4. 农业部土壤—机器—植物系统技术重点实验室	中国农业大学	农业部 /2011

名　称	单位	批准单位/获批年份
5.农业部可再生能源清洁化利用技术重点实验室	中国农业大学	农业部/2011
6.农业部河北北部耕地保育科学观测实验站	中国农业大学	农业部/2011
7.现代农业装备优化设计北京市重点实验室	中国农业大学	北京市/2010
8.中国农业大学中国农业机械化发展研究中心	中国农业大学	中国农业大学/2011
9.（灌云）现代农业装备研究院	南京农业大学	江苏省/2012
10.江苏省现代设施农业技术与装备工程实验室	南京农业大学	江苏省/2013
11.山西省旱作农业机械化关键技术与装备	山西农业大学	山西省/2011
12.农业工程实验教学示范中心	山西农业大学	山西省/2011
13.湖北省现代农业装备工程技术研究中心。	华中农业大学	湖北省/2012
14.工程仿生国家地方联合实验室	吉林大学	国家级/2011
15.东北保护性耕作系统工程技术研究中心	吉林大学	吉林省/2012
16.吉林省智能化农产品生产装备与技术工程实验室	吉林大学	吉林省/2011
17.水田农业装备技术实验室	华南农业大学	农业部/2011
18.广东省农业航空应用工程技术研究中心	华南农业大学	广东省/2013
19.山东省根茎类作物生产装备工程技术研究中心	青岛农业大学	山东省/2012
20.山东省主要农作物机械化生产协同创新中心	青岛农业大学	山东省/2014
21.山东省种业生产装备工程研究中心	青岛农业大学	山东省/2014
22.山东省园艺机械与装备重点实验室	山东农业大学	山东省/2014
23.山东省小麦玉米周年生产协调创新中心	山东农业大学	山东省/2013
24.山东果蔬优质高效生产协同创新中心	山东农业大学	山东省/2013

表2　2011—2014年农业机械化工程学科国家自然科学基金项目

年份	项目名称	主持单位
2014 （34项）	1.农业机械钻土打洞触土部件仿生防粘减阻技术	吉林大学
	2.基于机土耦合的山地农机随机振动机理及特性研究	重庆理工大学
	3.基于超网络的云南山地农业可持续发展研究	昆明理工大学
	4.农业车辆自主定位与环境地图创建问题研究	南京农业大学
	5.风幕式喷杆喷雾气液两相流动形态与流动特性研究	江苏大学
	6.夹持输送式农田残膜捡拾及气力脱膜机理及机构研究	石河子大学
	7.水稻冠层雾滴沉积与传输机理的模拟与仿真	中国水稻研究所
	8.粘弹性农业物料机器人抓取模型辨识与主动柔性控制	南京农业大学
	9.振动刮刷式加工番茄分批次采摘机理	石河子大学
	10.面向服务智能协同的农业物联网动态自治与资源优化配置	东华大学
	11.钢辊与侧圆盘组合式卷捆机构形成草捆的机理	东北农业大学
	12.联合收获机多风道高效清选理论及自适应清选方法	江苏大学
	13.共轭凸轮正圆齿轮行星轮系水稻钵苗移栽机构的工作机理及关键技术研究	东北农业大学
	14.两自由度机械手式穴盘水稻秧苗行抛机作业机理及关键技术研究	华南农业大学
	15.一器双行气力式油麦兼用精量排种器籽粒运移规律研究	华中农业大学

续表

年份	项目名称	主持单位
2014 （34项）	16. 小区小麦育种联合收获机无滞种脱粒装置脱输流场模拟及其低损伤特性研究	甘肃农业大学
	17. 基于玉米穗茎分离特性的低含杂自适应摘穗机理研究	中国农业大学
	18. 玉米籽粒收获机贯流风—筛清选装置工作机理及参数优化	东北农业大学
	19. 基于耦合作用力场的玉米粒群自适应定向整列机理研究	东北农业大学
	20. 电磁振动对玉米种子运动分散和姿态变化定向排出影响机理研究	中国农业大学
	21. 基于直插破膜成穴特性的玉米全膜双垄沟机械化播种方式作业机理及其产量效应研究	甘肃农业大学
	22. 新疆杏振动脱落动力学特性及振动采收机理研究	新疆农业科学院
	23. 基于多维激励作用的行星轮系振动果品收获机构分析与设计方法研究	浙江理工大学
	24. 适于丘陵地区的甘蔗收获机入土切割深度自动控制系统研究	广西大学
	25. 复杂激励作用下甘蔗收获机切割系统振动性能的研究	广西民族大学
	26. 冬种马铃薯挖掘及分离部件与高秸秆含量黏湿土壤间的作用机理研究	华南农业大学
	27. 新疆酿酒葡萄果—蒂分离机理及振摇机构的研究	石河子大学
	28. 基于玉米穗茎分离特性的低含杂自适应摘穗机理研究	中国农业大学
	29. 植保机械喷头雾滴群撞击植物面过程试验与仿真研究	中国农业机械化科学研究院
	30. 视觉注意与协同学耦合机制下的农田杂草图像分割及检测	华中农业大学
	31. 农机装备人—机—路面耦合系统动力学模型与舒适性多维评价机制的研究	华中农业大学
	32. 复杂产品装配工艺规划理论研究	华中农业大学
	33. 高含水生物质微波水热碳化机理与产物品质协同调控研究	华中农业大学
	34. 秸秆双发酵联产乙醇沼气的生物质耦合降解和有机碳联合利用机制	华中农业大学
2013 （14项）	1. 温室作业柔性底盘的工作机理与控制策略研究	西北农林科技大学
	2. 基于DEM–CFD耦合的三七精密排种机构供种吸种数值模拟和试验	昆明理工大学
	3. 面向设施农业的信息物理融合系统关键技术研究	南京信息工程大学
	4. 水稻体内硒向籽粒长距离运输机制研究	西南大学
	5. 新型仿生玉米摘穗机构收获机理及关键技术研究	吉林大学
	6. 基于机械收粒的玉米籽粒水分预测模型及其应用	中国农业科学院作物科学研究所
	7. 鲜枣轻微损伤的在线光谱无损检测机分类方法研究	山西农业大学
	8. 水分对土壤有机质影响的二维相关近红外光谱解析及抗干扰模型	山西农业大学
	9. 链式运动单索振动抑制与索力调节的耦合控制研究	华南农业大学
	10. 基于病状自学习模型和信息融合技术的柑橘黄龙病诊断方法	华南农业大学
	11. 基于平板探测器的原位根系成像检测技术研究	华南农业大学
	12. 蛋清主要蛋白质构象变化与鸡蛋品质的相关关系及其高光谱表征	华中农业大学
	13. 基于SPC反馈质量特性的农机装备可靠性稳健设计的研究	华中农业大学
	14. 以沼液为纽带的沼气中CO_2吸收强化与农业生态利用	华中农业大学
2012 （17项）	1. 欠驱动农业轮式机器人广义动力学与实时控制研究	山东农业大学
	2. 深根茎类中药材挖掘与分离机构的工作原理与关键技术研究	华南农业大学
	3. 基于多领域统一仿真的采摘机构与生物水果耦合机理	华南农业大学
	4. 爪齿余摆运动株间机械除草关键技术研究	华南农业大学

续表

年份	项目名称	主持单位
	5. 利用遥感物候信息改进区域作物生长模拟的研究	国家卫星气象中心
	6. 残膜在振动风筛式分离装置气固两相流场中运动规律分析	塔里木大学
	7. 农业机械化对农户种粮行为和效率影响的实证研究	农业部农村经济研究中心
	8. 东明镇东明村全程机械化生产系统研发项目	奈曼旗扶贫开发领导小组办公室
	9. 玉米种子低损伤仿生脱粒机理研究	河南科技大学
2012	10. 玉米摘穗损伤机理及低损伤摘穗技术研究	山东农业大学
（17项）	11. 整秆式甘蔗联合收割机叶鞘剥离机理与关键技术研究	广西师范大学
	12. 高压脉冲电场预处理果蔬冻干介电特性与含水率相关性研究	山西农业大学
	13. 微耕机振动机理及动态仿真研究，	西南大学
	14. 基于微型CT的水稻分蘖性状无损提取技术研究	华中农业大学
	15. 油菜联合收获田间落粒气力式收集方法研究	华中农业大学
	16. 水田高茬秸秆旋耕翻埋机理及其多场耦合机制的研究	华中农业大学
	17. 油菜籽气力精量排种器串联排种机制与短程排种路径优化	华中农业大学
	1.. 多类水果采摘机器人夹割变切模型及其行为控制	华南农业大学
	2. 基于BUG的农田作业车辆绕行避障算法研究	华南农业大学
	3. 新型直线压电微电机及宏微驱动控制系统研究	华南农业大学
	4. 农业机器人动态作业场景概率图模型研究	南京农业大学
	6. 农机装备人—机—路面耦合系统动力学模型与舒适性多维评价机制的研究	华中农业大学
	7. 基于SPC反馈质量特性的农机装备可靠性稳健设计的研究	华中农业大学
	8. 基于主动成像的苹果采摘机器人果实识别与定位方法研究	中国农业大学
	9. 垄作草莓果实信息感知与采摘机器人关键技术研究	中国农业大学
	10. 蔬菜机械嫁接苗接缝视觉识别系统研究	沈阳农业大学
	11. 农业机械自动导航控制模型研究	北京市农林科学院
2011	12. 基于机器视觉的喷药机器人杂草识别和导航方法研究	西北农林科技大学
（24项）	13. 基于机器视觉的大麦生长模型与监测网络系统及可视化研究	甘肃农业大学
	14. 复杂环境下农业机械视觉导航路径识别方法研究	中国农业大学
	15. 农业车辆—地面接触耦合作用下有效不平度形成机理研究	南京农业大学
	16. 禽蛋振动特性及声学方法检测蛋壳破损的机理研究	华中农业大学
	17. 长江中下游地区牵引式土壤工作部件脱土降阻机理研究	华中农业大学
	18. 基于排种频率的小粒径精量排种器漏播检测与反馈机制	华中农业大学
	19. 基于切换与随机混合模型的网络化奇异系统故障检测	华中农业大学
	20. 生鲜猪肉光谱的温度和品种差异分析及信号补正算法研究	华中农业大学
	21. 基于透—反射高光谱图像信息融合的马铃薯种薯内外缺陷检测方法研究	华中农业大学
	22. 根茎类作物机械化挖掘收获力学特性分析	青岛农业大学
	23. 多通道免疫型生物传感器响应机理及信息处理方法研究	山西农业大学
	24. 基于植物模拟的塑料连栋温室环境数学模型设计与仿真	山西农业大学

表3 2011—2015年公益性行业（农业）科研专项

年份	项目名称	主持单位
2015 （12项）	1. 旱地合理耕层构建技术指标研究	沈阳农业大学
	2. 水浇地合理耕层构建技术指标研究	中国农业大学
	3. 作物秸秆还田技术	中国农业大学
	4. 残膜污染农田综合治理技术方案	新疆农垦科学院
	5. 水田合理耕层构建技术指标研究	吉林省农科院
	6. 黄土高原小麦玉米油菜田间节水节肥节药综合技术方案	甘肃农业大学
	7. 黄淮流域小麦玉米水稻田间节水节肥节药综合技术方案	山东农业大学
	8. 东北南部水稻玉米田间用水节肥节药综合方案	黑龙江省农业科学院五
	9. 北方作物秸秆饲用化利用技术	甘肃农业大学
	10. 作物秸秆能源化利用技术	农业部规划设计研究院
	11. 作物秸秆基质化利用技术	吉林农业大学
	12. 园艺作物产品加工副产物综合利用	中国农业大学
2014 （7项）	1. 新疆南疆四地州大宗果品加工新产品研制	新疆农垦科学院农产品加工研究所
	2. 新疆南疆四地州非农地立体栽培技术模式	新疆农业科学院农业机械化研究所
	3. 武陵山区茶叶安全生产与综合开发利用技术	湖南农业大学教育部茶学重点实验室
	4. 武陵山区山地蔬菜标准化生产与周年供应生产技术	湖北省农业科学院经济作物研究所
	5. 大别山区夏秋茶资源高效利用技术	安徽农业大学
	6. 大别山区高山蔬菜安全生产与储运技术	华中农业大学
	7. 大别山区中药材安全生产与产地加工技术	河南农业大学
2013 （6项）	1. 东北地区春玉米稳产增产关键技术集成与示范	吉林省农业科学院
	2. 东北地区黑土保育及有机质提升关键技术研究与示范	黑龙江省农业科学院
	3. 北方旱地合理耕层构建技术及配套耕作机具研究与示范	中国农业科学院农业资源与农业区划研究所
	4. 长三角地区设施蔬菜高产高效技术研究与示范	南京农业大学
	5. 重要热带作物生产装备研发及农机农艺配套关键技术研究与示范	中国热带农业科学院农业机械研究所
	6. 热区退化红壤生态修复及可持续利用关键技术研究与示范	福建省农业科学院农业生态研究所
2012 （3项）	1. 植保机械关键技术优化提升与集成示范	农业部南京农业机械化研究所
	2. 作物品种小区精确种植与收获装备研发与示范	青岛农业大学
	3. 水稻机械化精准种植模式与关键技术集成示范	华南农业大学
2011 （1项）	1. 作物品种小区精确种植与收获装备研发与示范	青岛农业大学

说明：表中2015年获批项目中，仅列出了有农业机械化工程专家参加的项目。

2）企业加强自主研发，成立"院士专家工作站"和"博士后科研工作站"。中国科协2010年9月14日出台了《中国科协关于推进院士专家工作站建设的指导意见》（科协发计〔2010〕25号），系政府推动，以企事业单位创新需求为导向，以中国科学院院士、中国工程院院士及其团队为核心，依托省内研发机构，联合创建科学技术研究的高层次科技创新平台，旨在通过院士与企业合作推动科技与经济相结合，带动地方和企业的项目实施、基地建设和人才培养一体化，推进了科技合作的组织化、制度化、长效化，已有4家农机企业或农业示范基地成立"院士专家工作站"（表4）。

全国企业博士后科研工作站（以下简称工作站）始于1997年人事部的《全国博士后管委会关于扩大企业博士后工作试点的通知》（人发〔1997〕86号），是我国博士后制度（始于1985年）的重要组成部分，截至到2014年，已有8家农机企业或基地成立了"博士后科研工作站"（表5）。

表4　成立院士专家工作站的农机企业或基地

企业	成立年份
1. 浙江湖州星光农机股份有限公司	2014
2. 甘肃酒泉奥凯种子机械股份有限公司	2013
3. 河南豪丰机械制造有限公司	2012
4. 中机南方机械股份有限公司	2012

表5　成立博士后科研工作站的农机企业或基地

企业	成立年份
1. 福田雷沃国际重工股份有限公司	2008
2. 河南红宇企业集团有限责任公司	2008
3. 山东时风（集团）有限责任公司	2000
4. 山东常林机械集团股份有限公司	2000
5. 常柴股份有限公司	1999
6. 无锡威孚高科技集团股份有限公司	1999
7. 中国一拖集团有限公司	1999
8. 黑龙江北大荒农垦集团公司	1999

3）新技术——农业航空技术涌现：农业航空技术作为战略性新兴产业，在农作物低空遥感信息获取和农业航空作业两方面的应用取得了较大的进步。华南农业大学发起了"农业航空产业技术创新战略联盟"，致力于集成和共享技术创新资源，加强合作研究开发，突破农业航空关键技术瓶颈，共同推进农业航空领域的科技创新与成果应用。2013年9月21—22日由华南农业大学罗锡文院士牵头，在黑龙江省佳木斯成立了"农业航空产业技术创新战略联盟"，召开了农业航空产业技术创新战略联盟2013年度理事会，审议了《农业航空产业技术创新战略联盟理事会章程》的相关条款，在北大荒通用航空公司机场参观了农用飞机及航空喷施装备的现场演示。2014年10月14日，《飞机喷洒设备装机要求》和《农业航空作业质量技术指标 第1部分：喷洒作业》两项通用航空领域行业标准通过专家评审。2014年11月11—14日在广东省珠海市召开了"2014年度农业航空产业技术创新研讨会暨农业航空产业技术创新战略联盟2014年第二次全体会议"，兰

玉彬教授做了题为"农业航空应用技术现状和未来发展趋势"的大会报告，罗锡文院士从"模式""载体""创新""标准""应用"等5个方面进行了总结发言。结合我国农业航空的现状，罗锡文院士指出，要推动中国农业航空产业的健康快速发展，必须要进一步探讨中国农业航空的发展模式，进一步探讨中国农业航空技术的应用载体，进一步加强中国农业航空关键技术的协同创新研究，进一步加强中国农业航空技术标准和规范的制定，进一步加强农业航空技术的推广应用。会后代表们参观了珠海羽人飞行器有限公司和第十届中国国际航空航天博览会，举办了"农业航空施药和遥感技术培训班"。

2. 以县级为主体的农业机械化技术推广体系得到加强

2013年全国农机推广机构2573个，比2011年增加了1.06%，其中省级农业机械化技术推广机构34个，地（市）级34个，县级推广机构284个，县级占的比例达到88%，是农机推广的主力军；2013年全国农机推广人员为22万人，比2011年增加了0.95%。农业机械化技术推广体系覆盖全国各个省（市、区），已经形成了以县站为骨干的，多层次、多功能、多形式的推广体系和较为完整的技术服务网络。

3. 完善的农机试验鉴定体系

我国农业机械鉴定体系趋于完善，2011—2013年，全国的省级和地市级农业机械试验鉴定机构由53个增长至65个。省级鉴定机构数量趋于平稳，约30个；地级鉴定部门达到34个，增加11个；鉴定人员数量增至1322人，增进了86人。

4. 稳定提升的农业机械化教育培训体系

我国高等农业院校和综合性大学的农业工程院系数量趋于平稳，保持在41个；农业工程学科和农业机械化工程学科趋于稳定，华中农业大学2013年获批湖北省农业工程一级重点学科。华南农业大学的农业工程学科2013年被评为广东省"攀峰重点学科"。

但占培训体系97%的农机化学校数量小幅下降，2011—2013年，由1791个微降至1713个，减少78个；培训人数同时期也有所降低，由20452人略减至19689人，减幅3.7%。

（二）农业机械化工程学科的教学科研条件

2011—2014年，国家重点农业类高校的农业机械化工程学科获批9个国家、省部级重点实验室、省部级工程技术中心和教学示范中心（表1），此外联合地方政府、企业参与共建了一批教学科研实验室。

吸引国外资源，建立高水平教学实验室，2014年11月8日中国农业大学工学院的优秀校友张博〔中国农业大学校友，美国伊利诺伊大学（UIUC）博士，2008年被授予UIUC大学杰出校友奖，2009年国务院侨办授予全国百名华侨华人杰出创业奖。〕捐赠了"液压教学实训系统（DS4）"，提升了实践教学水平。

（三）农业机械工程学科的师资队伍水平

农业机械化工程学科的师资队伍水平快速提升，2013年中国工程院院士发布，中国农业大学/石河子大学博士生导师、新疆农垦科学院机械装备研究所研究员陈学庚当选中国工程院院士，至此，农业机械化工程领域已有7位中国工程院院士（表6）。

目前，多数高校只招聘具有博士学历的毕业生，比例已占到一半以上。其中，中国农业大学农机化学科的老师中博士比例为89%，吉林大学的教师中具博士学位人员已占到88.6%，其中6名为海外博士。华中农业大学的农业机械化学科中具有博士学位的教师比例持续提高，由2012年的74.1%增加到2014年的84.4%。

农机化团队建设逐步提高。2013年华中农业大学廖庆喜教授为团队负责人的油菜机械化生产关键技术与装备团队获得湖北省科技创新团队项目支持，并入选2014年武汉市高新技术产业科技创新团队。2014年中国农业机械化科学研究院方宪法研究员、华南农业大学杨洲教授入选国家"万人计划"第一批科技创新领军人才。

国务院为推进科技创新，实行了"2011计划"，即"高等学校创新能力提升计划"，以协同创新中心建设为载体，协同创新中心分为面向科学前沿、面向文化传承创新、面向行业产业和面向区域发展四种类型。目前，获得国家和省级的协同创新中心有：湖南农业大学的"南方稻田作物多熟制现代化生产协同创新中心"、河南农业大学的"河南粮食作物协同创新中心"、江苏大学的"现代农业装备与技术协同创新中心"、青岛农业大学的"山东省主要农作物机械化生产协同创新中心"、华东交通大学的"南方山地果园智能化管理技术与装备协同创新中心"。

表6　农业机械化工程学科领域的两院院士名单

姓　名	工作单位	姓　名	工作单位
汪懋华	中国农业大学	罗锡文	华南农业大学
蒋亦元	东北农业大学	陈学庚	新疆农垦科学院机械装备研究所
任露泉	吉林大学		

注：中国农业大学曾德超院士、山东理工大学原校长姚福生院士已去世。

为鼓励长期从事农业机械事业的教师，2013年由中国农机学会、中国农业工程学会、中国农机化导报和河南豪丰机械制造有限公司共同主办了首届"豪丰杯"全国十佳农机教师，获奖教师有：中国农业大学工学院毛志怀教授、河南农业大学机电工程学院余永昌教授、山东农业大学机械与电子工程学院张晓辉教授、江苏大学农业工程研究院李耀明教授、石河子大学机械电气工程学院坎杂教授、华中农业大学工学院张国忠教授、华南农业大学工程学院洪添胜教授、南京农业大学工学院姬长英教授、吉林大学生物与农业工程学院于海业教授和青岛农业大学机电工程学院连政国教授。

2015年第二届"豪丰杯"全国十佳农机教师的评选结果在8月中揭晓，内蒙古农业大学王春光教授、佳木斯大学机械工程学院王俊发教授、中国农业大学工学院张东兴教授、沈阳农业大学工学院张本华教授、山西农业大学工学院张淑娟教授、河南农业大学机电工程学院李保谦教授、华南农业大学工程学院杨洲教授、山东农业大学机械与电子工程学院侯加林教授、南京农业大学工学院鲁植雄教授和华中农业大学工学院廖庆喜教授。

（四）农业机械化工程学科的学生培养

1. 研究生培养

2011—2014年，农业机械化工程学科承担的科研项目不仅在数量和经费上增加，而且国家级项目的比例也明显提高。在科研项目带动下，研究生的生源有所改善，呈现出多学科融合的态势，研究生的培养质量逐步提高。2014年中国农业大学的研究生招生人数（硕士生2065名，博士生805名），首次超过本科生人数。吉林大学10名研究生获得2013年"国家建设高水平大学公派研究生项目"资助出国留学，华中农业大学2012年获批设立博士后科研流动站，目前进站博士后1人。山西农业大学2012年获批设立农业工程一级学科博士后流动站，目前进站博士后4人。2011年西南大学获批农业工程一级学科博士学位授权点，目前是西南片区唯一拥有一级学科硕士点和博士点的农业机械化专业。

浙江大学的"以生为本多元融合——依托紧密型团队的农业工程研究生培养的探索与实践"2014年获得国家教学成果奖一等奖。

2. 本科生培养

各院校不断改进培养方案和教学方法，加强课程体系建设。2013年7月教育部启动了《高等学校本科专业教育教学质量国家标准研制工作》的通知（教高司函［2013］22号），由中国农业大学傅泽田教授牵头的《农业工程类专业本科教学质量国家标准》的制定，针对培养目标、学制与学位授予、课程体系、师资队伍、支持条件、质量保证体系等方面进行了规定，目前已经形成了初稿。

根据《教育部、农业部、国家林业局关于实施卓越农林人才教育培养计划的意见》（教高函［2013］14号）和《教育部办公厅 农业部办公厅 国家林业局办公室关于开展首批卓越农林人才教育培养计划改革试点项目申报工作的通知》（教高厅函［2014］13号）的要求，2014年9月22日教育部、农业部、国家林业局关于批准第一批卓越农林人才教育培养计划改革试点项目的通知（教高函［2014］7号），确定了第一批卓越农林人才教育培养计划项目试点高校99所，改革试点项目140项，其中拔尖创新型农林人才培养模式改革试点项目43项，复合应用型农林人才培养模式改革试点项目70项，实用技能型农林人才培养模式改革试点项目27项。其中，中国农业大学、浙江大学、山西大学等12所高校的"农业机械化及其自动化专业"入选拔尖创新型、复合应用型和实用技能型改革试点（表7）。

吉林大学的农业机械化及其自动化专业卓越工程师班，自2010年开始招生，每年20人，2010级的1名本科生已由国家留学基金委资助赴美国堪萨斯州立大学继续深造。

表7 第一批卓越农林人才教育培养计划改革试点项目名单

序号	学校名称	项目类型	涉及专业
1	中国农业大学	拔尖创新型	农学、动物科学、农业机械化及其自动化、植物保护、农业建筑与能源工程
2	浙江大学	拔尖创新型	农学、动物科学、农业资源与环境、农业工程
3	山西农业大学	复合应用型	园艺、林学、农业资源与环境、农业机械化及其自动化
4	内蒙古农业大学	复合应用型	农学、林学、农业机械化及其自动化、农业水利工程
5	沈阳农业大学	复合应用型	农业机械化及其自动化、农业建筑环境与能源工程、农业水利工程、农业电气化
6	东北农业大学	复合应用型	农学、园艺、农业水利工程、农业机械化及其自动化
7	安徽农业大学	复合应用型	农学、园艺学、农业机械化及其自动化、农林经济管理
8	山东农业大学	复合应用型	农业资源与环境、林学、农业机械化及其自动化、农林经济管理
9	河南科技大学	复合应用型	农业机械化及其自动化、农业电气化、农学、动物医学
10	河南农业大学	复合应用型	林学、动物科学、农业机械化及其自动化、园艺
11	西北农林科技大学	复合应用型	农学、设施农业科学与工程、农业机械化及其自动化、动物医学
12	黑龙江八一农垦大学	实用技能型	农业机械化及其自动化、农业电气化、飞行技术

各高校根据国家形势的发展和地方特色，修订了培养方案和课程体系，建设精品课。华南农业大学的《农业机械学》2013年成为首批上线中国大学资源共享课；南京农业大学的《农业机械与设施》和《拖拉机汽车学》为国家级精品课程，2013年入选国家级精品资源共享课；山西农业大学的《机械制图与计算机绘图》2012年入选国家及精品课程，2014年该课程入选了国家精品资源共享课，2011年"农业机械化及其自动化"本科专业被评为山西省特色专业。2014年青岛农业大学"农业机械化及其自动化"本科专业被评为山东省高等学科特色专业。2014年浙江大学、华南农业大学和河南农业大学获得3次高等教育国家级教学成果奖（表8）。

表8 2014年高等教育国家级教学成果奖二等奖

项目名称	大学
以产业发展为导向的农业工程类专业建设研究与实践	华南农业大学
高等院校卓越农林人才培养的研究与实践	河南农业大学
农林高校创新创业教育体系研究与实践	河南农业大学

同时，各级挑战杯、机械设计创新大赛、汽车知识大赛、URP计划全部融入培养方案，

鼓励学生申请和参加各类大奖赛，结合理论课程、实践教学和实验室条件，开展深入的理论研究、机构设计乃至样机制造，并将其延续至毕业设计，实施一体化培养。学生的自学能力、创新能力、动手能力和协作能力不断提高。2011—2014年中国农业大学农业机械化及其自动化专业的本科生就业率达到96%以上，继续深造率（保研、考研和出国）分别达到37%以上（表9）。浙江大学应义斌教授指导张冬等6位学生完成的"IBE农业助手机器人"在2013年第41届瑞士日内瓦国际发明展览会上获银奖，并获得"第三届计算机实施发明竞赛世界杯"上荣获由世界发明家协会国际联合会IFIA颁发的"最佳计算机实施发明奖"。

表9   中国农业大学农业机械化及其自动化专业本科生就业情况

毕业年度	总人数	签约人数	保研人数	考研人数	出国人数	合同就业	定向生人数	深造率（%）	就业率（%）
2011	31	10	8	9	1	2	1	58.06	100
2012	30	11	7	7	2	3	0	53.33	100
2013	27	13	5	6	1	0	1	44	96
2014	26	15	5	5	0	0	1	37	96

（五）国际化培养

国际化培养是适应我国现代农业机械化学科发展的需要。中国农业大学2013年，农业工程专业与普渡大学实行"2+2"合作办学，①培养目标：面向农业工程领域科技创新和国际化人才培养的需要，培养具有现代科学技术知识和工程实践能力的农业工程科学研究、农机装备开发、技术管理等方面的高级复合型、国际化工程技术人才；②主干学科：机械工程（Mechanical Engineering）、农业装备工程（Agricultural Equipment Engineering）、农机化工程（Agricultural Mechanization Engineering）；③学制：学制为"2+2"模式，即在中国农业大学完成前两年的课程学习，通过选拔后，学分绩点与英语成绩达到国外合作大学入学要求，可以到美国等国外合作大学继续完成本科阶段后续两年的学业（未通过选拔的学生继续在国内完成本专业的学习）；④授予学位：成绩合格，分别授予中国农业大学和国外大学学士学位。2013年在全校选拔，2013级15人中已有6人通过TOFEL考试，正在进行国外就学申请。2014级招收了13人。

中国农业大学的中英双硕士学位研究生联合培养项目，始于2013年，由中国农业大学和英国哈珀亚当斯大学（Harper Adams University，HAU）联合培养硕士研究生，由工学院具体实施。入选该项目的研究生在我校期间的学费按照学校的有关规定执行。该项目2014年入选国家留学基金管理委员会（CSC）全额资助。①培养模式：实施"0.5+1+0.5"的联合培养模式。经中国农业大学正式录取的硕士研究生，需按培养计划完成我校相关专业硕士课程的学习，并取得相应课程学分；第2、第3学期在HAU完成硕士课程学习并取得相应学分，经考核合格，获得HAU硕士学位；第4学期回国后在中国农业大学继续完成学位论文，经考核合格，获得中国农业大学相关专业硕士学位；②学位授予：HAU授予应用机电工程（Applied Mechatronic Engineering）硕士学位；中国农业大学授予其入学时注册的相应专业硕士学位。2014年1月启动，2014年12月已选拔了15名学生，2015年1月派出。

浙江大学自2010年与美国伊利诺伊大学签订了"3+2"联合培养，已选送7名学生进行了国外学习。

四、农业机械化工程学科的主要研究方向和成果

2011—2014年，农业机械化工程领域取得了可喜的成果，获得国家奖励7项（表10）。

表10　2011—2014年农业机械化工程学科领域获得国家奖的项目

年份	奖　项	项目名称	主持单位
2015	国家技术发明奖二等奖	花生收获机械化关键技术与装备	农业部南京农业机械化研究所
2013	国家技术进步奖二等奖	保护性耕作技术	中国农业大学
2013	中华农业科技奖优秀创新团队奖	保护性耕作技术与装备研究团队	中国农业大学
2013	国家技术发明奖二等奖	油菜联合收割机关键技术与装备	江苏大学
2013	国家技术发明奖二等奖	仿生耦合多功能表面构建原理与关键技术	吉林大学
2011	国家科技进步奖二等奖	玉米籽实与秸秆收获关键技术装备	中国农业机械化科学研究院
2011	中华农业科技奖科研类成果奖一等奖	花生机械化收获技术装研发与示范	农业部南京农业机械化研究所

（一）南方地区农业机械化工程学科的主要研究方向和成果

1. 水稻机械化生产技术与装备

水稻水旱直播（穴播）技术（华南农业大学）：改无序撒播为有序直播，变人工插秧为机械直播（穴播），已在全国23个省（市、区）及泰国、缅甸、老挝、柬埔寨、越南、苏丹等6个国家推广应用，因简化农艺、节省用工、减轻劳动强度，具有增产、增效、降低成本等一系列优点，是目前适宜推广的一种轻简化高产高效水稻栽培技术，是实现水稻超高产的有效途径。2014年5月，分别在山东东营、海盐县武原街道华星农场进行了"水稻机械精量穴直播技术"试验；2013年10月在宁夏回族自治区银川市召开了"水稻机械

化直播技术研讨会"，取得了很好的经济效果。

"水田适度耕整与秸秆埋覆还田"机械化保护性耕作新技术（华中农业大学）：创建了技术路线简约先进的水田机械化保护性耕作新工艺。采用一台机、一道工序可完成"压秆→旋耕→碎土→埋秆→平田"的联合作业新工艺，是对传统耕作工艺的重要变革。研制出了船式旋耕埋草机、轮式高茬秸秆旋耕还田机、水旱两用高茬秸秆还田耕整机3种新装备。

2. 油菜机械化生产技术与装备

油菜联合收割机关键技术与装备（江苏大学，2013年国家技术发明奖二等奖）：我国油菜种植面积约1.1亿亩，90%为分布在长江流域的冬油菜，具有植株分枝交错、含水率高、角果成熟度差异大、易炸荚等生物学特性。据农业部统计，2009年油菜机械化收获水平仅为8.2%，直接制约了油菜种植面积和产量的增加，造成了我国食用油61.5%依赖进口的严峻局面。

本项目在国家"十一五"科技支撑、公益性行业专项等课题资助下，在4个核心难题上取得了原创性突破，解决了油菜机械化联合收获难题。主要发明点为：①发明了油菜揉搓—冲击复合式低损伤脱粒技术和切纵流低损伤脱粒分离装置，解决了高脱净率与低破碎率相互矛盾的难题；②提出了油菜清选减粘脱附新方法，发明了油菜脱出物风筛式高效清选技术与装置，解决了油菜湿粘脱出物在筛面上粘连、堵塞筛孔的难题，提高了脱出物快速分层透筛效率；③发明了低损失油菜割台，使油菜收获过程中由分禾撕扯、角果炸荚飞溅等形成的割台损失减少50%以上；④提出了联合收割机作业状态多变量灰色预测方法，发明了作业速度自动控制及作业流程故障诊断系统，保障了整机性能稳定，实现了作业流程的故障预警和报警。

本项目授权发明专利13件，另申请发明专利8件。发表SCI/EI收录相关论文45篇。项目成果获江苏省专利金奖、中国专利优秀奖、中国机械工业科学技术奖一等奖和国家金桥奖。

研究成果2008年起在常发锋陵、江苏沃得、星光农机等国内主要油菜联合收割机企业应用。近3年累计销售油菜联合收割机产品13360台，新增销售收入12.69亿元、利税2.78亿元，为我国油料安全提供了装备保障。

油菜精量播种技术（华中农业大学）：首创性提出了一种正负气压组合式精量排种技术和油菜种植多功能联合作业及模块化集成技术，研发了系列集成旋耕、灭茬、开畦沟、开种沟、精量播种、施肥、覆土、镇压、封闭除草等多项作业的油菜精量联合直播机；在气力式油菜精量播种技术、模块化集成技术、割晒技术及其产业化等方面形成特色。所开发的气力式油菜精量联合直播机、中央集排离心式油菜精量联合直播机、油麦兼用联合直播机和油菜割晒机多项研究成果，经湖北省科技厅组织专家鉴定，整体达到国际先进水平，其中油菜短程精密排种技术、中央集排离心式油菜排种技术、油菜小麦兼用型精量播种技术和割晒机组合式输送技术等多项技术居于国际领先水平。"油菜轻简化高效直播技术与装备及应用"项目获得2014年湖北省科技进步奖二等奖。

油菜收获技术（农业部南京农业机械化研究所）由农业部南京农业机械化研究所研制的油菜分段收获机取得了技术突破，研制的4SY-2.0型油菜割晒机和4SJ-2.0型割晒机，割晒机切割、输送、铺放作业流畅、铺放整齐、效率高，捡拾机捡拾、输送、脱粒、清选一次完成，总损失率小于6%，真正实现了我国高产、高大植株油菜的高效低损失收获。2013年在星光农机股份有限公司实现了批量生产，在湖北、湖南、四川、江西等地进行了示范和推广，均取得良好效果，应用情况表明，作业效率高、损失率低、对各种油菜和气候条件适应性强。

3. 山地果园机械化装备

华南农业大学研究了果园遥控电动喷雾机、管道恒压喷雾技术、滴灌自动控制装置、果园轻简化轮式运输机、果园轨道运输机、电动香蕉运送系统、山地果园轻便式挖穴机、省力化果树修剪机具、气调保鲜运输车等；研究了柑橘黄龙病的综合防控技术、黄龙病的田间采样、柑橘黄龙病的田间快速诊断、发生流行规律、柑橘木虱的传病机制、高效安全的治病控虫新农药使用方法；柑橘品种的辨认、柑橘栽培管理新技术；建立了多个试验示范点，进行柑橘栽培技术与病害防控和果园机械与设施的培训。

4. 农业信息化方面

一种全生育期高通量水稻表型测量平台（华中农业大学）：可以自动提取水稻株高、叶面积、分蘖数、生物量、产量相关性状等15个参数，有效解决了传统作物表型检测手段在植物基础生物学研究包括遗传、生理、基因功能研究等的主要限制因素。此项技术不仅有潜力取代传统的表型测量手段，还可发掘出更多新颖的基因位点，并可扩展应用于小麦、玉米、油菜等其他作物表型高通量测量和功能基因组研究。将成为植物基础研究学者快速解码大量未知基因功能的重要科学工具，是将光电成像、自动化控制、计算机、机械制造等工程技术集成创新应用成果。

5. 甘蔗收获机械化技术和装备方面

我国的甘蔗主要分布在广东和广西，是糖业的主要原料，但其收获一直是个难题。国际上，CASE7000切段式甘蔗联合收割机是主流的成熟机型，已广泛用于澳大利亚、美国、巴西等甘蔗机械化发达国家。20世纪90年代末以来，我国部分公司和农场陆续引进国外CASE7000切段式甘蔗联合收割机，进行示范试验，探讨适合我国甘蔗收获的机械化技术。华南农业大学、广西农机研究院、广西云马汉升机械制造股份有限公司、广州市科利亚农业机械有限公司等，消化吸收国外先进机型的技术，研发出了4GZQ-260型切段式甘蔗联合收割机、4GZ-56型履带式甘蔗联合收割机等，已进入试验示范改进推广阶段。

6. 茶园生产机械化技术和装备方面

农业部南京农业机械化研究所针对南方茶园土壤结构及茶树季节性耕种特点，研制成功适用于低坡茶园的高地隙自走式多功能茶园管理机，采用全液压动力传递驱动技术、直联即插式通用接口技术和复式作业机具悬挂技术，体现了集中耕除草、深耕、深松施肥、植保、吸虫、修剪等多功能于一体的设计理念，成功解决了茶园作业机械功能单一的难题。经测试，该机耕深一致性好、碎土率高、排肥一致性佳、生产效率高、经济性能良好。研发了研究开发了高效、机构紧凑的轻简型茶园撬翻式中耕机、深耕机以及便携式修剪机与采茶机，经测试，小型微耕松土机作业效率为 4 ~ 6 亩 / 小时，修剪效率为 6 ~ 7 亩 / 人 / 天，采茶效率为 3 吨鲜叶 / 人 / 天。机器在湖北省恩施进行了山区茶园管理机械选型现场会。

7. 农用航空技术

华南农业大学牵头的"农业航空产业技术创新战略联盟"，部分高校、研究所、公司等开始了相关技术和装备的研究，开发出了单旋翼电动无人机、单旋翼油动无人机、多旋翼电动无人机等，对无人机的雾滴沉积性能测试等参数进行了研究。

（二）北方地区农业机械化工程学科的主要研究方向和成果

1. 保护性耕作技术

保护性耕作技术（中国农业大学）：2013 年度国家科技进步奖二等奖和 2011 年度中华农业科技奖科普类成果奖。

普及国家重点推广的农业技术，促进农业可持续发展和农村生态文明建设。保护性耕作要求不翻耕土壤，地表有作物秸秆或残茬覆盖。联合国粮农组织认为这项技术具有稳产高产、降低农民劳动强度和生产成本，减少农田风蚀、水蚀、秸秆焚烧和来自农田的温室气体排放等效应，是农业生产与生态保护"双赢"的先进农业技术。2002 年，农业部开始重点推广此项技术，中央一号文件连续 8 年提出相关要求。中国农业大学保护性耕作技术团队从 1992 年开始此项技术研究，取得一批创新性成果，3 次获得国家科技进步奖二等奖，为本图书创作提供了"技术源"；编印了 20 多种宣传、培训材料，出版专著 6 本，为本图书创作积累了经验。

面向农民，采用"话剧剧本 + 漫画"的创作手法，"图文并茂 + 大众化语言"的表达方式，半小时阅读量，求"精"不求"全"。两个"卡通"农民以农田为"舞台"，聊着农民最关心的产量、技术原理、实施手段等问题；"问答式"的"聊天"方式，符合农民"拉家常"习惯，使得农民感觉自己就是"书中人物"；除了少量关键概念，尽量不使用生涩难懂的科学名词，代之以大众化语言；精选农民最关注的 50 个问题，环环相扣，成为贯穿全书的主线；整本书仅需半小时左右的阅读时间，以最少的文字达到"科普"目的。

促进我国农业文化走出去，受到国际好评。本书已被翻译成蒙汉文对照版（正式出版）、英文版（非正式出版）；经授权，一些国家或国际组织正在将本书翻译成西班牙语、越南语、孟加拉语、泰语、非洲的斯瓦希里语等语言。联合国粮农组织、非洲保护性耕作网、国际热带农学会等国际组织已将本图书中文版、英文版上传至官网。3 个国际组织已采用类似表达方式，印刷宣传材料。第五届世界保护性农业大会邀请团队携带本图书在大会展出。

应用广泛，为新型农民提供培训教材。本图书 2006 年正式出版，共计 18 次印刷，发行 42.2 万册，挂图 0.2 万份。9 省市区（兵团）采用本图书的内容、表达方式编印培训材料 10 万册以上，挂图 5 万份以上，是农业部和多个省市县农民培训、送科技下乡的主要图书之一；图书内容还被选用印刷成扑克牌；或被企业引用于产品说明书，或将图书作为礼品，赠送机具购买人。

获得 1 项发明专利，1 项实用新型专利。中国农学会、农业部保护性耕作专家组、中科院李振声院士（国家最高奖获得者）等对本书给予了较好评价。2011 年，本图书获得农业部、中国农学会授予的"中华农业科技奖科普奖第一名"。

2. 仿生技术

1）仿生耦合多功能表面构建原理与关键技术（吉林大学）：获得 2013 年度国家技术发明奖二等奖。项目突破传统认识，提出用表面材料、几何形态和物理结构等多元耦合仿生原理破解工程难题的新理念、新方法，构建仿生耦合多功能表面，发明了面向静态高温成型界面、重载高温摩擦界面和静态高温多相界面的耐磨、增阻、抗疲劳和减粘仿生耦合一体化表面技术。该技术已在吉林、辽宁、浙江、广东 4 省的机械和轻工生产中发挥了重要作用，近 3 年新增产值 14 亿元，新增利税 3.37 亿元，节约资金 4835 万元，在机械部件延寿、增效、节能和环保领域产生重要影响。

2）仿生几何结构表面技术及其在农业机械中的应用（吉林大学）：2013 年度吉林省技术发明奖一等奖。基于土壤洞穴动物挖掘器官几何结构量化特征，发明了农业机械触土部件的仿生减阻几何结构技术，包括深松铲铲柄指数函数曲线型仿生减阻结构技术、旋耕—碎茬通用刀片仿生几何结构技术、垄作田间土壤表面微形貌加工用仿生结构滚动部件辊齿和挖掘铲板的几何结构技术、精密播种机芯铧式开沟器仿生减阻几何结构技术以及土壤镇压辊仿生几何结构技术；基于土壤洞穴动物表面几何结构的耐磨效应，发明了农业机械触土部件的仿生耐磨几何结构技术，包括棱纹形和鳞片形仿生耐磨几何结构表面、深松铲铲刃仿生耐磨几何结构技术、锥形触土部件耐磨几何结构技术；基于土壤洞穴动物几何结构，建立了减轻玉米穗损伤的玉米收获机摘穗辊表面设计方法，发明了减轻玉米穗损伤的玉米收获机摘穗辊仿生几何结构技术。仿生深松铲减阻 15%，仿生深松铲刃耐磨性提高 51%；仿生开沟器不黏土，减阻 10% ~ 15%；仿生锥形触土部件提高耐磨性 54%；仿生摘穗辊减轻玉米穗损伤率 50%。将上述研究成果应用于农业机械的生产实践之中，有效地提高了农机作业的工作效率，节约能耗。仿生深松铲和仿生开沟器在 4 家单位生产，2009—2012 年新增产值 5234 万元，新增利润 1363 万元，新增税收 945.6 万元。本项目的实施，可有效保护生态环境、提高农业生产率、提高农业机械化水平和土壤的蓄水保墒能力，对农机行业的绿色环保、可持续发展具有重要的促进作用。

3. 玉米生产机械化技术和装备

1）玉米籽实与秸秆收获关键技术装备（中国农业机械化科学研究院），获 2011 年度国家科技进步奖二等奖。玉米是我国三大粮食作物之一，占粮食种植面积的 26% 和粮食总产量的30%。随着科技进步，玉米已成为食品、化工、饲料、能源等领域的重要原料，其综合利用价值不断提高。由于我国各地不同的玉米种植农艺，且收获期短，劳动强度大，国内外玉米收获机不能满足我国玉米收获的需要，致使机械化收获水平低，制约了我国玉米全价增值利用。

我国玉米主产区，特别是黄淮海地区，收获时玉米籽粒含水率大多在25%以上，如果采取直接脱粒的方式，玉米很可能打成"浆了"，只能采取摘穗的方式。此外，我国玉米除了收获籽粒外，还有为了奶牛饲养需要的玉米青饲收获机械，以及为了造纸或发电而需要的收获后玉米秸秆打捆机械等需求。

在国家"863"及科技支撑计划资助下，该项目重点研究不分行割台技术，突破了原来链式抓取方式，利用仿生的原理，模仿人双手扶持，三点喂入，系统地建立了玉米不分行收获的分禾拨禾、扶禾导入的边界条件，创建了玉米不分行收获理论，并首创了相邻收获单元交叉布局结构，实现了横向有效抓取、有序输送、纵向扶禾导入、形成单株喂入摘穗。它解决了摘穗的功能以外，真正实现了不分行收获，解决了不同玉米行距收割的问题，大大提高了玉米收获机的适应性，为实现玉米收获的"南征北战"奠定了物质装备基础。

针对玉米秸秆的再利用，项目组首创研制了秸秆打捆技术。玉米秸秆与麦秆、牧草柔软性不同，秆粗而长，秸秆通过打捆机后变成截面为120cm×90cm，长度200～250cm的可调的长方体，每捆重达500千克，便于后续的运输和码垛等工序的实施。该技术突破了玉米秸秆碎断、预压、二次压缩成型、密度反馈控制、大截面均匀布料、自动捆扎一体化等关键技术，并形成了玉米籽实与秸秆收获3大类10种系列设备，已列入国家农业机械推广目录，填补了国内空白，满足了玉米秸秆集储利用的发展需求。

针对青饲收获，项目组经过多年的努力，采用人工扶持切割原理，突破了多层多齿塔形扶持、大圆盘切割装置、夹持输送等关键技术，研制出物料长度可调（5～40mm）、均匀切段、高效低耗的3种型号不分行玉米青贮饲料收获机，实现了切割与纵横向输送、喂入、切碎、抛送一体化，填补了国内空白。该收割台采用圆盘刀切割和水平旋转圆盘拨禾的夹持喂入技术，是目前国际最为先进的切割喂入技术，经国家农机具质量监督检验中心检测，9265型收获机留茬高度为95mm，喂入量达到11.2kg/s，收获损失率为0.7%。与国外同类机型相比，该机可收割各种种植方式的高秆青饲作物，且割茬低，收割倒伏作物能力强，饲料切碎质量好，解决了收获高秆青饲作物的难题。3种型号玉米青贮饲料收获机全部进入国家农业机械推广目录。

玉米籽实与秸秆收获关键技术装备的推广，除了构建了玉米收获全程机械化作业体系，引导了产业发展，更大的意义在使民族农机制造企业增强了信心，明确了方向。

2）玉米种植机械关键技术和装备研究与示范（吉林大学）：吉林省级科技进步奖一等奖1项。共研发了通用型耕整机、行间精密播种机、行间耕播机、深松整地联合机、智能免耕玉米精量播种机、折叠式驱动防堵智能免耕玉米精量播种机和自走式高秆作物施肥喷药机等7种机型，均通过国家科技成果鉴定和国家农机具质检中心检测，建立了3条中试线和 8 出试验示范基地。通过自主创新和集成创新，所开发的 7 种新产品均具有自主知识产权，主要机型达国际先进水平，关键零部件达国际领先水平。并集成了双自由度单铰接仿形机构、组合式施肥开沟器、变曲率式轮齿式松土机构、空间曲面式深松铲、双波纹圆盘松土装置、仿形逆止传动系统、辐射叶片式镇压辊、可覆土的双腔结构橡胶镇压轮、电驱动式气吸式排种器、仿生起垄铲、压电薄膜式漏播监测系统和电容式故障监测系统等多项关键技术，关键部件结构的创新、信息技术及仿生技术的应用，在提高整机作业性能的同时，实现了工程技术、仿生技术与现代农艺的有机结合，为我国现代农业的发展提供了技术装备支撑。

3）玉米机械化生产工艺与装备系统优化研究与示范（中国农业大学）：完成调研报告 3 份，提出了东华北春玉米区和黄淮海夏玉米区机械化种植模式 4 种、玉米机械化生产机器系统两套，制定了机械化生产技术规范 11 项、操作规程 10 项，形成了适宜两大区域的玉米机械化生产技术体系；主持起草的《玉米机械化生产技术指导意见》，农业部已发布实施。建立了播种机、收获机和剥皮试验台各 1 套；创新研究了高速气力式精密排种、机械防堵、振动深松施肥、秸秆集条铺放收获等 24 项关键技术；创制出高速气力式精密排种器两种，研制出通用型玉米摘穗、剥皮及播种机排肥部件共 3 套；研发出机械式、气吸式、气吹式共 5 种类型的播种机具，自走式施肥喷药、振动式深松施肥 2 种类型的田间管理作业机械，拨禾指式、悬挂式、青贮式、互换割台式、茎秆铺放 5 种类型的玉米收获机械。相关成果经鉴定，4 项达到国际先进水平，7 项达到国内领先水平，1 项达到国内先进水平。项目在山东章丘、河南沁阳、辽宁沈北新区、黑龙江兰西建立示范基地 4 个，形成核心试验区 120hm^2，辐射区 5525.7hm^2，推广区 38.32 万 hm^2，取得了显著的经济和社会效益。

4. 根茎类作物生产机械化

我国的根茎类作物主要包括花生、马铃薯、胡萝卜等。

青岛大学、山东五征集团有限公司等承担的公益性行业（农业）科研专项"根茎类作物生产机械化关键技术提升与装备优化研究"，攻克了根茎类作物精密播种、减阻降耗挖掘、挖拔夹组合、自动对齐切顶、振动式挖分一体化等 8 类 37 项关键技术，构建了 4 大根茎类作物机械化生产技术信息系统，形成了根茎类作物机械化关键技术与装备的主导发展模式与技术路线等 13 项共性和单项标志性成果，研发了适应 4 种根茎类作物播种、收获等 27 种机型的 107 台样机。其中，胡萝卜联合收获机等 3 个机型填补了国内空白。制（修）订行业标准 1 项、企业标准 10 项，制定了 23 项根茎类作物机械作业装备操作规程，构建了 4 种根茎类作物机械化生产技术体系。申请专利 55 件，其中发明专利 24 件；已授权专利 43 件，其中发明专利 12 件；发表论文 84 篇，其中 EI 检索 17 篇，撰写了《马铃薯全程机械化生产技术》专著 1 部；获省部级以上科技进步奖 8 项。在河北固安、江苏泰州、山东临沭等地建立了 8 条根茎类作物机械装备生产线，主要机型具备了批量生产能力，15 种机型列入国家或省级支持推广的产品目录，累计销售逾 8 亿元。编制的《花生机械化生产技术指导意见》已由农业部正式颁布实施；构建的 4 个根茎类作物机械化生产技术体系，为根茎类作物种植标准化、作业规范化、生产机械化奠定了基础，在山东、江苏、河南、河北、辽宁、内蒙古、四川、江西等地建立了试验示范基地 22 个，示范推广应用面积达 3339.7 万亩；为农业生产节约成本 68.7 元/亩，增加收入 147.5 元/亩；合计节本增效 57.3 亿元。

（1）花生收获机械化

1）花生收获机械化关键技术与装备（农业部南京农业机械化研究所）：获 2015 年度国家技术发明奖二等奖。

为破解我国花生机械化收获长期存在的技术瓶颈难题，提升机收水平，促进产业发展，农业部南京农业机械化研究所联合相关单位在国家科技支撑、国家花生产业技术体系等支持下，历经十余载，取得了原创性突破，成果整体技术达到国际领先水平。技术创新：防缠绕柔性摘果和鲜秧水平喂入垂直摘果技术：解决了摘果作业秧膜缠绕、破损率高难题，实现顺畅作业；仿形限深铲拔起秧、振动自平衡等技术。解决了挖掘起秧作业壅堵阻塞严重、落埋果损失大难题；无阻滞双风系一体筛清选技术。解决了清选作业挂膜挂秧、筛面堵塞、清洁度差难题。项目基于上述发明，创制出 1 种半喂入联合收获机和 3 种分段收获机，并在多家企业转化，产品进入国家推广目录，被列为农业部主推技术，成为我国花生收获机市场主体和主导产品，市场占有率约 30%，并出口印度、越南；获发明专利 11 件、实用新型 6 件，出版专著 1 部，制订行业标准等 9 项；成果相继获"中华农业科技奖一等奖"等 6 项奖励。

2）花生机械化播种与收获关键技术及装备（青岛农业大学）：获 2014 年度山东省科技进步奖一等奖。

根据中国不同区域花生的种植模式与土壤特性，创建了花生机械化播种与收获的关键技术体系，提出了"花生机械化生产技术指导意见"（农办机〔2013〕37 号），创新研发出了实现本套技术体系的系列机械化装备，开发、推广、应用了具有自主知识产权的 18 种机型，实现了花生播种与收获两大环节的机械化生产，发明了花生单双粒内侧平滑精确充种、膜上苗带覆土、多垄仿形联合作业等机械化关键技术，解决了排种精度差、伤种率高、幼苗破膜难、生产率低等技术问题。创建了花生机械化播种的技术体系，显著提高了机械化播种的质量，实现了高效低损作业，提高效率 23 倍。研制推广了适应不同种植要求的 8 种花生联合播种机。首创了挖夹拔送组合式收获、摆拍去土、甩抖式摘果等关键技术理论，发明了挖掘铲与链（带）组合夹持式、L 型链式分离输送等 12 项花生机械化收获关键技术，解决了挖掘不净、夹持率低、秧果含杂高、摘果损失大的等重大技术难题。创新研发出了花生分段与联合收获机械装备，实现了分段轻简化收获与多环节联合收获作业。在改变传统收获方式、提升作业效率、减少收获损失方面获得突破。研发并推广应用了适应不同种植特点的 5 种花生分段收获机和 5 种花生联合收获机。构建了国内首个集品种筛选、种植模式、收获方式等多信息融合的花生机械化生产专家信息系统；提出了花生机械化生产技术指导意见，并由农业部颁布实施（农办机［2013］37 号）；形成了完善的花生机械化播种、收获技术装备框架体系，为适应不同生产模式的花生机械装备研发与推广应用奠定了基础。项目获授权专利 43 项（发明专利 10 项），软件著作权 3 项，发表论文 42 篇，制定了技术规范 3 项、企业标准 7 项，累计培养农技人员 1.5 万余人。研发的所有装备均已通过国家或省级农机试验鉴定站的检测，各项作业性能指标较同类产品有较大提升。7 种机型进入国家支持推广的农业机械产品目录，11 种机型进入省级支持推广的农业机械产品目录，成为中国花生产区推广应用的主导机型。技术成果主要在 5 个合作企业实现了产业化并进行了推广应用，近 3 年在国内花生主产区累计推广应用机器 57518 台，累计作业面积达 2808.7 万亩，应用企业累计新增产值 4.51 亿元，新增利润 8598.85 万元，新增税收 7760.61 万元，间接经济效益达 113.09 亿元。通过该项目所形成的产品，显著提高了中国花生的机械化水平，促进了花生的生产和农民的增收。

3）大型多功能花生收获技术和装备研究与示范（青岛农业大学）。

根据我国花生主产区不同的农艺要求，通过农机农艺的有效融合，形成了 1 项花生联合收获共性关键技术，8 项花生收获的重大关键技术，为完善我国花生收获机械化技术体系奠定了坚实基础。创新研制出 2 垄 4 行的花生捡拾联合收获机、2 垄 4 行全喂入花生联合收获机、花生有序条铺收获机、背负式花生捡拾联合收获机等 8 种收获机械，经山东省农业机械试验鉴定站的性能检测，技术性能指标均达到或优于国家标准与项目计划任务书的要求。发明了花生挖掘有序条铺、无序汇集与捡拾摘果两段一体化收获技术，且实现了挖夹输送联合收获、捡拾收获、固定摘果清选作业的多功能互换作业功能，满足了花生收获的不同需求，收获效率大幅提升。创新研发了拨轮弹指组合捡拾技术、链式尼龙弹齿捡拾技术、多通道归集输送技术、全喂入曲面螺旋面板式摘果技术、纵轴流大轴向摘果技术，提高了花生收获的捡拾率，降低了破碎率。所研发的机具先后在山东、河南、吉林、辽宁等地累计推广应用 1000 万亩以上，经济、社会效益显著，具有良好的推广应用前景。该成果总体达到国际先进水平。其中，花生链式尼龙弹齿捡拾技术和全喂入曲面螺旋面板式摘果技术居国际领先水平。

（2）马铃薯生产机械化

我国是马铃薯种植面积最大的国家，年种植面积和产量分别约是 1050hm^2 和 8000 万 t。目前，其耕整地已实现了机械化。其收获机械主要依靠小型挖掘机进行挖掘，铺放田间，人工捡拾，但人力成本急剧增加。甘肃农业大学、中国农业机械化科学研究院等单位开展了挖掘机和联合收获机的研究，已有产品用于生产中。青岛农业大学承担的国家公益性行业（农业）科研专项经费项目课题"丘陵山地小型薯类收获机具的研发"，根据我国丘陵山区薯类作物主产区不同的农艺要求，通过农机农艺的有效融合，形成了 2 项马铃薯收获共性关键技术，3 项薯类收获的重大关键技术，为推动丘陵山区薯类机械化的发展提供了有效的技术和装备支撑。创新研制出了 4U-83 型与小四轮拖拉机配套薯类作物收获机、4U-70 型手扶拖拉机配套薯类作物收获机、4U-50 型手扶行走式薯类作物收获机、4UZ-83

型自走式薯类作物联合收获机等4种丘陵山地小型薯类收获机具，经山东省农业机械试验鉴定站的性能检测，技术性能指标均达到国家标准和项目任务书的要求。创新研发出小型薯类收获机对向转动防缠绕、被动式自激弹性挖掘铲式减阻、收获输送振动浮式抖土、挖掘深度调控等技术与装置，有效解决了收获过程的杂草缠绕与机具壅土关键技术问题，降低了破损率，提高了作业效率。发明的小型履带式轻简化机构、联合收获机可折叠底板装置，实现了机具的小型化。机具在四川、江西、贵州等地进行了示范与推广，取得良好的经济、社会效益，具有较好的推广应用前景。

（3）胡萝卜收获机

我国胡萝卜的种植面积和产量均在世界前列，但收获仍是人工作业。青岛农业大学、河南农业机械技术推广站、中机美诺科技股份有限公司等单位，针对我国胡萝卜的种植模式，采取工厂化作业与种绳播种相结合的轻简化种植技术，突破了胡萝卜种植机械化技术的难题；研发了2行自走式联合收获机，实现挖掘、加持输送、根叶分离、去土和集收等功能，田间试验表明，基本能够达到作业要求。

5. 农垦系统农机标准化

2013年农业部农垦办发布了《全国农垦农机标准化示范农场创建活动实施方案》（农办垦〔2013〕16号），在农垦系统开展"全国农垦农机标准化示范农场"创建活动。通过创建活动，使创建农场达到管理制度健全、运作机制规范、标准体系完善、示范作用明显，推进农机农艺融合，农机化与信息化融合，实现农业资源的合理配置及高效利用。

创建内容包括：农机服务体系和专业队伍建设、农机装备和基础设施建设、标准体系建设、宣传贯彻农机标准化示范等相关工作。①农机服务体系和专业队伍建设：以农场为单位，制定农机发展规划，促进农场农机结构优化升级；健全农机管理服务机构，创新服务方式和运作机制，提高服务质量和水平；完善服务制度，建立农场农机作业调度、收费和纠纷仲裁与诚信机制；发展农机专业合作组织等多种农机经营服务形式，构建"专业合作社＋农户＋基地"格局，扩大经营和服务规模，推动新型的农业经营体系建设；加强农机和作业人员管理，规范农机服务和持证上岗工作；培训农机技术和作业人员，提升从业人员素质。②农机装备和基础设施建设：建设规划合理、设施完备、环境整洁和周边绿化的机务区；机务区的库房结构合理、地面硬化、通风良好、附属设施齐全；有维修保养工具、设备仪器、农具安装调整平台；机具统一停放、摆放整齐、机具清洁；大型拖拉机、收割机、水稻插秧机等入库（场）率达到90%；机务区配备安全消防器材，机务区有专人管理；田间农机道路平整通畅；有条件的农场建立信息网络平台。③农机标准体系建设：农机标准体系建设包括技术标准、管理标准和工作标准。参照GB/T 1.1—2009标准化工作导则第一部的标准结构、GB/T 15496—2003企业标准体系的体例和表述要求，制订各类企业标准，并建立健全标准体系。技术标准的内容包括农机购置、农机设备设施建设、农机操作、农机作业、作业质量验收和监督、农机具保养和技术状态、维护和修理、油库安全、职业健康及具有农场特点的其他技术标准。管理标准的内容包括农机服务、农机作业调度、农机作业秩序、农机注册登记、农机作业收费机制、农机具安全技术检验制度、机务人员管理和技术培训、安全教育、统计与核算、信息技术与档案及具有农场特点的其他管理标准。工作标准内容包括管理人员、技术员、驾驶人员、油料和物资保管员、机务区值班人员、标准化工作人员等及具有农场特点的其他工作标准。④宣传贯彻工作：利用广播、网络、手册等手段，广泛宣传"全国农垦农机标准化示范农场"活动的意义、目标、实施内容和农场农机标准化工作规范，做到农场农机从业人员和土地承包职工家喻户晓、人人皆知，提高服务对象满意度；形成宣传贯彻、加强监督和自觉遵守的机制与氛围。

6. 牧草机械化技术和装备

自 2011 年起，中国农业大学牧草设备实验室在草业机械方面开展"国家牧草产业技术体系""'十二五'农村领域国家科技计划""国家自然基金"和"公益性行业（农业）科研专项"等方面的国家级的项目研究和"内蒙古自治区的'高端农牧业装备制造技术集成重大专项'"等省级项目研究，累计科研经费 4000 余万元，在草地机械化改良、牧草收获机械化技术、牧草加工机械化技术和种子处理机械化技术等方面取得了较多成果，轻简化、低能耗、智能化、可持续发展装备成为技术主流与方向。研究开发的新型牧草收获机、牧草打捆机和铡草机等设备列入国家和省级推广补贴目录，农业部办公厅发布"关于推介发布 2014 年主导品种和主推技术的通知"（农办科〔2014〕9 号），推介发布 103 项主推技术，其中第 11 项为"草原复壮机械化生产技术"。草业机械推广应用近 20 个省区。在人才培养方面，4 年来，共培养牧草机械专业方面博士、硕士等高端人才 50 余名。在国内外核心期刊和会议论文 90 余篇，EI 和 SCI 收录 50 余篇，申请专利 100 余项，其中授权专利 80 余件。

山西农业大学针对牧草切割复壮机械化生产实际研发了一种新型液压锯式牧草切根机，它具有小扰动、无翻垡、不扬沙、不破坏草皮、耕作阻力小的特点，能够较好地实现天然或人工牧草及草场的切根复壮机械化作业，该机具于 2014 年 1 月通过山西省科技厅组织的科技成果鉴定。

7. 小区精确播种技术

田间育种小区试验的播种作业要求与大田播种有所不同，育种小区的播种作业需要将一定量的种子，在规定的行长内全部播完，排种器内不得剩余种子，防止品种混杂，增加了对比试验的可信度，从而提高了育种工作者的田间育种试验精度。目前，我国田间育种播种作业基本上仍采用人工进行。青岛农业大学、中国农业机械化科学研究院等联合研发了"小区播种和收获机械"，研制了 2BY-6 型育种试验播种机，解决了育种试验小区播种伤种率高、播种不均匀及换种频繁等技术难题，提升了育种自净排种技术、电力驱动电控变速技术、精确控制等关键技术。

8. 北方水果机械化生产技术和装备

（1）苹果生产机械化

我国苹果的种植面积和产量名列世界首位，主要集中在渤海湾、西北黄土高原、黄河故道和西南冷凉高地四大产区，其中陕西、山东、河北、甘肃、河南、山西和辽宁是我国七大苹果主产省份，苹果栽培面积为172.1万公顷，占全国栽培面积的87.7%。山东和陕西是全国最大的两个苹果主产省，面积和产量分别占全国苹果总面积和总产量的40.3%和51.2%。近年，河北农业大学等单位开展了苹果园作业机械的研究，研发了：①果园动力机械专用的果园拖拉机分两种类型。一种类型的体形较矮、重心低、转弯半径小，适用于果树行间作业；另一种类型具有1米以上的离地间隙，适用于跨越果树行间作业。但我国农户果园中多是借用大田用拖拉机或三轮车动力代替；②果园多功能管理机。多采用传统的田园管理机进行果园耕作、中耕、除草等，但机器动力明显不足，加之果园作业一般要求机器配有附加装置，以保证其工作部件尽量靠近果树树干，或能同时进行行间及株间作业，借用田园管理机难以满足这些特殊作业要求；③苹果苗木培育专用机械。针对苹果苗木的培育，研发了起苗机、打捆机和挖坑机；④节药型高效果园喷雾机。研究了风送式喷雾机，但药量大难以控制；⑤果园多功能联合作业平台。实现了一机多用，可以进行喷药、施肥开沟、割草控草、疏花修剪、果实套袋和采收等作业项目。

（2）葡萄生产机械化

我国的葡萄主要分布在新疆、山东、河北、京津、辽宁、山西、吉林和河南等31个省（市、区），近年种植面积和产量发展迅速，极大地促进了当地新农村的发展。但地域广，地形地貌多样，种植模式多样，限制了机械化的发展。葡萄生产是人工密集型产业，农村劳动力的快速转移和结构的变化，对葡萄生产造成了很大的冲击。中国农业大学、中国农业机械化科学研究院、山东农业大学、山东高密益丰机械有限公司、天津农业机械研究所等进行了相关的研究。近年的研究成果：①苗木繁育。山东蓬莱南王山谷君顶酒庄葡萄基地引进国外的苗木生产技术，开始苗木的标准化生产；②埋藤机针对我国葡萄产地冬季寒冷、风大，在入冬前，需要将葡萄藤下架后埋入土里，人工作业劳动强度大，研制出了输送式埋藤机、螺旋式埋土机和挖土机；③喷雾机。针对酿酒葡萄的篱架式栽培，研究出了风送式喷雾机和双臂式喷药机；④株间除草机。采用高速运转的草绳，将葡萄根系的杂草进行清除。

（三）西部地区农业机械化工程学科的主要研究方向和成果

1. 棉花生产全程机械化关键技术及装备

新疆地区位于北纬42度以上，气候寒冷、无霜期短、土壤盐碱化严重，曾被外国专家认为是植棉"禁区"。1980年兵团开始试验棉花地膜栽培技术，形成"密、矮、早、膜、匀"模式化植棉体系，并在较短时间内全面实现了地膜植棉机械化，引领了新疆棉花生产技术的第一次提升。在棉花单产和种植面积不断增加的同时，传统劳动密集型的棉花生产方式生产效率低、抗灾防灾能力差的缺陷也日益显现，收获成为制约新疆棉花产业发展的瓶颈。由国外引进的采棉机难以与国内棉花品种、栽培模式、田管技术、清理加工等农艺技术相配套，造成机采损失率高、含杂率高、综合效益差，单独从机械采收环节开展研究，无法解决根本问题。因此，需要从系统工程的角度开展棉花生产全程机械化技术的研究。

为解决棉花生产全程机械化关键技术，从1996年开始，新疆农垦科学院联合相关领域的优势科研单位和企业进行攻关，以机械化生产为主线，集成优化高产栽培技术、田管配套技术、脱叶催熟技术、机械采收技术、采后储运技术，建立集棉种处理、种床精细整备、精量播种、脱叶催熟、机械收获、籽棉储运等机械化技术为一体的棉花生产全程机械化技术体系，在部分植棉团场小面积试验示范的基础上，形成适于大面积推广的综合技术模式，在新疆棉区实现棉花生产全程机械化技术的大规模应用。

（1）棉种工厂化加工处理技术及装备

种子加工质量是影响棉花苗情的关键环节，为适应棉花单粒精量播种的需要，开发出保证种子加工质量，有利节能减排，并适用于多种棉种加工工艺的技术及装备。通过采用一机多用棉种加工工艺方法及其设备，解决了不同品种棉种的加工问题，保证了种子加工质量；采用棉种加工酸籽反应器，将棉籽表面均匀浸满酸溶液，减少了酸溶液的用量，有利于环保，同时降低种皮损伤度；采用多级反应器，既保证棉籽表面绒毛全部渗透酸溶液，又保证酸籽合理的反应时间，减少棉籽破碎率，提高脱绒效果。

（2）机采棉高产栽培技术

1）通过对 9 个品种的多年性状观察、统计、分析，实施机械采收作业试验，筛选出适合机械采收的棉花品种新陆中 7 号（99 年前称为"95-42"），该品种丰产性能显著，生育期较其他参试品种早熟 4 ~ 10 天，果枝始节较高、株型紧凑、吐絮畅且比较集中，适宜机采的综合性状优于其他品种。

2）探索出机采棉高产栽培技术模式（66cm+10cm），在产量、棉花品质等方面与常规"矮、密、早"棉花种植技术相比无差异，机采棉高产栽培技术不仅是当前适合机械采收的高产栽培技术模式，也是兵团棉花高产栽培技术在棉花收获机械化方向发展的重大进步。近几年又探索了 72cm+4cm 宽窄行种植模式，此模式主要是为提高脱叶效果和采净率，目前，推广应用 30 余万亩。

（3）棉田种床精细整备机械化关键技术

针对黏土地、壤土地、沙土地和残膜污染土地的整地作业的需求，根据不同马力段拖拉机的配套需要，研制播种前种床整备联合整地机系列产品，一次完成松土、碎土、平整、镇压和回收残膜等作业，形成地表平整洁净、土壤细碎的良好种床，为宽膜铺设和精量播种创造良好条件。其中，半悬挂式通用机架可以方便地安装多种工作部件而构成多种类型的联合整地机，提高机具的通用化、标准化程度；平地碎土部件和表土加工部件可进一步提高土壤细碎成度和平整度；自位调整轴承能够解决普通球轴承不能自位调整、密封性差及使用寿命短的难题；新型的耙组结构大大提高了机具工作可靠性和维修保养方便性。应用液压控制技术，在耕深自动控制、耙组偏角调节、翼架翻转及锁紧等调整环节实现液压控制，减少机具调整过程中的工作量，提高调整方便性。

（4）棉花铺管铺膜精量播种关键装备技术

2003 年，针对棉花生产中大面积推广膜下滴灌及精量播种技术开展攻关，研制出精量铺膜播种机，获国家授权专利 7 项，3 年推广大型机 5449 台，2008 年获国家科技进步奖二等奖。针对机采棉条件下的棉花高密度栽培暴露出的明显弱点，农艺技术提出适当降低密度，缩小10cm的窄行行距。针对农艺技术新要求，自2009年项目组针对72cm+4cm宽窄行种植模式研发了超窄行铺管铺膜精量播种机。同时，成功研发了机械式精量播种机，可以实现均匀的每穴1粒、也可实现"1-2-1"粒（1～2粒可调）的定量精播，且下种稳定性高。解决了播种时与分隔盘间所产生的相对转动会损坏种子，特别是包衣种子，表面发涩、湿潮，非常容易黏在取种的排种机构的表面，使排种过程的阻力太大，造成种子卡壳、破碎的问题。目前，该产品已推广应用23000单组。

（5）机采棉化学脱叶技术及装备技术

针对新疆棉花种植密度高的特点，研发了棉花全耕作期专用喷雾机，该产品采用了顶喷与吊喷相结合的技术结构方案，解决了棉花喷施落叶催熟剂棉株上、中、下叶片均匀受药的问题。其中，独特的吊喷分禾器在工作过程中使作物叶片产生扰动和空间，促使喷雾作业产生强大的穿透力，棉株受药更好；辅助支承机构系统减少了拖拉机长时间提升对其悬挂系统的损害。为提高喷头的施药效果，研究设计了不同结构形式的气泡雾化施药喷头，并分别进行了雾化特性的试验研究与分析，探明了气泡施药喷头雾化特性的主要影响因素及变化规律，获得了合理的实现结构和参数组合。通过以上技术提高了喷施落叶催熟剂的效果，减少了施喷量，提高了机械采收的采净率，减轻了土地污染，最终提升了棉花的原棉品质。

（6）棉花机械采收装备技术

20世纪90年代起引进乌孜别克和美国采棉机进行试验，并在此基础上开展了采棉机国产化研究。通过对采棉头关键部件的高效制造技术进行研究和攻关，实现采棉头关键部件的高效加工技术，掌握采棉头制造关键技术，形成标准和自主知识产权。2008年9月，由石河子贵航农机装备公司生产60台平水牌4MZ—5型采棉机下线，标志着采棉机生产由国外垄断的局面被打破，国产采棉机作业性能和作业质量进一步得到提高，被广泛应用与生产。新疆科神农业装备科技开发股份有限公司经过多年的努力，研制出适用于中产棉田不对行的两种不同类型的梳齿式棉花联合收获机，实现了拥有自主知识产权的棉花机械采摘成套装备国产化生产。兵团目前采棉机保有量为1550台，其中国产采棉机447台，机械采收面积累计2370万亩，采棉机实际操作人员达3000余人，初步形成了国有民营、股份经营以及个体经营的采棉机作业经营模式。

（7）籽棉收后储运装备技术

为解决大量籽棉从田间转运到棉花加工厂的"瓶颈"问题，提高棉花采收和运输效率。项目组从降低能耗、提高系统工作可靠性、降低劳动强度、提高棉花采摘和运输效率出发，研究棉模储运技术，建立了适宜不同区域、气候特点的机采籽棉运贮技术方案，研制了机采棉运输拖车、压模、开模、堆垛等机械，解决了籽棉贮存易变质、运贮困难等难题，提高了籽棉转运效率，提升了存贮空间利用率，增强了灾害天气抵御能力。

（8）棉花增效机械化重大关键技术集成与示范

针对新疆南北疆不同棉区的自然条件、土壤类型、农艺要求等方面，研究形成相应的配套技术规范，提出适应农艺技术要求的棉田全程机械化作业工艺方案，编制了棉花生产机械化作业规程。通过集成大功率拖拉机配套的联合整地机、超窄行精量播种机、机械式膜上单粒精密播种机、新型喷雾机、采棉机及储运设备，构建了适应新疆特点的棉花全程机械化技术体系。通过总结完善各阶段研究成果，按照机采棉综合技术理论体系，组织编写了《兵团棉花生产全程机械化技术规程（暂行）及资料汇编》《采棉机田间作业技术规程》，将其印刷成册，指导各团场推广应用棉花生产全程机械化技术。

2010—2014 年，在兵团主要植棉师局推广全程机械化种植与管理面积累计达到 3395 万亩，兵团棉农人均管理定额突破 100 亩。近 5 年间，兵团皮棉平均单产达到 161kg，比全国平均单产高出 73.77kg，比澳大利亚高出 31.31kg，是美国的 2.66 倍。棉花生产全程机械化发展有效保障了新疆粮棉安全和棉纺工业的快速发展，确保了新疆农村经济不断增长和棉农持续增收，为维护新疆稳定与边疆和谐发展发挥了举足轻重的作用。

2. 小杂粮机械化技术和装备

（1）小杂粮机械化生产关键技术及装备

谷子是山西省"小杂粮王国"的重点产品和形象代表，常年播种面积在 300 ～ 400 万亩。为推广机械化作业，山西农业大学引进杂交谷新品种，通过机械化精量播种，实现了免、少间苗，并利用机械化的收割方式提高了谷子收割效率，并引进久保田联合收割机，并对其进行改装，实现了谷子机械化收割一次性作业。

（2）小籽粒精少量播种技术和装备

山西农业大学，针对种子籽粒体积小的特点，与中小型手扶和四轮拖拉机相配套，采用四连杆仿形机构，株距行距可调，适应性强。其排种盘采用窝眼式排种盘，每个窝眼只容纳3 粒谷种，在确保精少量播种的前提下，保证出苗率。同时设计有 8 孔、10 孔、12 孔等不同数量窝眼的排种盘，可以满足不同穴距的需要。机具的开沟器使用国际上先进适用的开沟器，并带有活动式覆土装置，覆土更灵活，效果更佳。

（3）小籽粒精少量播种机：山西农业大学、山西省水利机械厂等单位，研究开发了2BX—6 型、2BX—4 型、2BX—2 型 3 种小籽粒精少量播种机机，已通过产品定型鉴定，连续四年在陵川、沁县、平定等基地进行示范和推广，产品性能良好，深受广大使用者好评，列入山西省农机局重点推广的机具补贴目录。

3. 柠条收获技术和机械化

柠条是一种兼具经济、生态和社会效益的生态防护灌木，是山西及周边省份退耕还林种植的主要林木品种。2011 年山西省政府开始将柠条平茬作业补贴列入强农惠农的重要内容，而柠条收获（平茬）机是平茬作业的关键装备。根据这种情况，山西农业大学、山西省农机研究院和山西省农机局等单位，以柠条平茬和加工利用技术装备为主要内容，研制成功可一次完成柠条的平茬、输送、切断、装箱的联合作业机械，针对现有平茬收获机因喂入量不均衡造成拥堵的技术难题，采用了自动化程度较高的液压行走系统和基于 DSP 的满负荷喂入与行走速度匹配的智能化控制技术，作业效率和作业质量大幅提升，在关键技术上取得了重要突破,基本解决了目前柠条平茬无适用机型、费时费工的问题,得到了当地用户的好评,每个工作日可完成平茬收获面积100亩以上,可收获柠条20吨以上。

4. 干旱地区覆膜播种技术和装备

我国西部干旱地区主要包括山西、甘肃、宁夏、新疆等,均开展了覆膜技术。宁夏大学和自治区等单位开展了玉米膜侧双行靠覆膜播种和绿色能源滴灌技术研究与集成示范,开发出了玉米膜侧双行靠覆膜播种机、新型土壤浅埋椭圆滴灌管和绿色能源水肥灌溉设备(风光互补节灌设备)。研究开发的玉米膜侧双行靠覆膜播种机可一次性完成覆膜、铺滴灌带、双行靠种植玉米等作业,具有操作简便、群众易于接受等特点。新型土壤浅埋椭圆滴灌管和绿色能源水肥灌溉设备的应用实现了两行玉米使用一条滴灌带,以及风光互补绿色能源带动水肥一体化灌溉,使玉米全生育期平均用水仅为208方/亩,比平常灌溉节水47%,玉米亩产达到971.7kg,实现了玉米种植、节水灌溉的全程机械化,节水效果显著,大幅降低了灌溉成本,提升了农户玉米种植收益。

甘肃农业大学等单位,针对黄土高原旱农耕作土地,以春玉米为对象,研究了不同覆膜模式即全膜双垄沟播(SL)、条膜起垄覆盖(TL)、条膜平铺覆盖(TP)全膜平铺覆盖(QP)和不覆膜的大田(CK)的土壤情况和机械化播种技术。研究结果表明,地膜覆盖能够增加播种行的土壤含水量,改善作物的经济性状,提高水分利用效率,显著增加籽粒及地上部分的生物量。

5. 新疆特色经济作物技术和装备

我国是世界加工番茄第二大国,新疆地区种植面积超过140万亩,占全国的80%,加工番茄产业已成为当地的特色产业和主导产业之一,被誉为新疆"红色产业"的龙头。新疆石河子大学新疆特色经济作物生产机械化研究团队针对加工用番茄,研究了自走式番茄收获机,主要由切割捡拾装置、果秧分离装置、色选装置、液压系统和输送装置等工作部件组成,能一次性完成对加工番茄的收获,工作时由切割捡拾装置将生长在田间的番茄秧切割下来,果秧输送链将番茄果秧输送到果秧分离装置,通过分离装置的周期性振动,实现番茄果与秧的分离,分离后的番茄秧被抛秧输送链抛落到田间,番茄通过果实输送链、横向输送链、果实升运链输送到色选装置进行分选,合格的番茄经卸料输送链输送到运输拖车上,不合格番茄落到集果器中或田间。共获得7项国家专利,促进番茄种植的规范化、标准化,提高新疆番茄产业的国际竞争力,为引领新疆"红色产业"的持续发展,提高农业机械化水平,促进农民增收发挥积极助推作用。

新疆石河子大学新疆特色经济作物生产机械化研究团队,针对矮化密植红枣种植模式和采收技术要求,研究了基于树冠振动的自走式收获机,主要由机架、自走式底盘、激振装置、输送装置、集果装置、清选装置、集果箱和液压系统等组成,采用全液压四轮驱动,转向机构由液压系统控制,机架与自走式底盘连接,激振装置放置在集果装置上方,对称固装在机架两侧,集果装置与连接在机架上的输送装置相连。

五、与国外农业机械化发展现状的比较

经济发达的美国、日本、德国、法国、英国、意大利、澳大利亚等国早已实现了农业机械化水平，正朝着自动化、信息化和智能化方向发展。

1. 美国

世界上农业最发达、技术最先进的国家之一。地多人少和丰富的自然资源，加上美国政府对农业一直采取支持和保护政策。使农业成为其在世界上最具有竞争力的产业。当前美国的农业生产已进入全程机械化、自动化阶段，不仅大田作物生产及收获已全部机械化，一些难度大的特殊地形作业也实现了机械化。美国农业机械化的一个重要特点就是向大功率、高速度发展。近几年，美国在谷物联合收割机、喷雾机、播种机等农业装备上开始采用卫星全球定位系统监控作业等高新技术，呈现了向精准农业方向发展的趋势。

2. 德国、法国、荷兰、意大利等西欧国家

基本以旱作农业为主。其粮食作物以小麦和玉米为主，经济和园艺作物以苹果、梨、葡萄、蔬菜、花卉为主。这些国家的农田一般比较大，家庭农场的经营体制和农业专业化有利于机械化作业，其农业机械化已经达到了相当高的水平。目前这些国家小麦和玉米的整地、播种、收获、运输等生产环节已全面实现了机械化，不少农业机械还装备了 GPS系统进行精准农业作业。西欧国家发达的农机生产为其农机化发展提供了坚实的物质基础和强大的技术支撑，农机社会化服务体系是农业机械化应用、推广、服务的重要载体。政府重视农机科研、教育和技术推广宣传工作，注重农机具的配套生产、销售及维修服务工作，使农机具能够不断适应农业生产发展的要求。同时，推行农业社会保障制度，保护农业生产者、经营者的合法权益，为农业机械化、现代化创造良好的社会经济环境。

3. 日本

一个工业、农业都很发达的国家。该国人口密度大、耕地面积少，全国人均耕地只有 $0.44hm^2$ 人均占有耕地仅 0.274hm。但其田间作业从耕整地、插秧、植保、收获等全部实现了机械化，饲养业也已实现了集约化、机械化。特别是设施农业发达。花卉、蔬菜、养菇等广泛采用温室栽培，室内作业小型机械齐全。近年来。由于老龄化问题，日本农业从业人员急剧减少，因此，日本农业改变经营模式，进行集团化、规模化生产；同时努力加大农业方面的科技创新，力争开发出更加节省人力的农业机械，使农业由机械化转为自动化。

大部分发展中国家（如泰国、印度、菲律宾）及南美的一些国家，正在加快本国的农业机械化步伐，积极采用农业机械进行农业生产。发展中国家的农机化发展水平在不同的地区有很大差异．发展很不平衡。

总之，以美国为代表的西方国家，在 20 世纪 60 年代就已经基本实现了农业机械化，70 年代实现了全方位机械化，并逐步被自动化取代。主要表现在以下 5 个方面：①全方

位实现农业机械化并向自动化方向发展；②大马力拖拉机迅速发展，高宽幅作业机具普遍应用。最大拖拉机动力为650马力，最大作业幅宽的播种机为120行，植保机具100米，耕地犁最大为31铧，联合收割机最大工作幅宽为9米，大大提高了劳动效率。折腰转向式拖拉机可实现较小的转弯半径；③高新技术的快速应用，为提高农机化自动化水平创造了条件，无人驾驶拖拉机、可控农机具等；④农用飞机的普遍采用微农业遥感、防虫防治、自然灾害预防、农田作业精准化创造了条件；⑤基于GPS、GIS、RS技术的精准农业，使农业生产更加科学化、精细化。

纵观发达国家的农业机械化发展历程，为确保农业机械化的推行，许多国家在实现农业机械化的过程中都无一例外地制定保护和扶持政策，并且通过立法的形式对促进农机化发展的各项政策措施做出具体的规定。包括财政补贴、优惠贷款、减免税收等政策，在资金、税收、水电和农业基础设施建设等方面给农机化的发展创造有利条件，强大的政策支持和巨额的财政补贴是推进农业机械化的重要保障。

我国农业机械化在近几年得到了较为迅速的发展，农业机械化对农业生产的辅助效果越来越好，提高了我国农业的综合生产能力。我国农机化已经进入了一个快速发展机遇期，建立了从科研、开发、制造到销售、服务比较完整的农机工业体系。农机产品服务对象涵盖了包括农业、林业、畜牧业、副业和渔业在内的整个农业领域。我国地域辽阔，各地区自然条件与经济情况不同，这使得我国的农机产品虽然门类复杂、品种多，但仍不能适应全部的市场需求，还要依赖国外进口。因此，我国应在广泛借鉴农业发达国家的成功经验的基础上，结合本国的实际情况，大力提高农业机械化水平。

六、农业机械化工程学科存在的主要问题

目前，我国农业经济已经进入了一个新的阶段，农机化快速发展，是促进农村结构调整、提升作业质量、保障农产品品质的关键。党的十八届三中全会提出了推进家庭经营、集体经营、合作经营、企业经营的共同发展模式，鼓励承包经营权向专业大户、家庭农场、农民合作社、农业企业流转。家庭农场等新的经营主体逐步兴起，土地流转速度加快，土地经营规模扩大，要求全程化、配套化、高端化的农机装备应用和社会化服务。此外，农村劳动力的老龄化趋势加快，"谁来种地"，成了越来越重要的问题。国家投入农田基本建设的力度加大，适于农机化的通行和作业。农机农艺融合加快，大大促进了农机化的发展。

紧迫的现代大农业需求形势，迫使农业机械化快速发展，解决实际问题。但我国的农业机械化学科和国际同类学科相比，发展仍显滞后，表现在学科自主创新能力不足，科技人才短缺、队伍不稳定，人才的社会竞争力不强，科研与教育经费不足等。因此，农业机械化工程学科不仅要在领域上拓展，更要深入到深层次的机理，培养高水平、高质量的人才，做出高水平的成果。农业机械化工程学科的问题主要体现在以下几个方面。

1）农业机械化工程学科校内实验条件有所改善，校外稳定的实验和实习基地严重不足，基础性试验条件和设备仍待改善。

相对于其他学科而言，农业机械化工程学科的基础条件、基础设备等仍薄弱，一些基础性试验，如种子与土壤、土壤与犁体、作物与土壤、作物与机械等相互关系、各类机构运动原理、模拟分析软件等试验条件和设备尚缺乏，试验数据匮乏，使农机产品缺乏自主创新能力，市场竞争性不强。

2）高端人才有所增加，中青年人才后劲不足。学科教育体系的不同层次人才水平有待提高，自主创业和就业机会有待提高。

农业机械化工程学科的高端人才，如教育部长江学者特聘教授、国家杰出青年基金获得者、千人计划、新世纪百千万人才工程国家级人选、教育部新世纪人才等，严重不足，需要加大培养力度。

农机化培训机构有高校、中专、农机化学校等，农机化学校占到很大的比例，但师资力量非常薄弱，人才知识层次也低。并且高校本专业学生的就业去向，也多不在本领域。因此，应加强不同层次人才的培养和增加创业、就业的机会。

3）本专业的培养内容和知识体系有所改善，但国际化有待于进一步改善。

新的形势要求，要求拓展农业机械化工程学科的领域，如农用航空、信息化等，因此，在各层次专业知识培养体系中，要增加相应的内容。与国际接轨，促进国际化教育，需要进一步改善。

4）科研经费应总量逐年增加，但占农机总投入的比例不稳定。随着科研体制的改革，在"十三五"期间，有竞争能力的科研团队数量不足。

我国农业机械化水平不断发展，农机化的总投入也不断增加，2013年的农机总投入，比2010年增加了25.69%，但科研经费所占比例一直较低。2010年、2011年、2012年和2013年分别占0.061%、0.261%、0.092%和0.118%，不利于农机化新技术新装备的研发、试验示范和推广。

国家进行的科研体制改革后，增加了团队之间的相互竞争，在"十三五"期间，有竞争能力的科研团队不足，如何尽快培养和提升团队科研水平，是当务之急。

七、农业机械化工程学科发展展望与建议

（一）农业机械化工程学科发展的思考

生产实践迫切需要的形势，迫使农业机械化要拓展其外延和内涵，外延上，从传统的粮食作物，拓展到经济作物、油料作物、蔬菜、水果等；内涵上从机械化，拓展到自动化、信息化、遥感、农用航空等，加强实现环境友好、保护生态的现代农业。国际化发展，要求人才培养的国际化。因此，农业机械化工程学科也应相应发展，加强学科理论基础，培养创新型、国际化的专业、技术人才。

（二）农业机械化工程学科教育机制的发展思路

农业机械化工程学科是应用型和实践型相结合的学科，应在初级、中级和高级形成多层次人才培养。

硕士研究生及以上层次培养的人才，主要是面向农业机械化工程领域的高新技术、基础理论的研究，融合新的农业机械化技术，加强新技术的基础理论研究。政府部门加强对各高校农业机械化工程国家重点学科的支持力度，同时要加强薄弱区域的硕士、博士学位授予点以及博士后流动站的建设，促进当地的农机化发展。

本科生的培养注重通用人才与专业人才的结合，注重学生的创新能力、协作能力、创业能力的培养，即加强通用性与突出专业性相结合，培养机械类、机电液类的工程技术人才，并为农业机械化行业和高层次人才培养提供基础。

中级和初级专业人才依靠各省市的农机化学校、"订单培养""蓝领计划"等，为企业或地方提供专门人才，政府在资金方面给予支持，形成规范化和标准化。

（三）农业机械化工程学科科研方向发展的建议

紧迫的农业形势，促进了农业机械化工程学科的快速发展，农业机械化工程学科的科研应朝如下方向发展。

1. 资源节约型农业机械

2013年我国的农机动力为10.4亿千瓦，2005—2013年，拖拉机动力增加了72.79%，而耕种收机械化水平仅提高了23.58个百分点；如何更好地、充分的利用现有的拖拉机动力，提高单位动力的作业效率，节约资源，是未来要切实解决的问题。

此外，我国农机用油多是柴油，能量密度高，燃油消耗率低，但含更多的杂质，废气中含有害成分（NO、颗粒物等）较多。因此，应加强对尾气排放的技术研究。同时，柴油是不可再生资源，要加强农业机械的能源结构、新型能源和节能减排技术的研究，促使农业机械向生态环境的可持续发展方向发展。

2. 精准农业与无人驾驶机械

随着社会经济发展，农村劳动力紧缺，人工成本增加，在实现农业机械化的基础上，可能将会由越来越多的田间作业将会通过无人驾驶方式来完成。在无人驾驶拖拉机方面，实现单人多机作业、遥控装卸物料、遥控挂接机具等。在无人驾驶飞机方面，提高遥控飞机的操控方便性好稳定性、承载能力等，围绕这个方向，各方面的技术与装备都需要重新研究。

3. 秸秆还田与耕地质量提升技术与装备

农田秸秆利用方面有较多技术问题，耕地质量总体不高，化肥和农药的过度使用，造成土壤重金属严重，继而影响农产品的重金属超标。如何降低或减少化肥和农药？需要用有机质或有机肥改善和提高土壤肥力，作物秸秆是最有效的物料之一，农田是消耗秸秆最多最快的地方。在秸秆还田技术方面，应该从机械化方面研究秸秆还田的方式与路径，用农机装备解决秸秆处理的难题，如秸秆精细粉碎、秸秆选择性捡拾收获等，这是解决农业生产与生态保护矛盾的措施之一。李克强总理在《求是》杂志发表署名文章，强调了耕地质量提升，要求推广秸秆还田与保护性耕作，围绕"秸秆还田"技术，涉及播种、整地、植保、收获各个方面的技术和装备的改进与提升。

4. 适于农业机械作业的新型栽培模式和作物品种

在现有农村劳动力快速下降、成本急剧增加的情况下，农艺技术的快速发展，尤其是育种和栽培模式，必将促进农业机械化的快速发展。因此，很有必要研究适于农机化作业的新型栽培模式和适应机械化作业的品种。如适于机械化作业的密植篱架式苹果树的栽培模式，通过增加密度和果树高度，实现稳产和增产。适于玉米籽粒直收的快速脱水玉米品种。

5. 企业为主体的农机化科研团队

科学研究主体从以高校为主的科研团队，转为以企业为主的产业联盟，加快农机科研成果的市场性和快速转化，将"市场+企业+高校/科研院所+农机推广部门+生产基地"有机地结合起来，形成有针对市场需求的"产学研推广应用"一体的科研团队。

6. 多层次的农机化服务体系的发展模式

在我国现有土地政策和规模的条件下，政府鼓励专业大户、家庭农场、农民合作社和农业企业的发展，应建立规范的、多层次的农机化社会服务体系，发展具有中国特色的农机化道路。

—— 参考文献 ——

［1］农业部农业机械化管理司. 全国农业机械化统计年报（2011—2013）［R］.

［2］陈雄飞，罗锡文，王在满，等. 水稻穴播同步侧位深施肥技术试验研究［J］.《农业工程学报》，2014，30（16）：1-7.

［3］孙娜. 不同仿生耦合单元体对蠕墨铸铁摩擦磨损性能的影响［D］. 吉林大学，2010.

［4］付作立. 双圆盘式刈割压扁机切割系统研究［D］. 中国农业大学，2014.

［5］罗菊川，区颖刚，刘庆庭，等. 整秆式甘蔗联合收获机断蔗尾机构［J］. 农业机械学报 .2013（4）：89-94.

［6］肖宏儒，秦广明，宋志禹. 茶叶生产机械化发展战略研究［J］. 中国茶叶 .2011（07）：8-11.

［7］李晶. 多元耦合仿生疏水金属表面制备原理与方法研究［D］. 吉林大学，2012.

［8］曹文龙. 苹果园生产机械化工艺研究与机械选型［D］. 河北农业大学，2014.

［9］丛锦玲. 油菜小麦兼用型气力式精量排种系统及其机理研究［D］. 华中农业大学，2014.

［10］李耀明，马征，徐立章. 油菜混合物与仿生筛面基体间的粘附特性［J］. 农业机械学报，2012，43（2）：75-78.

［11］李耀明，孙韬，徐立章. 油菜多滚筒脱粒分离装置的性能试验与分析［J］. 农业工程学报，2013，29（8）：36-43.

[12] 吴鸿欣. 玉米秸秆收获关键技术与装备研究及数字化仿真分析 [D]. 中国农业机械化科学研究院，2013.

[13] 郭慧. 行间耕播机弹性镇压装置研究与试验 [D]. 吉林大学，2014.

[14] 万其号，王德成，王光辉，等. 自走式牧草青贮联合装袋机设计与试验 [J]. 农业机械学报，2014，30（19）：30-37.

[15] 张翼夫，李洪文，何进，等. 玉米秸秆覆盖对坡面产流产沙过程的影响 [J]. 农业工程学报. 2015，131（7）：118-124.

[16] 徐丽明，邢洁洁，李世军，等. 国外葡萄生产机械化发展和对我国现状的思考 [J]. 河北林业科技，2014（5）：124-127.

[17] 胡志超，王海鸥，彭宝良，等. 4HLB-2型花生联合收获机起秧装置性能分析与试验 [J]. 农业工程学报，2012，28（6）：26-30.

[18] 王东伟，尚书旗，韩坤. 4HJL-2型花生捡拾摘果联合收获机的设计与试验 [J]. 农业工程学报，2013，29（11）：27-36.

撰稿人：徐丽明　陈学庚　李洪文　陈　建　丁为民　郭玉明

尚书旗　杨印生　廖庆喜　杨　洲　蒋焕煜　何　进

农业水土工程学科发展研究

一、引言

日益严峻的水土资源短缺、干旱洪涝等极端气候带来的粮食减产，正在影响全球的农业生产。确保粮食安全，已成为人类面临的重大挑战。水与粮食安全已成为世界各国共同关注的重大议题。我国人多地少、人多水少，人均耕地只相当于世界平均水平的1/3，水资源只有世界平均水平的1/4，而且有限的资源还在减少。我国水资源分布极不均衡，长江以南地区水资源约占全国的70%，耕地面积仅占全国的31%，而长江以北地区水资源仅占30%，耕地却占69%。目前能调出粮食的省区主要在北方，北粮南运，为此我们付出了很大代价。现在我们面临两难境地，一方面，要保十几亿人口的饭碗，保证粮食和其他农产品不出问题；另一方面，工业化、城镇化还要占用耕地，非农业用水也越来越多。在这样一个资源条件下，要养活十几亿人口，农业的发展必须依靠科技。我国的农业生产成本高、浪费严重、效益低。我国一方面严重缺水，一方面很多地方还是大水漫灌，农业灌溉用水有效利用率也不到40%，发达国家已达到70% ~ 80%。

作为保障我国水资源安全和粮食安全的基础性工程，农业水土工程在我国农业生产和经济社会发展中具有举足轻重的作用。我国现有耕地面积18.26亿亩，其中有效灌溉面积达9.05亿亩，在占耕地面积49.6%的有效灌溉面积上，生产了占全国75%的粮食和90%以上的经济作物，特别是自2004年以来，我国粮食生产实现创纪录的"十一连增"，确保了国家粮食安全和重要农产品的有效供给。我国以占世界6%的淡水资源、9%的耕地，保障了约占全球1/5人口的吃饭问题，为世界粮食安全做出了突出贡献。但是未来保障粮食安全的基础并不牢固，耕地总量逐年减少、排涝防渍不配套、耕地质量退化、水资源短缺等资源约束日益突出，灌区节水改造不彻底，气候变化和自然灾害对农业生产的不利影响明显加剧。我国现有耕地面积已逼近18亿亩的红线，还包括了10.4亿亩中低产田，占耕地总面积的66%，西北、东北及滨海地区有5亿亩盐碱荒地和盐碱障碍耕地，绝大多数都是由于农田排渍、排涝不畅等农田水利建设滞后造成的，迫切需要治理以确保粮食安全。我国农业水资源严重不足，平水年农业缺水约300亿 m^3，季节性干旱发生较为频繁，近年我国北方发生的大面积春旱、海河和辽河流域大面积冬小麦枯死以及西南地区的特大干旱，均凸显了农田水利建设在抗旱应急中的关键作用。另一方面，农业作为我国用水大户，灌水量已达3600亿 m^3/年，占全国总供水量的65%左右，但我国目前主要作物种植区的灌溉用水效率仅为0.50左右。可见，对农业水利所涉及的科学问题和工程难题进行研发和集成有助于提高包括水、耕地、能源等资源的利用效率。

党的十八大报告将生态文明建设融入经济建设、政治建设、文化建设、社会建设各方面和全过程，提出"将大幅降低能源、水、土地消耗强度，提高利用效率和效益，加强水源地保护和用水总量管理，推进水循环利用，建设节水型社会，完善最严格的水资源管理制度，加快水利建设，增强城乡防洪抗旱排涝能力"。2011年中央一号文件《关于加快水利改革发展的决定》明确提出，"农田水利建设滞后仍然是影响农业稳定发展和国家粮食安全的最大硬伤；要突出加强农田水利等薄弱环节建设，加快灌区节水改造及部分新建灌区的建设、提高防汛抗旱应急能力。"按照中央一号文件的部署，"十二五"期间，我国将重点实施灌区续建配套与节水改造、灌排泵站及排水系统改造、灌区末级渠系改造及高标准节水农田建设、新建农田灌溉面积等四大工程。我国年用水总量将力争控制在6700亿 m^3 以内，新增农田有效灌溉面积4000万亩，农田灌溉水有效利用系数提高到0.55以上。2013年12月10—13日的中央经济工作会议指出要"切实保障国家粮食安全""注重永续发展，转变农业发展方式，发展节水农业、循环农业"。2014年3月，习近平总书记指出，要坚持"节水优先、空间均衡、系统治理、两手发力"的思路，实现治水思路的转变。2014年5月21日，李克强总理主持国务院常务会议，研究部署加快推进节水供水重大水利工程建设，决定在2014年、2015年和"十三五"期间分步建设纳入规划的172项重大水利工程，工程建成后，将实现新增年供水能力800亿 m^3 和农业节水能力260亿 m^3，灌溉面积7800多万亩。

从行业需求来看，随着"东北节水增粮、华北节水压采、西北节水增效、南方节水减排"等区域规模化高效节水灌溉工作的全面推进，未来一段时间将是我国农田水利建设的高峰期，到2020年，将要完成268个大型灌区、666个重点中型灌区和一大批中小型灌区节水改造，要建成高标准节水灌溉面积7亿多亩，"十二五"期间新增农田有效灌溉面积4000万亩；此外，根据《国家农业综合开发高标准农田建设规划》，到2020年，我国需要改造中低产田、建设高标准农田4亿亩，亩均粮食综合生产能力提高100千克以上。需要完成大批的中低产田治理改造工作，包括滨海盐渍土、盐碱荒地和盐碱障碍耕地的排水改良、西北盐碱土综合改良、引黄灌区渍害低产田的改良及以提高耕地面积和质量的土地整理等，涉及田、土、水、路、林、电、技、管8个方面内容。

农业水土工程学科正是针对这些问题，系统研究农业生产中水、土、作物间的相互关系，农业环境中水、土、溶质运移规律及其控制管理技术与工程措施，发展节水农业和水资源持续利用技术，促进区域水土资源平衡和生态环境的良性循环及可持续发展。它是一门以水文学、土壤学、农作学、水力学、工程力学、水资源学、水环境等学科为基础，研究地表水、地下水、土壤水的转化运移过程和溶质迁移转化规律，通过灌溉排水等工程技术措施改善农田水分状况和调节区域水情分布，促进生态环境良性循环，保障农业稳产、高产、高效与农业生产可持续发展和农村水环境与保护的综合性学科。与传统的农田水利工程学科相比较，其覆盖面已大大拓宽，包括灌溉排水、农田水土保持、土壤改良、农业水土资源与环境、农业水土工程建筑、设施中的农业水土工程等；该学科把水、土、植物紧密结合，将生物和工程措施相统一，成为农业工程学科的一个重要分支，在我国国民经济可持续发展中具有十分重要的地位和作用。

作为我国国民经济和社会发展中的公益性、基础性和战略性行业，农业水土工程学科具有以下规律和特点：它是一门公益性学科，受益的主体是决定国家可持续发展的公益事业，又是一门应用学科，国家需求决定其发展过程和发展方向，更是一门地域性很强的学科，地域特点决定其研究重点和研究水平，也是实践和理论相结合的学科，理论研究是其发展创新的重要手段，该学科本身就是综合性强的交叉学科，学科融合是其发展必然要求和持续推动力，在研究过程中微宏观研究相结合，区域大尺度理论研究是当前急需发展的方向。在新的时代背景下，本学科将面向保障国家粮食安全、农村饮水安全和水环境安全的国家需求和国际学科前沿，构建变化环境下具有中国特色的现代灌溉排水、水土资源可持续利用、水土环境保护与修复、村镇供水安全与人居水环境建设的理论与技术体系，大幅度提高农业用水效率和效益，合理配置水土资源，有效保护和修复农业水土环境，减少水土流失和水土环境污染，维持稳定的土地生产力，推动我国农业的可持续发展，为保障国家水安全、粮食安全和生态安全提供理论基础与技术支撑。

二、农业水土工程学科的新进展

农业水土工程学科的应用性很强，国家需求决定其发展过程和发展方向，其地域性也很强，地域特点决定其研究重点和研究水平。该学科的研究范畴是实践和理论相结合的领域，理论研究是其发展创新的重要手段，学科融合是其发展必然要求和持续推动力；同时，应强调微宏观研究结合，区域大尺度理论研究是当前急需发展的方向。2011—2014年，农业水土工程学科在原有基础上稳步发展并取得了一些新的进展。作物生命需水信息与过程控制理论与技术有所突破，农田水分溶质运移转化的定量表征研究得到进一步拓展，灌溉排水的生态环境效应研究得到关注，农业旱涝渍灾害的致灾机理与预警研究进一步加强，农业水资源系统对变化环境响应的辨识研究继续深入，精准灌溉的基础理论与设备研发尚需加强。

（一）农业水土工程学科的新进展

1. 农业水文尺度理论与不确定性

农业水文尺度是指农业水文过程、水文观测或水文模型的特征时间或特征长度，一般包括时间尺度和空间尺度。农业水文尺度问题或尺度效应来源于下垫面、气候要素和人类活动变化等引起的水文要素、水文变量和参数的时空变异性以及不同尺度层面上系统响应的非线性等。尺度转换就是要对具有时空变化的尺度要素进行数学物理上的处理，以及在气候、水文和水文模型之间建立转换关系。尺度转换包括尺度提升和尺度下降。农业用水效率的实际尺度效应是空间变异性与纯尺度效应叠加的结果，前者与地域相关因素（降雨、灌溉、气象、土壤等）有关，后者与不同尺度间的水分循环重复利用有关。作为空间变异性和水循环利用综合作用的结果，实际农业用水效率具有空间局限性，在有水力联系的尺度范围内或者空间变异性并不显著的范围内，实际尺度效应比较明显。

不确定性的定量表征主要表现在气候变化影响评估、下垫面变化估计、水文分析计算方法的不确定性三个方面。农业水文生态系统具有其自身的固有特性，其水文过程与人类活动（如作物种植、施肥、灌溉等）的影响密切相关。目前正在农业水文及其伴生过程和农业水资源高效利用的尺度效应与尺度转换、农业水文不确定性表征与风险分析方面开展系统深入的研究。

2. 作物生命需水信息与过程控制

农业节水是一个复杂的系统工程，除渠道输水系统改造和田间灌水技术改进以外，实施作物生命需水过程控制与高效用水生理调控，是提高水的利用率和生产效率、缓解我国水危机和保障粮食安全的重大技术需求。作物生命需水过程控制与高效用水生理调控，通过控制灌水改变土壤湿润方式或者施加外源激素，使作物感知缺水信号而最优调节气孔开度，控制作物耗水过程，达到不牺牲光合产物积累而降低奢侈蒸腾的目的，在不降低产量条件下可大幅度提高作物水分利用效率。它的投入相对较少，并能实现真实节水，在我国干旱地区具有广阔的应用前景和重要的意义。

从当前世界发达国家农业水资源高效利用的发展趋势来看，传统的仅仅追求单产最高的丰水高产型农业正在向节水高效优质型农业转变，作物灌溉用水也由传统的"丰水高产型灌溉"向"节水优产高效型非充分灌溉"转变。区域农业水资源的配置与管理由供水管理转向需水管理，通过优化设计作物耗水时空格局，追求维持一定区域总产量或效益的前提下使其耗水最小。传统灌溉方式下的作物需水量与灌溉制度等试验资料已远远不能满足现代节水农业条件下灌溉用水管理的需求，作物需水的研究已由小区和农田尺度转向区域尺度，重点探索作物需水时空变异与尺度转换问题；作物需水量的估算也由过去充分供水时的最大作物需水量转向胁迫条件下的最优耗水量估算；对主要作物生命需水指标的研究已转向依据作物耗水时空格局优化设计的作物经济耗水指标研究；基于作物水分—产量关系的非充分灌溉理论与实践已开始向基于作物水分—品质—产量—效益综合关系的节水调质灌溉理论与实践转变；农业、水利的现代化管理和水资源的优化配置对不同尺度作物需水信息精度提出了新要求，随着信息技术的发展，传统的农业技术推广模式也发生了新变化。目前，不同类型地区的作物生命需水信息获取方法、作物需水时空信息可视化表达技术、区域与国家的作物需水时空信息数据库、新型智能式非充分灌溉预报器以及非充分灌溉决策支持系统与相应软件等的研发已成为该领域的热点，而且更加重视技术模式的标准化和生理节水的可控性，实施田间小定额非充分灌溉的技术与新型施灌控制设备、环保型作物抑蒸减耗生理调控技术与新产品的研究更加活跃。

3. 灌溉排水的生态环境效应与修复

灌溉排水会影响农田及灌区水循环，进而影响盐分、营养物质及污染物循环过程和生态过程。灌溉排水的生态环境效应的主要研究领域包括灌区节水对农田水循环、渠道渗漏、地下水及灌区水循环的影响等方面，需要进一步研究灌区复杂渠系渗漏规律及灌溉效率评价方法、遥感蒸发模型与灌区水文模型相结合的灌区水循环规律模拟分析。农田除涝减灾已由涝渍分治发展到涝渍兼治、由单一的农田排水发展到排灌减污和保护生态环境相结合，需要进一步研究变化环境下的农田涝灾演变规律、切合实际的涝灾综合控制标准、农田不同类型涝区的除涝组合技术体系以及灌溉排水与除涝抗旱相结合的农田排水管理模式。在生态灌区建设方面，需要形成生态灌区构建的理论方法与技术标准体系，建立节水防污型灌区。

受气候变化及农业灌排活动的影响，灌溉排水对生态环境的影响明显。主要体现在长期不合理的灌排过程导致农业面源污染严重，旱区土壤盐渍化问题尚未根本解决；农业节水灌溉导致灌区水循环产生改变，地下水位下降，地表生态退化等方面。因此，迫切需要深入研究变化环境下灌溉排水的生态环境效应及修复。灌溉排水的生态环境效应及修复是涉及水文过程、农业生产过程及生态环境演变过程的多学科交叉的科学问题。近年国际相关研究的研究尺度已从田间上升为区域，研究层次从单一的灌溉排水对生态影响深入为其内在机理机制的研究，研究的方法及手段已从传统的田间试观测拓展为采用遥感等多源数据及气象学、生态学等理论结合。长期以来，相关研究集中于自然条件下生态水文过程及模拟，对灌排条件下的灌区生态水文效应研究不足，对不同类型灌区灌溉排水与地表生态环境的作用机制及调控的临界点缺乏清楚的认识。近年来，大规模节水灌溉使得灌区水文发生变化，导致灌区地表生态环境呈现退化趋势，特别是干旱半干旱地区尤为严重。如何调控灌溉排水过程，修复灌区地表生态环境成为近年来研究的热点。目前，我国对灌排条件下水体环境主要集中点尺度污染物迁移转化及区域尺度污染物负荷的估算，缺乏对区域尺度基于水文过程的面源污染形成过程的定量化表征，特别是对于磷等多形态污染物的转化过程研究有待加强。我国未来应针对灌溉排水生态环境多重效应及其修复基础理论、方法及技术两方面集中进行研究。应在明确土壤生境演变、水体污染过程、地表生态退化机制的基础上，阐明土壤生境多因素协同调控机理，建立多尺度污染物迁移转化过程调控理论，研究考虑其物理、化学、生物过程的灌区生态环境综合调控及修复理论与技术，开发土壤次生盐渍化及重金属污染的物理—化学—生物修复机制与技术，发展灌区地表生态健康评价理论与方法，建立灌区地表生态与农业灌排的平衡机制及灌区节水阈值，建立基于灌溉—排水—湿地协同运行的灌区节水减污模式。

4. 变化环境下农业旱涝渍灾害的致灾机理与预警

农业水旱灾害预警是在灾害发生之前，根据以往总结的规律或观测得到预报成果，向相关部门发出紧急信号，以减轻或避免水旱灾害对农业生产所造成的损失。农业水旱灾害是气象条件、水文环境、土壤基质、水利设施、作物品种及生长状况、农作物布局以及耕作方式等因素的综合作用结果。在基于降水量的预报预警方法研究方面，某一时段内降水与其多年平均降水值相对多少可以大致地反映出水旱灾害发生的程度和趋势，因此常被应用于对农业水旱灾害的宏观预报预警。降水量的预报建模方法主要是借鉴气象水旱灾害预报的建模方法，具有直观简便等优点，但是尚不能直接反映出农作物遭受灾害的程度。

在基于土壤含水量（墒情）的预报预警方法研究方面，主要是利用农田水量平衡关系，建立土壤—大气—植物系统的土壤水分预报模型，目前，通常是以墒情的实测数据，根据经验模型，或结合降水预报并根据水量平衡方程外推，进行农业水旱灾害预报预警。该类模型的优点是能实时监测土壤的含水量变化，从而较好地反映作物水分状况的动态变化，但是要进行大范围预报，必须要大量地布点取样，工作量和投资都很巨大。在基于综合性指标的预报方法研究方面，已有的综合指标方法中，目前较准确的方法是利用以作物蒸散能力和土壤干湿程度相结合的综合指标进行水旱灾害的预报预警，但在致灾机理研究方面稍显薄弱。

5. 农业水资源系统对变化环境响应的辨识

近年来，随着大气环流模型（GCM）对气候及其变率模拟方法的改进，气候变化的水文水资源响应研究正在从统计模型向水文气候模型模拟以及物理模型与统计模型结合的研究方法发展。由于水文过程变化和影响机制的复杂性，土地利用/覆被变化引起的水文水资源效应具有双向性和诸多不确定性，使得该研究比较复杂。随着计算机技术的不断发展，可以通过数学模型模拟的手段来克服对比分析法的局限性。水文模型的发展经历了由经验模型到集总式模型的发展过程，随着地理信息系统（GIS）和遥感技术（RS）的广泛应用，又向具有物理基础的分布式水文模型发展。研究内容由只关注土地利用/覆被变化造成的结果转向揭示土地利用/覆被变化对水文水资源影响的过程与机理，是研究变化环境下水文响应的一种有效方法。目前，应用较多的分布式水文模型有SHE模型、SWAT模型、VIC陆面水文模型等。SWAT模型开发的最初目的是为了长时间连续地模拟和预测复杂流域在不同土壤类型、不同土地利用和管理条件下管理措施对流域内水分和农业化学物质流失量的影响，目前已被国内外的学者成功地应用于灌区尺度水分和养分循环等方面的研究。

变化环境下农业水资源系统的响应涉及气候—陆地生态系统—社会经济系统及其相互作用，研究方法需要耦合大气环流模式（GCM）或海气耦合气候模式（AOGCM）、水文模型与作物灌溉需水模型。作物灌溉需水模型，国际上广泛应用CROPWAT模型计算区域作物灌溉需水。模型需要输入与月降雨和参考作物蒸发蒸腾量ETO有关的气候数据和包括作物系数 Kc、土壤水分等其他信息。

6.精准灌溉理论与技术

随着作物生长模型、土壤水溶质运动模型、分布式水文模型、遥感技术、先进预测方法、智能优化算法及 GIS 技术的发展，嵌入式微处理器、无线传输技术发展、普及，功能提升和成本大幅降低，我国农业是科技工作者研究了灌区水情信息分布式采集预报与远程无线传输方法，遥感技术的灌区 ET 分布式估算方法，考虑生态和环境的水资源优化配置理论，灌区大系统优化配水智能优化算法，考虑灌区不同用水主体利益的用水分布式群决策理论，灌溉渠系非恒定流与渠系闸门群水量流量调控理论，并呈现出与地理信息系统、商业软件、测控硬件融合的趋势。灌区用水管理研究向灌区水情信息分布式采集预报与远程无线传输、用水优化智能调配决策模型化、配水过程自动控制与反馈于一体的综合化和集成化方向发展，逐步形成了智慧灌区用水管理理论体系，并向其多种技术融合方向发展，但其理论研究还很不深入，系统集成度不高，与国外尚有一定差距。

国外学者通过对叶片扩展速率、细胞液浓度、叶水势、气孔开度和气孔导度、叶角度、叶气温差、茎杆直径变化、土壤水分和土水势等各种直接和间接方法的研究，实现了基于叶气温差、作物茎杆直径变化缺水诊断、热脉冲和热传导过程的作物蒸腾量实时监测、基于土壤介电特性、土壤导热变化的土壤水分实时监测，开发了基于光谱信息的土壤质地、养分、有机质含量、作物病虫害监测方法及仪器、低成本的分布式信息远程无线传输方法和技术；同时正在探索研究作基于微波遥感、微波与可见光相结合、多波段多时相的作物种植分布遥感监测、多波段信息和遥感图像田块边缘特征相结合的作物种植监测方法、基于遥感的作物长势、田块土壤养分监测方法及区域尺度遥感图像高效解译算法，为农田土壤作物水肥及生长状况的获取提供了新的思路。同时基于生理学和生态学的机理性作物生长模拟模型、作物三维冠层光分布和冠层结构及株型分布模型、作物形态结构建模型与可视化技术、作物病虫害发生机理性预报模型、作物管理知识模型都为农田水肥的优化管理提供了理论基础。以土壤墒情预报、作物水分动态监测信息与作物生长信息的结合为基础，融合物联网技术、人工智能和专家系统、数据通讯技术和网络技术建立具有监测、传输、诊断、决策功能的作物精量控制灌溉专家系统，田间灌溉自动控制设备、智能化灌溉预报与决策支持也越来越受到人们够关注，在这一方面我国学者也结合国情进行了研究，取得了一些专利技术和成果，并开发了多种软硬件产品，但总体上与国外还存在较大差距。精准灌溉理论的深入研究将为农业生产与灌溉管理从经验型向数字化、智能化，发展农业生产过程控制论提供理论基础，对我国未来劳动力成本高企、农民兼业化、农村空心化条件下发展高效益环保型农业和特色农业具有十分重要的支撑作用。

（二）我国农业水土工程学科在国际上有影响力的研究成果

1. 土壤—植物—大气连续体（SPAC）水分传输与利用过程定量表征研究得到国际关注

揭示了作物适度缺水时根传导与吸水的补偿效应，修正了国际上常用的 Honert 关于

SPAC 水流通量与水势差呈线性关系的假设。考虑根系在全生育期时间和空间上的动态变化和地表非均匀湿润的影响，发展了根系吸水项；建立了适应性更广和实用性更强的 SPAC 水分传输动力学模型，解决了地表非均匀湿润和非均匀覆盖等复杂条件下 SPAC 水分定量模拟的技术难题，经在陕、甘、宁、晋、冀、京、豫等地应用表明，平均相对误差小于 15%，其性能优于国外的 Novak 等模型，精度提高了 6%。小麦相对根长密度分布以及根系水分与养分吸收的成果被美国农业部（USDA）编撰的 *Enhancing Understanding and Quantification of Soil-Root Growth Interactions* 的章节收录出版。相关结果还被美国著名土壤学教科书 *The Nature and Properties of Soils*（第 14 版，第 373 页图 9-13）引用。在旱区作物耗水估算新方法及作物高效用水的经济耗水阈值方面，在考虑地下水影响的条件下，修正了国际通用的土壤水修正系数线性公式，改进了 FAO 灌排丛书 56 分册推荐的作物系数法，发现 Kθ 与土壤相对含水率呈幂函数关系，当黄土区土壤相对有效含水率低于 0.5 时，作物耗水才会显著降低；依此研制了可供生产应用的主要作物需水量等值线图，为变化环境下准确估算和实时预报作物耗水提供了有效途径。在考虑冠层消光系数动态变化的基础上，建立了土壤蒸发与作物蒸腾分摊系数的计算公式，更加符合实际；在综合考虑非均匀灌溉与稀疏冠层的影响下，通过引入湿润面积比和遮阴度等参数，建立了果园的三维耗水估算模型（PRI-ET 模型），经在我国旱区应用表明其相对误差为 4.86% ~ 1.36%，明显低于国际上常用的 Shuttleworth–Wallace 模型 25.12% ~ 19.11% 的相对误差。

2. 大田作物高效用水理论研究的总体水平进入国际前列

我国学者率先开展了水稻水分生产函数与非充分灌溉制度的研究，揭示了水稻在水分胁迫条件下蒸发蒸腾量"滞后"及水稻在生育的早、中期受旱再恢复灌溉后，耗水与植株生长"反弹"的机理，并提出了充分利用此效应的节水、丰产原理与方法。系统研究了水稻缺水敏感指数的时空变异规律。"水稻浅、湿、薄、晒节水灌溉技术推广""水稻水分生产函数及水稻非充分灌溉原理研究""水稻控制灌溉技术"等成果在广西、江苏、安徽、湖北、河北、宁夏等地得到了成功的应用，其推广的规模和取得的效益在国际上都少见，先后获国家科技进步奖一等奖和国家科技进步奖二等奖。

华北、西北等地科研单位通过田间试验观测和优化分析，研究提出以节水增产为目标的冬小麦优化灌溉制度，按照作物生长期灌水的最佳效应，以提高单位水的生产效率为目标，从灌水次数和灌水量上进行调控，尽可能减少非关键性的灌水次数与灌水量，达到既省水又增产的目的。这种优化后的冬小麦灌溉制度，比常规每公顷节水 1200 ~ 1500m³，是缓解北方冬小麦产区水资源短缺的重要途径之一。

在充分利用生理调节功能提高作物水分利用效率的新途径方面，系统提出了综合利用作物生理补偿、冗余控制、根冠通讯、控水调质和有限水最优分配的节水高效调控新理念，促进了按土壤水平衡给田间供水的传统灌溉向充分挖掘作物生理调节功能的节水高效调控灌溉的转变，为作物高效用水提供了新思路，带动了国际上的相关研究，有关成果还被收入国际灌排委员会组织编写的介绍全世界最先进灌溉农业节水技术的 *Innovative*

Approaches to Water Saving in Irrigated Agriculture 书中，并被国家发改委等 5 部委联合颁发的《中国节水技术政策大纲》列为重点推广的农业节水技术。

3. 再生水高效安全利用原理与技术研究领域形成了明显特色

在再生水安全高效利用方面，创建了定性筛选和定量分析相结合的再生水中潜在风险污染物快速识别技术以及再生水综合毒性评价方法。揭示了再生水灌溉对粮食类、蔬菜类、工业原料类、饲料类、绿化植物类等不同类型植物根冠发育和产量品质的影响规律，提出了再生水灌溉作物风险分类方法。研发了土壤溶质运移大型土柱串联模拟装置和能够表征长期再生灌溉对环境影响的野外原位渗滤试验系统，明晰了长期再生水灌溉区土壤及地下水系统重金属、盐分、氮磷、典型持久性有机污染的空间结构、行为特征与污染成因，开发出再生水灌溉溶质迁移数值模拟模型和软件，提出了基于数值模拟法和迭代指数法的农业再生水利用风险区划技术。揭示了再生水滴灌灌水器生物膜生长与灌水器结构参数、水力学条件的动态响应关系，建立了再生水滴灌过滤系统优化组装配套模式，提出了基于再生水灌溉滴灌灌水器堵塞控制新方法。开发了再生水灌区河道闸群的防洪优化调度模型与系统。

4. 水稻节水减污理论与技术研究方面有所突破

由于水稻在我国粮食安全中的重要性，并且耗水、耗肥巨大，因此，水稻节水灌溉一直是我国农业水利研究及应用中的重要课题。我国水稻节水灌溉理论、技术及应用研究单位和人员较多，取得了较为丰富的研究成果，研究水平也一直处于世界的前列，具有广泛的国际影响力，在国际上具有重要地位。如在水稻水分生产函数与非充分灌溉原理及非充分灌溉制度、水稻节水灌溉技术及其推广模式、水稻种植区水资源优化管理技术等成果及其应用的规模和取得的效益在国际上都很少见。

近 10 年来，我国围绕水稻节水减污理论与技术，开展了水稻水肥耦合机理及其综合高效利用模式、不同节水灌溉模式及水肥综合调控模式下稻田氮磷流失规律研究，排水沟及塘堰湿地系统对氮磷等面源污染净化效果研究也得到重视，节水防污型生态灌区的理念也被提出，拓展了水稻节水灌溉研究与实践的领域，逐步形成了水稻节水灌溉新的优势研究方向，即水稻节水减污灌排理论与技术。

三、农业水土工程学科的主要成就

（一）专著出版

据不完全统计，2011—2014 年，农业水土工程学科的科技工作者共出版 40 余部学术专著（表 1）。专著内容涉及农业水土工程学科的各个方面。其中，由康绍忠、杨金忠、裴源生等著的《海河流域农田水循环过程与农业高效用水机制》由国家科学技术学术著作出版基金资助出版。由吴普特、朱德兰、吕宏兴、张林等著的《灌溉水力学引论》，从分析农田灌溉过程入手，提出了灌溉水力学的概念，以灌溉水流运动规律、灌溉系统水力计算及灌溉均匀度评价为主线，论述了灌溉渠道和管网的水力计算，地面灌溉、微压多孔软管灌溉、喷灌和滴灌等不同灌溉方式下的水流运动特征，对灌水均匀度评价指标进行了总结，分析了灌溉水力学亟待研究的问题。

表1 2011—2014年农业水土工程学科出版的部分专著

序号	著作名称	著者	出版社	年份
1	低压管道输水灌溉技术	王留运，杨路华，刘群昌	黄河水利出版社	2011
2	水土保持补偿机制研究	杜丽娟	中国水利水电出版社	2011
3	盐渍化土壤水热盐迁移与节水灌溉理论研究	史海滨，李瑞平，杨树青	中国水利水电出版社	2011
4	农村水环境治理	冯骞，陈菁	河海大学出版社	2011
5	设施农业节水灌溉实用技术	廖林仙，黄鑫，杨士红	黄河水利出版社	2011
6	大型泵站更新改造关键技术研究	李琪，许建中，于永海	中国水利水电出版社	2011
7	农业旱情评估模型及其应用	王斌，王贵作，黄金柏，张展羽，付强	中国水利水电出版社	2011
8	三江平原农业水文系统复杂性测度方法与应用	刘东，周方录，王维国，戴春胜	中国水利水电出版社	2011
9	蒲河流域雨洪资源利用及河道水生态修复应用研究	何俊仕，张光涛，王文殊，詹中凯，孙仕军，董克宝	中国水利水电出版社	2011
10	沈阳市节水农业基础理论研究	迟道才，辛光，詹中凯	辽宁科学技术出版社	2011
11	区域旱涝特征分析及灾害预测技术研究	王殿武，迟道才，梁凤国，江行久	中国水利水电出版社	2011
12	污水灌溉土壤重金属污染机理与修复技术	周振民	中国水利水电出版社	2011
13	灌溉水力学引论	吴普特，朱德兰，吕宏兴，张林	科学出版社	2012
14	灌区节水改造的环境效应及评价方法研究	冯绍元，刘钰，邵东国，倪广恒，等	科学出版社	2012
15	中国烤烟灌溉学	刘国顺，陈江华，王刚，龙怀玉，史宏志，吕谋超，张晓海，邵孝侯，周义和	科学出版社	2012
16	河道生态建设——河流健康诊断技术	夏继红	中国水利水电出版社	2012
17	稻田水氮联合调控	杨士红	河海大学出版社	2012
18	灌区尺度潜水蒸发有效性调控	罗玉峰	河海大学出版社	2012
19	寒地水稻控制灌溉理论与应用	吕纯波，郭龙珠	中国水利水电出版社	2012
20	土壤特性的时空变异性及其应用研究	刘继龙，马孝义，汪可欣，张振华	中国水利水电出版社	2012

续表

序号	著作名称	著者	出版社	年份
21	华北灌溉农业与地下水适应性研究	张光辉，费宇红，王金哲，严明疆	科学出版社	2012
22	灌区运行状况评价方法与灌溉用水量预测技术研究	张玉龙，迟道才，马涛	辽宁科学技术出版社	2012
23	水肥资源高效利用	邵东国，过龙根，王修贵，洪林	科学出版社	2012
24	水资源复杂系统理论	邵东国，刘丙军，阳书敏，黄显峰，顾文权，杨丰顺	科学出版社	2012
25	灌区水均衡演算与农田面源污染模拟	王康	科学出版社	2012
26	中国主要水蚀区水土流失综合调控与治理范式	蔡强国，朱阿兴，毕华兴，孙莉英	中国水利水电出版社	2012
27	寒地水稻控制灌溉理论与应用	吕纯波，郭龙珠，郭彦文	中国水利水电出版社	2012
28	旱地节水节能灌溉技术	侯志研，冯良山	化学工业出版社	2012
29	生态友好的流域闸坝调度与灌溉模式研究	徐建新，陆建红，张仙娥	科学出版社	2012
30	海河流域农田水循环过程与农业高效用水机制（国家科学技术学术著作出版基金资助）	康绍忠，杨金忠，裴源生，等	科学出版社	2013
31	基于蒸散的水资源管理规划理论与应用	何浩，叶水根，李黔湘，等	中国水利水电出版社	2013
32	气候变化对地下水影响研究	高占义，王少丽，胡亚琼，杨建青等	中国水利水电出版社	2013
33	沟渠灌溉稳健设计	缴锡云	河海大学出版社	2013
34	辽河流域水资源承载能力研究	何俊仕，贾福元，赵宏兴，付玉娟，付桂芬	中国水利水电出版社	2013
35	辽河干流输沙环境与泥沙运行规律研究	范昊明，王铁良，刘立权，党中印	中国农业科学技术出版社	2013
36	秸秆残茬覆盖对农田土壤水热效应及侵蚀的影响研究	王丽学，熊守纯，刘丹，张欢，苏玲	黄河水利出版社	2013
37	水资源系统规划模拟与优化配置	顾世祥，崔远来	科学出版社	2013
38	地下水非稳定流计算和地下水资源评价	张蔚榛	武汉大学出版社	2013
39	灌区地下水开发利用关键技术研究与应用	黄修桥，徐建新，刘俊民，冯俊杰	黄河水利出版社	2013
40	北方典型灌区水资源调控与高效利用技术模式研究	齐学斌，樊向阳	中国水利水电出版社	2013

序号	著作名称	著者	出版社	年份
41	灌溉水利用效率的理论、方法与应用	贾宏伟，郑世宗	中国水利水电出版社	2013
42	农业水资源实时灌溉理论与综合管理系统	马建琴，刘蕾，张振伟，郝秀平，彭高辉	中国水利水电出版社	2013
43	毛乌素沙地紫花苜蓿灌溉节水增产机理与调控技术	郭克贞，赵淑银，徐冰，苏佩凤，郑和祥	科学出版社	2013
44	地下滴灌研究与实践	王振华，郑旭荣，吕德生，何新林	中国农业科学技术出版社	2014
45	北疆滴灌小麦及复播作物需水规律与灌溉制度	王振华，郑旭荣，何新林	中国农业科学技术出版社	2014
46	微咸水滴灌荒漠植物研究	何新林，王振华，杨广	中国农业科学技术出版社	2014
47	节水灌溉发展研究	黄修桥，高峰，王景雷，范永申	科学出版社	2014
48	灌溉技术与产品集成示范研究	黄修桥，李金山	中国水利水电出版社	2014
49	节水灌溉自动化控制技术管理方法	李军	中国农业出版社	2014

（二）科研成果

2011—2014年，我国农业水土工程学科共获得国家自然科学奖二等奖1项，国家科技进步奖一等奖1项，国家科技进步奖二等奖3项。此外，10余项成果获得教育部高校科技进步奖、大禹水利科学技术奖。

由中国水利水电科学研究院、清华大学、中国农业大学、水利部海河水利委员会等单位合作完成的"流域水循环演变机理与水资源高效利用"成果荣获2014年度国家科技进步奖一等奖。该成果在流域水循环、水资源、水环境与生态演变机理以及农田与城市单元水分循环过程与高效用水机制研究的基础上，首次提出了基于水循环的"量—质—效"全口径多尺度水资源综合评价方法、水循环整体多维临界调控理论与模式，形成了流域水分利用从低效到高效转化的理论和实施方案，对人类活动密集缺水地区的涉水决策与调控管理具有重要的指导意义，研究成果已在海河流域和我国北方地区得到广泛应用。共发表论文633篇，其中SCI收录167篇、他引910次，EI收录158篇，出版专著26部；获发明专利授权9项，软件著作权14项。

由北京市水利科学研究所、中国农业大学、北京农业智能装备技术研究中心、中国水利水电科学研究院、北京市农林科学院、西安理工大学、武汉大学等单位合作完成的"都市型现代农业高效用水原理与集成技术研究"获2012年度国家科技进步奖二等奖。该项目在植物需水诊断方法与灌溉决策技术、灌溉水肥一体化调控原理技术与产品、基于目标耗水量（ET）阈值的都市农业节水技术集成模式等三方面取得重要创新。开创性地研制了基于大型高精度杠杆称重式、水位可控式蒸渗仪和信息实时监控的智能化植物需水诊断平台，提出了定量表征设施农业、果园、绿化植物等都市灌溉型植物 SPAC 水分传输关系方法及其耗水规律，率先构建了节水型绿地建植模式。国内首次提出了喷灌条件下植物冠层截留水量损失估算模型、不同气候区均匀系数设计标准的取值范围和滴灌土壤水氮调控技术与方法。研制了 10 种灌水、水肥调控及墒情监测设备，建立了全国农田墒情信息网络平台。系统地提出了基于目标耗水量（ET）的农业用水管理方法，构建了设施农业水肥一体化高效节水技术集成模式、果园智能化精量灌溉技术集成模式和都市绿地"清水零消耗"生态节水技术集成模式，填补了多项国内空白。获国家专利 27 项（发明专利 15 项）、软件著作权 18 项、植物新品种权 7 项；发表论文 228 篇（SCI，EI 共 88 篇），出版专著 8 部；编写技术标准 8 项，获得省部级科技进步奖一、二等奖 5 项，在全国 12 省市自治区累计推广面积 912.96 万亩。

由中国农业大学、西北农林科技大学、甘肃省水利厅石羊河流域管理局、武威市水利技术综合服务中心、武威市农业技术推广中心、武汉立方科技有限公司、武汉大学等单位合作完成的"干旱内陆河流域考虑生态的水资源配置理论与调控技术及其应用"获 2013 年国家科技进步奖二等奖。该项目从定位科学试验入手，提出了定量评价气候变化与人类活动对流域地表径流与耗水影响的新方法，建立了融合 ANN 与数值方法的干旱区地表径流—地下水耦合模型；创建了多尺度多层分布式农田耗水观测系统，揭示了 13 种主要农作物和 4 种防风固沙植物的耗水规律，确定了变化环境下典型农作物的需水指标与控制阈值，作物水效率提高 20.5% ~ 30.8%。创建了考虑生态的干旱内陆河流域水资源科学配置理论与调控方法，解决了流域生态配水效益无法量化的技术难题，构建了含有全模糊系数、模糊约束及模糊目标的节水型种植结构优化方法，开发了基于模糊多目标规划的流域水资源管理决策支持系统，使水资源综合效益提高 58.05%。系统提出了考虑水分—产量—品质耦合关系的节水调质高效灌溉理论与决策方法，开发了果树、温室蔬菜、膜下滴灌棉花等作物的节水调质高效灌溉综合技术体系，形成了 9 套主要作物节水调质高效生产技术标准，建立了干旱内陆河流域上、中、下游不同类型的区域高效节水集成模式，综合灌溉水生产率提高 0.21kg/m³。研制了实现流域尺度作物—农田—渠系—水源多过程综合节水调控的 12 种系列新产品以及流域水资源管理网络系统，实现了流域尺度全部 14240 眼机井同时采用 IC 卡智能控制供水。创建了干旱内陆河流域考虑生态的水资源科学配置理论与调控技术体系。成果被美、英等国著名科学家作为检验他们方法的依据，并被收入国际灌排委员会（ICID）和国际著名专家的著作介绍和推广。成果在典型生态脆弱区集成应用后，农业用水减少 6.7%，综合灌溉水生产率提高 17.4%，有效遏制了区域地下水位下降，实现了流域整体节水、粮食增产、农民增益和生态环境改善；在甘、新、陕等地推广应用 2338.54 万亩，节水 17.40 亿 m³。

由中国科学院、水利部水土保持研究所邵明安，香港浸会大学张建华，中国科学院、水利部水土保持研究所上官周平、黄明斌，西北农林科技大学康绍忠完成的"黄土区土壤—植物系统水动力学与调控机制"研究成果荣获2013年国家自然科学奖二等奖。该成果针对黄土区旱地土壤—植物系统，通过大量、系统的长期定位试验、室内模拟、过程辨析与数学建模，对土壤—植物系统中水分吸收、运移与利用进行了定量化研究，建立了土壤—植物系统水分动力学理论与模型，并面向旱地农业生态系统的水分可持续管理理论与技术。该成果以认识土壤—植物系统中的水动力学过程和水分有效性为研究主线，以调控植物干旱逆境和水土环境为科学核心，通过在黄土高原长期的试验研究，获得了土壤水文学参数最通用的 van Genuchten 模型的解析表达式，建立了确定参数的新方法，分析求解了土壤水分运动的 Richards 方程，有效解决了长期困扰该领域其参数的唯一性、准确性和实用性问题，Richards 方程的分析解是土壤物理的突破。阐明了干旱逆境下土壤—植物根—冠间信号产生、运输及其对地上部水分的调控机制，提出了利用土—根—冠通信调控植物干旱逆境的新途径。建立了 SPAC 水分运动模型，形成了系统的 SPAC 水运转理论；构建了适于旱区土壤—植被系统水分管理的调控理论，为旱区农业和生态系统水调控提供了重要理论依据。该项研究促进了对土壤—植物系统水动力学性质的进一步深刻认识，完善其水分运转的定量模型，探索作物节水调控的生理机制，促进区域水转化关系的认识和节水型农业结构的建立，其科学意义重大，应用前景广阔。

由新疆农垦科学院、中国农业大学、新疆惠利节水灌溉有限责任公司、石河子开发区三益化工有限责任公司、河北丰旺农业科技有限公司等单位完成的"滴灌水肥一体化专用肥料及配套技术研发与应用"成果荣获2014年度国家科技进步奖二等奖。该项目针对当时滴灌水肥一体化急需解决的专用肥料和水肥均匀输入等关键问题，历时16年研究，针对肥料中元素间的拮抗作用，发明了一种新型农用微量元素复合型络合剂及相应的共体—分步络合技术，解决了固体滴灌专用肥生产中磷与多种金属微量元素结合时易形成沉淀的难题。解决了滴灌专用肥生产中高水溶性磷制备的技术难题，攻克了固体滴灌专用肥中元素间防拮抗关键技术，开发出了适应于不同条件的滴灌水肥一体化灌水施肥装置。研制出适应于大田作物滴灌施肥的敞口式施肥器，克服了压差式施肥器加肥不便、肥料进入管道浓度不均匀的问题，开发出适应设施园艺作物的全自动灌溉施肥过滤一体化机，实现了水肥信息自动采集、自动灌溉与精确施肥，发明了滴灌输水稳流装置，提高水肥施入均匀度5%以上，设备造价比同类进口产品低20%～40%，建立了主要作物水肥一体化高效利用综合技术模式和完善的技术规程，创建了不同类型区、不同作物的水肥一体化技术体系，并大规模应用于生产。项目成果已在国内新疆、河北、内蒙古、广东等13省（区）大面积推广应用，2011—2013年应用面积达6792.8万亩，新增效益58.05亿元。通过该项目研究，获国家授权专利32件，其中发明专利6件；软件著作权5项。

（三）学术交流、人才培养与基地建设

1. 主要学术交流情况

2012 年 7 月 31 日—8 月 1 日，中国农业工程学会农业水土工程专业委员会第七届学术研讨会在宁夏银川召开，会议围绕现代农业节水理论与技术、农业水土资源持续利用与保护、现代农村水利信息化技术、农村供水工程与饮水安全等方面的议题开展了交流，并探讨了不同地区农业水土工程学科的重大科技问题与对策、如何提升复杂灌排系统水资源调度和水肥高效利用的创新能力、灌区节水改造与节水灌溉的创新能力、泵站改造与人饮工程安全的创新能力、复杂灌排系统水利信息化的创新能力等问题。来自全国 78 家高校及科研生产单位的 500 余名代表参加了会议。

2014 年 8 月 15—17 日，中国农业工程学会农业水土工程专业委员会第八届学术研讨会在河南新乡召开，作为每两年一次的专委会重要学术活动，研讨会结合国家自然科学基金委员会农业水利与水文水资源青年学者学术交流会同期举行，来自全国 150 多所高校及科研生产单位的 700 余名代表参加了会议。本次会议进一步创新了会议举办方式，既丰富了会议的研讨内容，实现了参会队伍的年轻化，又起到了进一步加强农业水土工程学科基础研究的目的。

2014 年 9 月 16—19 日，中国农业工程学会农业水土工程专业委员会负责组织了第 18 届 CIGR 国际农业工程大会水土工程分会暨第 2 届水土资源挑战区域性国际学术研讨会，会议以应对水土资源高效利用与保护中所面临的挑战和对策为主题，议题包括多尺度水土资源高效利用，土地利用管理，地下水利用的可持续性，遥感技术在水土资源管理中应用，盐分评价和控制，废水回用灌溉，节水灌溉技术，气候变化影响及响应等方面。来自欧洲，北美，亚洲以及拉丁美洲 22 个国家的 200 多位专家学者、研究人员、工程师以及各高校研究生参加了会议。中国工程院院士、中国农业大学水问题研究中心主任康绍忠教授，CIGR 前主席、国际灌排委员会前副主席、葡萄牙里斯本科技大学 Luis Santos Pereira 教授，美国康奈尔大学 Tammo Steenhuis 教授，美国农业部农业研究组织农业水管理研究所所长 Thomas J Trout 研究员，加利福尼亚大学滨河分校 Jirka Šimunek 教授以及瑞士洛桑理工学院的 D. Andrew Barry 教授应邀做了大会主题报告。41 位来自葡萄牙、意大利、荷兰、美国等国家的学者以及 47 位来自清华大学、中国农业大学、武汉大学、中国水利水电科学研究院、中国农业科学院等 10 多所国内高校及研究院所的研究人员及研究生代表通过口头报告分享和展示了其研究成果，并围绕汇报内容进行了交流讨论。会议期间进行了水土分会换届工作，上届分会主席、专委会主任黄冠华教授当选为分会荣誉主席，同时当选国际农业工程学会名誉副主席，专委会副主任杜太生教授当选新一届分会委员。

2. 学科人才培养与团队建设情况

2011 年，中国农业大学康绍忠教授入选中国工程院院士，黄冠华教授获国家杰出青年基金资助，康绍忠教授指导的张宝忠博士完成的《干旱荒漠绿洲葡萄园水热传输机制与蒸

发蒸腾估算方法研究》博士学位论文入选 2011 年全国百篇优秀博士学位论文。2012 年，黄冠华教授入选"长江学者奖励计划"特聘教授，杜太生教授获国家优秀青年基金资助，2013年，霍再林副教授获国家优秀青年基金资助。2013 年，以康绍忠院士为带头人的"农业水转化多过程驱动机制与效率提升"团队入选国家自然科学基金委员会创新群体。中国农业大学组织申报的"农业高效用水创新引智基地"入选 2014 年度高等学校学科创新引智计划。

四、农业水土工程学科存在的问题与发展趋势

（一）农业水土工程学科存在的主要问题

1. 学科基础研究相对薄弱，模拟理论的原创性研究不足

虽然我国农业水土工程学科应用基础研究和某些农田水利技术有明显的特色，但研究基础相对薄弱，整体研究条件较差，跟踪模仿性研究居多，原创性研究较少。在灌域尺度上调节地表水—大气水—作物水—土壤水—地下水的水分、物质和能量交换方面模拟研究滞后，缺乏有效的尺度提升方法和节水高效、环境友好的农业用水理论。在农田水污染的控制和模拟，农业水生态、溶质运移的理论研究方面与国外也有较大差距，没有根据我国农业生产特点和区域特征对土壤—植物—大气系统中水分传输过程、作物的水分生理调节功能、刺激作物根系水分养分吸收功能、配水系统的非恒定流模拟仿真与动态配水的调控机理、农田土壤水分养分时空变异特性、作物需水信息监测、土壤水分监测与调控机理和方法、实施精量控制用水等一系列应用基础领域和前沿工程技术的系统研究。

2. 精准灌溉和灌溉自动控制方面与国际领先水平的差距较大

在精准灌溉和灌溉系统的自动控制方面，我国与国际领先水平的差距还较大。发达国家为满足对灌溉系统管理的灵活、准确、快捷的要求，非常重视空间信息技术、计算机技术、网络技术等高新技术的应用，在深入研究灌溉系统明渠非恒定流理论与渠系闸门群水量流量联合模拟和调控方法的基础上，采用自动控制运行方式，特别是对大型渠道工程多采用中央自动监控（遥测、遥讯、遥调）方式，在大大减少调蓄工程的数量、降低工程造价费用的同时，既满足了用户的需求，又有效地减少了弃水，提高了灌溉系统的运行性能与效率。发达国家已将遥感等高新技术已大面积用于区域作物耗水监测和土壤墒情及灌溉预报，但我国在该领域还处于个别点的试验研究阶段。并特别重视将作物生长决策模拟、农田水分作物信息实时传感采集和传输技术，数据库、模型库、知识库和地理信息系统有机结合的灌溉系统综合决策支持系统研究较为深入。同时开始了综合 3S 和计算机控制技术，能充分挖掘田间水肥差异性所隐含的增产潜力的精准灌溉施肥技术研究在生产实践中产生了一定的效益，但我国在这些方面理论研究还很不深入，软硬件开发匮乏，系统集成度不高，与国外差距较大。

3. 缺乏长期系统的农田定位监测与积累

目前，农田灌溉、排水和农业水环境的监测及试验网络尚未形成，缺少基础数据的积累，历史观测数据零散、不规范、缺少统一整理，不同区域的灌溉水利用率、渠系水利用

率、田间水利用率、降水有效利用率、作物水分利用效率等参数还缺少准确的确定方法和多年的基础数据积累；特别是对不同植物群体在不同水文年份、不同灌水技术条件和不同的亏水灌溉水平下的耗水规律及区域变化还缺少科学数据的积累。给农业水利的基础研究工作带来一定困难。目前，对节水灌溉试验与监测工作并未引起足够重视。由于缺乏灌溉试验成果的指导，没有适合不同地区特点的节水灌溉技术参数、技术体系和应用模式可采用，加之对不同区域的灌溉用水和节水效果缺乏监测与评估，严重制约了我国农业水利学科的发展。应根据不同站所代表的条件，建设节水灌溉试验基础数据中心，进行长系列资料的连续试验，定期进行全国灌溉试验资料整编，积累系统的资料，建立节水灌溉效应监测评估系统，定期监测和发布全国不同区域节水灌溉的效果，评估不同区域节水灌溉的现状，统一试验与监测方法，保证不同试验与监测站观测资料的代表性、准确性和可比性。

4. 试验技术研发相对落后与大型仪器设备研发不足

国内实验技术和大型仪器研发与国外先进水平的差距主要表现在试验理念，基础条件以及核心技术，实验测试基础理论创新，以及协同创新等4个方面。而形成差距的原因则是多方面的，既有学科发展水平限制的原因，现有的体制和政策导向、国家的工业基础水平、社会需求等多方面的原因亦在很大程度上限制了农田水利试验技术发展和大型设备的研发。农业水利实验通常需要在限制条件下进行，试验结果能够在多大程度上真实地反映大田（区域）的农田水分以及伴生、伴随过程，是国内外开展实验所面临的共性问题，我国现有的试验技术侧重于实现物理量以及过程的监测，而国外的实验理念则更加注重监测结果的"真实性"。

我国农业水利测试基础理论的发展与国外的差距呈现出日趋加大的趋势，我国现有的测试理论整体处于国外20世纪80年代以前的水平，即使对于一些基本的农田水分运动以及伴生和伴随过程（如土壤非饱和通量，地下水淋失通量等），在现场条件下仍然缺乏有效的测试方法。大型设备的研发是一个系统工程，涉及对农田水利学，电子技术，通讯技术，电工技术，材料等多个学科进行有机的整合，而我国在这方面的基础条件本身就比较薄弱，系统的进行资源整合又涉及方方面面的问题，国内的需求量又比较有限，在大型设备研发方面取得突破性的进展还任重道远。

5. 灌溉技术与装备研究的原创性不足

在喷灌方面，我国对喷头研制起步较晚，与国外发达国家相比在理论研究和技术水平上存在一定差距，仍然存在喷头品种少、功能单一、适应性差等问题，喷头调节机构的可靠性和稳定性需进一步提高，喷头结构参数还需进一步优化。在喷灌水肥药一体化方面与国际先进水平差距较大，施肥装置、系统设计、均匀性评价方法与标准等都还有很多问题需要研究，有关灌水与施药结合方面的研究更少，关于喷灌施药对药效、大气环境影响的研究尚处于起步阶段。大型喷灌机是集约化农田灌溉的高效方法，我国在大型喷灌机设计与制造方面与发达国家的差距正在逐步缩小，但是发达国家大型喷灌机水肥管理与3S技术、计算机技术、网络技术紧密结合，大大提高了水肥的控制精度和自动化水平，我国在这方面的研究刚刚开始，差距较大。

在微灌技术方面，针对滴灌关键设备应用和设计机理，美国、以色列、德国等发达国家围绕着污水、微咸水以及施肥灌溉等滴灌条件下灌水器堵塞规律开展了大量卓有成效的研究工作，已经形成了适宜本国水质特征的灌水器堵塞控制技术体系，并已逐步实现标准化和模式化。我国与此相关的研究虽然起步较晚，但发展较为迅速，基本摸清了灌水器生物堵塞的诱发机制，并初步建立了生物堵塞的控制方法，在物理和化学堵塞领域也取得一定进展。在滴灌作物需水量、水肥灌溉制度优化研究方面，国外在滴灌作物蒸发蒸腾机理、水碳耦合、气孔导度模型、水肥耦合制度等方面取得了较为系统的研究成果，我国与此相关的研究也取得了较多的研究成果，但在某些方面，特别针对农艺措施下的滴灌作物耗水机制、水肥耦合技术等方面研究与国内实际应用需求依然存在较大差距。

在精细地面灌溉技术方面，我国与国际领先水平间差距主要体现在经营规模和灌溉管理与控制设备方面。发达国家基于高精度土地平整技术多采用规模化经营模式，为满足对灌溉系统管理的灵活、准确和快捷的要求，非常重视空间信息技术、计算机技术和网络技术等高新技术的应用，灌溉可控性强，田间灌溉管理水平高。而我国一家一户的经营模式、粗放的田间灌溉管理习惯严重制约了精细地面灌溉技术的发展，现有研究多集中在典型试验田块尺度，在区域农田灌溉系统优化设计技术、灌溉实时控制技术方面处于起步阶段。

（二）农业水土工程学科的发展趋势

农业水土工程研究由原来只强调作物产量的提高，转变为研究提高作物品质，从研究作物水分—产量关系转变为研究作物水分—产量—品质关系，从研究水量对产量的影响转变为研究水质对品质的影响，从单纯考虑水量变成综合考虑水量与水质。由资源性缺水转成水质性缺水。农业研究方面开始综合考虑对环境与生态的影响，提出生态灌区建设与农村水环境与生态保护。

从发展特征来看，农业水土工程研究目标趋于综合性，在提高农业用水效率、保障国家粮食及水安全的同时，日趋关注农村供水与饮水安全及人居水环境的改善。研究手段趋于多元性，从着重对自然科学技术的研究，逐步转变为自然科学技术与管理及经济学研究的有机结合与融合。

五、农业水土工程学科发展展望与建议

农业水土工程是在传统的农田水利的基础上，根据学科发展和社会经济发展的需要，融入生物、环境、计算机、信息、高分子材料等一系列学科，具有多学科相互交叉，各种学科和高技术互相渗透的明显特征。现代农业水土工程的研究领域不断扩展，将水利工程学、土壤物理学、土壤化学、作物学、生物学、材料学、数学和化学等学科有机地结合在一起，以大气水—土壤水—作物水—地下水为水分循环的主线，研究水分优化配置、水分高效利用、农业经济产量的转化循环过程和水分利用特征，探索提高各个环节中水的转化

效率与生产效率的机理。计算机技术、信息技术、遥感技术以及其他技术的应用使得在土壤水分动态、土壤水盐动态、水沙动态、水污染状况、作物水分状况等方面的数据监测采集和处理手段得到长足发展，促进了农业用水管理水平的提高。

农业水土工程学科的发展目标是：针对我国水资源紧缺、农业节水潜力巨大的现状，以保障国家水安全、食品安全为目标，建立作物高效用水和优化配水的新理论和关键技术；针对我国洪涝灾害频繁、中低产田大面积分布的特点，通过合理的工程技术措施、现代信息化管理技术、排水控盐理论和技术的研究，建立符合中国特色的防洪除涝技术体系和土壤盐碱化防控治理体系；通过信息化建设，建立信息化管理体系，使农业水利设施布局更加合理，功能更加完善，运行更加高效，促进农业现代化目标的实现；针对我国水污染加剧、农业生态环境脆弱的现状，研究农业面源污染的形成、演化和控制理论，完善农业面源污染控制的技术体系，实现农业生态环境的可持续发展。

为了实现上述目标，应进一步加强相关高校和科研院所农业水土工程相关学科创新基地建设，加强基地、人才、团队和杰出人才的培养与引进，打造有特色和国际影响的科研平台，提高农业水土资源可持续利用领域的协同创新能力。促进农业水土工程学科向多学科领域拓展，打造生物环境、信息等交叉创新平台，注重青年学术骨干的培养，加强学科的创新文化建设。加强与国际知名学术机构的实质性合作，促进我国的农业水土工程学科走向世界，提升农业水土工程学科的国际学术影响力。

—— 参考文献 ——

［1］康绍忠. 农业水土工程概论［M］. 北京：中国农业出版社，2007.

［2］康绍忠，李万红，霍再林. 粮食生产中水资源高效利用的科学问题［J］. 中国科学基金，2012，（6）：321–324，329.

［3］梅旭荣，康绍忠，于强，et al. 协同提升黄淮海平原作物生产力与农田水分利用效率途径［J］. 中国农业科学，2013，46（6）:1149–1157.

［4］刘建刚，裴源生，赵勇. 不同尺度农业节水潜力的概念界定与耦合关系［J］. 中国水利，2011，（13）：1–3.

［5］杜太生，康绍忠. 基于水分—品质响应关系的特色经济作物节水调质高效灌溉［J］. 水利学报，2011，42（2）：245–252.

［6］李宗利，马孝义，蔡焕杰，et al. 农业水利工程专业人才培养模式实践与探索［J］. 高等农业教育，2012（6）：28–30.

［7］许迪，龚时宏，李益农，et al. 作物水分生产率改善途径与方法研究综述［J］. 水利学报，2010，41（6）：631–639.

［8］杨永辉，胡玉昆，张喜英. 农业节水研究进展及未来发展战略［J］. 中国科学院院刊，2012，27（4）：455–461.

撰稿人：杜太生　康绍忠　黄冠华　李久生　马孝义　黄介生　杨金忠
邵东国　黄修桥　张展羽　吴文勇　王　康　李　红　李云开

农业生物环境工程学科发展研究

一、引言

农业生物环境工程覆盖畜牧工程、设施园艺工程、设施水产养殖工程等重点方向。"十二五"以来我国农业生物环境工程学科展现了快速的发展态势与良好的发展潜力，在学科建设、科学研究以及国际交流与合作等方面成绩突出，为进一步推动相关产业的稳步、快速发展提供了人才、技术等关键支撑。

2011年以来，学科的平台建设不断加强，成立了农业部设施农业工程学科群，并获批了"国家设施农业工程技术中心"等国家工程技术中心以及农业部、教育部重点实验室。农业部设施农业工程学科群于2011年成立，由中国农业大学牵头建设，整合中国农业科学院、浙江大学、西北农林科技大学、农业部规划设计研究院、沈阳农业大学、山东农业大学、重庆市畜牧科学院等优势资源与力量，引领我国设施农业工程学科协同创新与发展，目前已经显现了良好的发展效果。国家现代农业产业技术体系生产与环境控制功能研究室，积极开展了畜禽健康养殖、设施园艺的环境与调控装备等方面的科研与产业工作，为推动学科和产业发展、提升设施畜禽养殖、设施园艺行业生产效率、产品质量、节能减排等起到了重要作用。"设施养殖数字化智能管理技术设备研究""西北非耕地农业利用技术及产业化""智能化植物工厂生产技术研究""园艺作物与设施农业生产关键技术研究与示范"等多个重大项目得到农业部、财政部、科技部以及国家自然科学基金委重点项目的立项支持，促进了本学科领域的原始与集成创新，学科发展得到进一步重视和加强。科研成果水平得到明显提升，取得一批国家级和省部级科技成果奖励；发明专利等自主知识产权有了进一步突破。国际学术交流与合作进一步活跃，随着国际交流与合作的不断深入，大批学者不同程度地参与到国际学术交流中，得到国际同行专家的高度认可与评价。由中国农业大学牵头并联合美国、加拿大、欧洲、澳大利亚等著名高校和研究机构成立了

"动物环境与福利国际研究中心"，致力于畜禽健康环境与福利领域的科学研究与产业服务工作；农业部设施农业工程学科群与荷兰瓦赫宁根大学等建立了国际合作平台与长效机制；主办了"畜禽健康环境与福利化养殖国际研讨会""环境增值能源研讨会""中国寿光国际设施园艺高层学术论坛"等系列化、常态化的国际研讨会，吸引了一批国际知名学者专家参加，进一步推动了学科的学术水平与国际影响力。通过国家千人计划等渠道引进了以 Yuanhui Zhang 教授、Yanbin Li 教授为代表的一批具有国际影响力的著名专家，使得该学科的团队建设得以进一步完善；利用国家公派留学平台等渠道，进一步加大了研究生联合培养的力度，创办了"全国大学生农业建筑环境与能源工程相关专业创新大赛"，培养学生创新能力与协作精神，举办了"农业生物环境与能源工程"学科研究生暑期学校。目前全国已有"农业生物环境与能源工程"博士授权点 19 个，硕士授权点 35 个，本学科人才培养规模和水平得到了进一步提高。

二、学科发展概况

（一）学科发展与国内组织的学术交流

1. 成立"农业部设施农业工程学科群"，整合全国优势资源与力量，引领全国设施农业工程相关学科和产业发展

1）2011 年 12 月 27 日，"农业部设施农业工程学科群"在中国农业大学正式启动，这是农业部启动的 30 个学科群之一。设施农业工程学科群由中国农业大学农业生物环境与能源工程学科牵头建设，由 1 个综合性重点实验室（农业部设施农业工程重点实验室）、4 个专业性 / 区域性重点实验室和 4 个科学观测实验站组成（2013 年农业部将北方都市农业等 4 个重点实验室纳入本学科群进行条件建设）。学科群重点围绕设施养殖业和设施种植业领域的共性技术和区域关键技术，对理论基础、产业发展战略、新型工艺模式、关键技术与装备及其智能化、全过程节能减排等问题进行研究与技术推广，建成我国设施农业人才培养、科学研究和技术推广的综合性平台，从整体上提升我国设施农业产业科技创新能力，促进产业转型升级，引领和支撑现代设施农业产业发展和新农村建设。

设施农业工程学科群重点开展设施农业区域发展战略与规划、设施农业生产工艺模式创新与环境控制技术、农业设施安全与标准化、设施农业节能与资源化利用技术、设施农业生产装备与信息化控制技术等方面的研究与探索。计划通过 5 ~ 10 年的建设发展，形成一个能够引领我国设施农业产业发展方向的发展模式，开展现代设施农业重大产业工程研发与示范，大幅提升我国设施农业产业的国际竞争力，从而实现以 5% 的土地生产 30% 的农产品产量，产生 50% 的农业产值效益，进一步丰富居民的"粮袋子"、保障"菜篮子"、充实"钱兜子"。

2）完善学科群规章制度，组织协同创新，加强创新能力条件建设。根据《农业部重点实验室发展规划（2010—2015 年）》和《农业部重点实验室管理办法》，学科群制定完善了《农业部设施农业工程学科群工作规则》以及《设施农业工程农业科技创新能力条件建设规划》，综合性实验室以及专业性／区域性重点实验室制定了各个实验室的"章程""学术成果管理规定""仪器管理制度""项目申报制度""信息平台制度"和"人员交流培训制度"等，进一步加强科研合作和实验室管理工作，实现信息资源共享和协同创新。

2013 年设施农业工程学科群成为农业部首批进行条件建设的 8 个学科群之一。作为学科群综合性实验室，农业部设施农业工程重点实验室积极组织学科群重点实验室与科学观测实验站进行申报，并于 2013 年 8 月 13 日召开了专题会议，讨论和布置条件建设项目申报事宜。2013 年学科群共有 9 个重点实验室和科学观测实验站进行了条件建设项目申报，其中 4 家获批于 2013 年开始建设。

学科群各重点实验室和科学观测实验站发挥各自优势，并结合我国设施农业产业发展现状与亟须的关键技术，学科群内各单位进行了多个科研项目的合作，2012 以来联合启动了 7 项国家重大科研专项或者课题，包括：国家"863"计划专项 2 项、国家"863"计划课题 1 项、国家科技支撑计划 1 项、公益（农业）行业专项 3 项。

2. 启动全国大学生农业建筑环境与能源工程相关专业创新设计竞赛，提升学生协作精神与创新能力，探讨人才培养新路径

2013 年 8 月 16—17 日全国首届大学生农业建筑环境与能源工程相关专业创新设计竞赛在江苏大学举行。此次竞赛由教育部高等学校农业工程类教学指导委员会和中国农业工程学会主办，在竞赛组织过程中，成立了竞赛指导委员会、竞赛专家委员会和竞赛组织委员会。本次竞赛主题是"美丽乡村与现代农业工程"，根据我国农业建筑（生物）环境与能源工程专业特点与研究方向，本次竞赛内容共分为生产工艺与环境类、建筑设施与设备类、清洁能源工程类以及乡村人居环境类等四大类。来自全国 17 所大学的 31 支本科生队伍和 10 所大学的 17 支研究生队伍共计 200 余人参加了竞赛。

2014 年 8 月 10—12 日第二届全国大学生农业建筑环境与能源工程相关专业创新设计竞赛在河南农业大学举行。此次竞赛紧密结合生产实际，内容涉及生产工艺与环境、建筑设施与设备、清洁能源工程以及乡村人居环境等领域。同时，全部作品要求有设计图纸和模型展示，开发学生的动手操作能力。经过作品网上公示互评、专家现场模型及展板考察、听取答辩、现场提问等环节，最终评选出本科生组特等奖 5 名、一等奖 10 名、二等奖 23 名和优秀奖 15 名，研究生组特等奖 2 名、一等奖 4 名、二等奖 7 名和优秀奖 9 名。

全国大学生农业建筑环境与能源工程相关专业创新设计竞赛自 2013 年开始，每年举办一次，推动了我国农业工程类专业的教学改革，培养了学生的创新能力、协作精神和工程意识，加强了学生工程设计和专业技能的训练，提高了学生解决实际问题的能力，为我国农业工程类优秀人才的脱颖而出创造了条件。

3. 成立"动物环境与福利国际研究中心"（International Research Center for Animal Environment and Welfare），建立动物环境与福利研究的国际合作平台与长效合作机制

2011 年 10 月，由中国农业大学牵头，并联合美国伊利诺依大学、普度大学、衣阿华州立大学、密苏里大学、加拿大马尼托巴大学、荷兰瓦赫宁根大学、澳大利亚南昆士兰大学等 7 所国际畜牧工程顶尖研究机构以及国内的重庆畜牧科学院、南京农业大学和黑龙江八一农垦大学（2013 年 10 月起改为东北农业大学）等国内高校，共同成立"动物环境与福利国际研究中心（International Research Centre for Animal Environment and Welfare，网址为 http//www.ircaew.org/）"。2012 年 11 月在"中心"理事会上增补美国田纳西大学、丹麦奥胡斯大学为会员单位；2014 年 9 月在理事会上增补美国俄亥俄州立大学、比利时鲁汶大学、巴西坎皮纳斯大学为会员单位。目前，中心由 12 个国际理事单位和 4 个国内理事单位组成，总部设在重庆畜牧科学院，致力于畜禽环境与福利的专项研究；美国衣阿华州立大学的 Hongwei Xin 教授和中国农业大学李保明教授分别担任国际方和中方主任。"动物环境与福利国际研究中心"自成立以来，已经成功举办了两届"畜禽健康环境与福利化养殖国际研讨会"（该国际研讨会每两年举办一次）及理事会（每年举办一次），并通过合作单位对接会等方式，加强了学科与国际优势科研机构的人才与科研合作以及学术交流等，同时开展了相关的产业技术服务，提升了学科知名度、创新能力以及产业支撑能力。

4. "畜禽健康环境与福利化养殖国际研讨会"进一步加强了畜禽环境领域的国际学术交流与研讨，促进了本学科的学术水平与国际影响力的提升

每两年一次的"畜禽健康环境与福利化养殖国际研讨会"已经成为本学科系列化和常态化的国际学术交流研讨会之一，吸引了越来越多的国际知名专家学者参会。国际合作对接会环节的开设为国内专家开展国际合作提供了良好的平台，有效促进了学科的学术水平以及国际影响力的提升。

1）2011 年 10 月 20—22 日，"畜禽健康环境和福利化养殖国际研讨会"在重庆召开，中、美、加、英、荷等国 150 多位畜禽环境工程领域研究者参加了本次会议。与会专家研讨了畜禽健康养殖的空气质量与控制技术、合理光照制度与行为选择、通风与环境净化技术、精准饲养技术，以及动物福利的评价方法与体系、改善动物福利的工程技术措施等重点内容，较全面展示了国际动物福利及畜禽养殖环境的最新进展与发展趋势。会议还安排了"动物健康养殖替代系统的合作开发与研究"的专题研讨，与会者针对如何加强国际/国内科研合作以及改善养殖环境与动物福利的技术措施等进行了交流。

2）2013 年 10 月 19—22 日，"畜禽健康环境与福利化养殖国际研讨会"（International Symposium on Healthy Environment and Animal Welfare）在重庆市荣昌县召开。重庆市畜牧科学院刘作华院长主持开幕式，农业部设施农业工程重点实验室主任李保明教授担任组委会主席并在开幕式致词。中国工程院汪懋华院士应邀做了题为"转型创新——推动畜牧养殖产业持续发展"的主题报告，美国工程院院士、康奈尔大学 Norman Scott 教授应邀做了题

为 "Toward a Sustainable World Perceptions and Challenges for Animal Agriculture" 的主题报告。

来自美国、加拿大、巴西、澳大利亚、荷兰、比利时、丹麦、德国、博茨瓦纳等国的 17 所著名高校和科研单位的 30 位国际畜禽环境和动物福利研究领域的专家教授和来自中国各地的 160 余位代表围绕畜禽健康环境与福利化养殖的主题,进行了广泛的研讨和交流。本次会议共有了 21 个特邀报告和 27 个专题报告,内容涉及畜禽环境与福利的各个方面,包括:畜禽健康养殖环境调控技术、动物行为与福利、畜禽福利养殖系统与设备和畜禽养殖废弃物处理与利用。会议期间,与会的动物福利与环境国际研究中心的专家及畜禽养殖的企业家们进行了广泛的互动交流,为帮助解决生产实际问题以及促进当地畜禽养殖业的发展建言献策。

5. "环境增值能源" 为环境治污提供新思路,实现环境增值与可再生能源的双赢,成为学科发展新热点

美国伊利诺依大学香槟分校张源辉教授通过国家"千人计划"进入中国农业大学工作,提出并开展"环境增值能源"研究,开展畜禽养殖等污水进行速生微藻养殖与水体净化、采用热化学转换技术将有机废弃物(畜禽粪便、餐厨垃圾等)与微藻高效转化成原油、转油污水养分循环与再利用等方向的研究与产业化工作。目前,"环境增值能源"已经成为学科发展新的研究热点,并引发了众多关注。自 2010 年举办第一届会议开始,"环境增值能源论坛"每两年举办 1 次,成为本学科展现研究技术与水平、开展国际交流与合作、提升影响力的一个新的平台。

1) 2012 年 8 月 12—13 日,"第二届环境增值能源论坛"在上海交通大学成功举办,中石化原副总裁曹湘洪院士、美国能源部官员 Jeff Skeer、美国农业部官员 Raymond Knighton、美国康奈尔大学原副校长 Norman Scott 院士、美国夏威夷大学 Jaw-Kai Wang 院士等一批国内外能源和环境等相关领域研究人员、主管官员和产业界知名人士出席了本次会议。美国伊利诺伊大学、亚利桑那大学、爱达荷大学和台湾大学等国外及我国港台高校知名教授,以及清华、人大、浙大、复旦、同济、中农大等国内 27 所知名高校千人计划、"973"首席知名学者、专家以及企业代表等近 200 名与会者,重点汇报并讨论了水热液化法处理生物废弃物和藻类的环境增值能源最新技术、单细胞植物硅藻在环境增值方面的作用以及海藻制备生物燃料、高附加值与综合利用产品的环境可持续发展策略与工艺和工程技术等内容。与会者在本次国际会议上还演绎和丰富了上届会议的"环境增值"核心概念,倡导能源、化学品和环境的增值效应与和谐共存。

2) 2014 年 10 月 13 日,"第三届环境增值能源论坛"在中国农业大学举办,聚焦环境增值能源研究和产业化发展。中国工程院院士、中石化总工程师曹湘洪作主题报告"我国石油的生物替代""千人计划"教授张源辉报告了环境增值能源技术与最新进展。论坛期间交流了近年"环境增值能源"领域的研究进展和现状,讨论了生物环境和生物能源在国内的发展方向和战略规划,并就如何加快推进产学研结合、共同推动实施"环境增值能源"战略和产业发展进行了探讨。

3）2013 年 6 月 24 日上午，中共中央政治局原常委、校友宋平回到中国农业大学，视察"环境增值能源"研究方面工作。他指出，能源问题是"天大的事"，勉励学校继续推进相关方面研究。宋平一行视察了中国农业大学"环境增值能源"实验室，听取"千人计划"特聘教授张源辉对研究工作进展的介绍，参观了在实验室条件下利用餐厨垃圾、微藻等生产出的水热液化产油成品，了解了国内外相关研究动态和趋势。宋平指出"环境增值能源"研究既面向解决能源问题，又和生态环境有密切联系，非常有前途。他充分肯定学校在科研中开展的探索，勉励学校及专家瞄准方向，继续推进研究，并争取多方面支持，使"环境增值能源"早日应用于生产，服务国家，造福人民。

6."全国设施园艺学术年会"已经成为本领域最有影响力的学术交流平台

"全国设施园艺学术年会"由中国农业工程学会设施园艺工程专委会与中国园艺学会设施园艺分会等单位共同主办，每两年举行一次。

1）2012 年的年会于 11 月在南京举行。年会旨在探讨交流新世纪以来我国新兴的绿色、低碳、高效设施园艺领域科技和产业发展的新理念、新技术、新材料、新成果等，提升设施园艺技术和装备研发水平，促进我国设施园艺产业的现代化。来自全国高等院校、科研院所、行政管理部门、农业技术推广部门的 155 家单位共计 450 余位代表参加了本次会议。参会代表之多创历届学术明年会之最。邀请李天来、张真和、张志斌、马承伟、郭世荣等国内设施园艺领域著名专家分别以全国设施园艺发展现状与问题、国外设施农业发展、日光温室技术研发、设施蔬菜高产栽培等为主题作了专题报告。专题报告之后，参会代表分成设施工程与环境、设施栽培生理、设施栽培新技术等 3 个小组进行学术交流。本次年会共收到 100 余篇论文，经专家评阅，在"中国蔬菜"杂志刊登 27 篇，"江苏农业科学"杂志刊登 8 篇，其余以设施园艺技术新进展为题编辑成册。会议还组织全体参会代表实地考察了南京近郊的设施园艺基地。

2）2014 年的学术年会于 7 月 26—28 日在乌鲁木齐市召开。来自全国 26 个省、市、区的约 300 位设施园艺界专家、学者及企业相关人士与会，涉及近百家设施园艺相关科研、教学、管理和生产单位。本届年会通过大会主题报告与分组交流两种形式，使与会代表们在各个层面上进行了交流与讨论。共有 40 余位专家学者及研究人员就自己的研究领域进展、专题实验研究结果和新技术新产品的研发成果同与会代表进行了广泛交流，交流内容涉及新型温室生产建设技术、设施节能与新材料利用技术、温室环境模拟与监控技术、设施园艺作物的优质高产栽培技术、栽培基质的研发与应用、水肥高效利用技术研究、设施蔬菜生长发育规律与调控技术等领域。学术交流后，大会还安排了与会代表对昌吉、吐鲁番两个国家现代农业科技园区进行了实地考察。此次大会在短时间内汇聚了大量的内容及信息量，为下一步的工作进一步明确了方向。

7.通过"国际现代农业博览会以及国际设施园艺产业发展高峰论坛"和"中国·寿光国际设施园艺高层学术论坛"提升设施园艺工程学科国际影响力

1）2014 年 6 月 18—19 日，"2014 国际设施园艺产业发展高峰论坛"在中国上海世博馆召开。本届论坛汇旨在促进我国设施园艺产业的大力发展，加强技术研发与创新，为提升设施园艺技术、装备研发水平搭建交流合作平台，促进我国设施园艺产业的现代化。专委会主任陈青云、全国工商联农业产业商会农民合作社委员会会长孙向东、浙江省设施园艺工程技术中心主任徐志豪、江苏省农业工程学会常务理事江苏省农业科学院蔬菜研究所研究员沙国栋等专家出席会议并作大会报告。科特迪瓦农业部官员介绍了该国农业发展情况。同时，举行了国际现代农业博览会，来自美国、科特迪瓦、俄罗斯、土耳其、荷兰、以色列、新加坡、日本、韩国、印度、中国和中国台湾等国家和地区的160多家企业参展。

2）2009年以来，两年一届的"中国寿光国际设施园艺高层学术论坛"在山东寿光国际蔬菜科技博览会期间连续成功举办四届。此论坛是由中国农业科学院农业环境与可持续发展研究所与寿光市人民政府倾力打造的国际性高端学术盛会。每届论坛都有200余位来自荷兰、美国、日本、加拿大、西班牙、以色列和希腊等国家，以及大陆和我国台湾地区的设施园艺界专家、学者及企业相关人士与会。每届论坛都有40余位国内外设施园艺领域知名专家报告最新设施园艺科技进展，并围绕设施结构工程、环境调控、高效栽培、节能与新能源利用、新型材料与装备、绿色安全生产、物联网技术以及植物工厂等热点领域进行深入的交流与研讨，共同探讨实现设施园艺"节能、绿色、安全、高效"的技术途径。由于出席论坛的学者层次高，论坛报告精彩，得到了与会国内外专家的高度评价，已经成为国际设施园艺领域学术交流的知名品牌。

（二）参加国际的学术交流

1）2012年7月8—12日，中国农业大学、浙江大学、东北农业大学、吉林农业大学的相关专家在李保明教授、包军教授等学科带头人的带领下，参加了在西班牙瓦伦西亚组织的"第九届国际畜禽环境大会"（IX International Livestock Environment Symposium）暨"国际农业工程会议"（International Conference of Agricultural Engineering CIGR–Ageng 2012），相关骨干在"国际畜禽环境大会"分会场作学术报告。会议期间，中国农业大学李保明教授作为国际农业工程学会第二分会理事参加了理事会等相关活动，"动物环境与福利国际研究中心"的参会理事就中心的运行、课题合作等进行了讨论。

自1974年由美国农业与生物工程师学会组织第一届会议以来，"国际畜禽环境大会"已经成为畜牧工程学科及相关行业的专业人士学术交流与合作研究的主要平台。大会每四年举办一次，其中"第七届国际畜禽环境大会"于2005年5月8—20日在北京召开，也是迄今为止唯一一次在亚洲范围内召开的会议。

2）2013年9月11—16日，中国农业大学李保明、施正香、滕光辉等赴比利时鲁汶大学，参加由该校组织的"欧洲精准畜牧业暨动物福利国际研讨会"，并与鲁汶大学等国际同行就共同组织申请"畜禽舍通风与控制""炎热气候区畜禽生产系统"等欧盟科研项目进行充分的讨论并达成了初步共识。李保明教授一行还访问了中国驻比利时大使馆教育处，对推进与比利时的畜牧工程教育和科研合作进行了讨论。

3）2015 年 7 月 19—23 日，中国农业科学院农业环境与可持续发展研究所杨其长研究员、仝宇欣博士、李涛博士、张义博士以及方慧、李琨、王君等 7 位专家出席了在葡萄牙埃武拉大学举办的"国际设施园艺大会"（GREENSYS2015），共有来自 32 个国家和地区的 268 位代表与会。杨其长研究员做了"Improving the performance of solar energy acquisition in greenhouse"的大会主旨报告。仝宇欣、李涛、张义、方慧、李琨等分别就植物工厂节能环控、温室光环境生理、日光温室蓄能与热泵调温以及植物移动式 LED 光环境调控等科研进展进行了报告。每两年一届的"国际设施园艺大会"，中国学者已经成为大会的重要力量，对推动国际设施园艺学科发展做出了重要贡献。

（三）学科平台建设情况

1）农业部设施农业工程学科群：2011 年农业部依托中国农业大学等重点单位成立了"农业部设施农业工程学科群"，其组成如表 1。

表 1　农业部设施农业学科群组成情况表

实验室类别	序号	实验室名称	依托单位	主任/站长
综合性	1	农业部设施农业工程重点实验室	中国农业大学	李保明
专业性/区域性	1	农业部农业设施结构工程重点实验室	农业部规划设计研究院	周长吉
	2	农业部设施农业节能与废弃物处理重点实验室	中国农业科学院农业环境与可持续发展研究所	杨其长
	3	农业部设施农业装备与信息化重点实验室	浙江大学	朱松明
	4	农业部西北设施园艺工程重点实验室	西北农林科技大学	邹志荣
实验站	1	农业部东北设施园艺工程科学观测实验站	沈阳农业大学	王铁良
	2	农业部黄淮海设施农业工程科学观测实验站	山东农业大学	魏珉
	3	农业部西南设施养殖工程科学观测实验站	重庆市畜牧科学院	林保忠
	4	农业部林果棉与设施农业装备科学观测实验站*	新疆农业科学院农业机械化研究所	王晓冬

*该实验站与农业部现代农业装备学科群进行共建。

2）国家设施农业工程技术研究中心：成立于 2011 年 1 月，由同济大学现代农业科学与工程研究院、上海都市绿色工程有限公司联合建设。

3）其他平台建设情况如表2。

表2　学科2011—2014年成立的省部级平台

类　　别	平台名称	依托单位	年份
教育部重点实验室	现代农业装备与技术	江苏大学	2011
农业部重点实验室	农业部都市农业（北方）重点实验室	北京市农林科学院	2011
省级重点实验室	北京市设施蔬菜生长发育调控重点实验室	中国农业大学	2012
省、部、委工程研究（技术）中心	北京市畜禽健康养殖环境工程技术研究中心	中国农业大学、北京京鹏环宇畜牧科技股份有限公司	2013
省、部、委工程研究（技术）中心	北京市植物工厂工程技术研究中心	北京京鹏环球科技股份有限公司	2012

（四）人才培育情况

"十二五"期间，学科人才培养规模与质量有了进一步提升。目前，全国"农业生物环境与能源工程"博士研究生和硕士研究生授权点分别达到了19个和35个（未包含设施水产环境工程方向），如表3，较"十一五"初期有了较为显著的提升（2006年分别为12个和27个），并通过联合培养、举办学科竞赛以及研究生暑期学校等活动，进一步提升了人才培养质量。

为促进农业生物环境与能源工程、设施农业科学与工程等相关领域研究生学术交流，探索创新培养模式，共享优质教育资源，促进高层次创新人才培养，由教育部学位管理与研究生教育司和国家自然科学基金委共同主办，中国农业大学承办的2012年"农业生物环境与能源工程"学科研究生暑期学校于11月1-14日在中国农业大学举行。特邀日本千叶大学前校长Toyoki Kozai教授、荷兰瓦赫宁根大学的Eldert van Henten教授和Andre Aarnink教授、美国爱荷华州立大学Hongwei Xin教授、丹麦奥胡斯大学Guoqiang Zhang教授、美国田纳西大学农学院助理院长Robert Burns教授以及学科群专家包括周长吉研究员、杨其长研究员、朱松明教授、林聪教授、李保明教授、施正香教授、曹薇教授等分别在设施养殖过程控制与环境、设施园艺环境工程、畜禽废弃物处理与利用工程等方面作了专题报告。来自全国23所科研院校及科研单位的近100名青年教师和研究生完成了培训。

表3　全国农业生物环境与能源工程专业研究生学位点分布（2014 年）

序号	学校 / 研究所	研究方向	
		硕士研究生	博士研究生
1	安徽农业大学	农业生物质与能源工程 现代设施农业技术 生物环境智能化控制技术 城镇与区域规划 建筑结构与工程项目管理	
2	北京林业大学	建筑环境与城镇规划	
3	大连海洋大学	农业生物环境工程 能源环境系统优化与控制技术 新能源科学与工程	
4	东北农业大学	农业生物环境工程 节能技术与工程 可再生能源开发与利用	农业生物环境工程 节能技术与工程 可再生能源开发与利用
5	福建农林大学	生物环境及智能化调控技术 生物资源综合利用技术 现代设施农业工程技术	
6	河海大学	水土保持与水土环境保护 环境生物技术 设施农业环境控制 农村新能源开发利用 灌溉排水的生态环境效应	农业水土环境工程 农业水土保持 设施农业环境与工程 有效微生物技术应用 灌溉排水生态环境效应 农村新能源开发
7	河南农业大学	废弃物资源化利用 太阳能利用技术 高效节能技术 农业生物环境调控技术 生物质能转换与利用	可再生能源转换技术 生物质高效燃烧与利用
8	黑龙江八一农垦大学	生物质能源综合利用技术及装备研究 畜禽舍环境控制技术与装备研究 设施农业结构防灾减灾	
9	华北水利水电大学	农业环境污染控制 农业能源工程	
10	华南农业大学	农业生物资源与利用 设施农业与环境工程 农产品产后加工与处理	农业生物资源与利用 设施农业与环境工程 农产品产后加工与处理
11	华中农业大学	生物质能利用技术与装备 新能源开发与利用 农业生物环境与控制技术 生物质转化与利用技术与装备	农业生物环境与能源工程

续表

序号	学校 / 研究所	研究方向	
		硕士研究生	博士研究生
12	吉林大学	设施农业环境控制及节能技术 设施农业装备与技术 设施农业数字化技术 设施园艺与农业资源有效利用技术	农业设施环境调控与节能技术 农业生物资源保护与利用
13	吉林农业大学	新能源开发利用 农业废弃物资源环利用 设施农业与生物环境调控	
14	佳木斯大学	生物质能源转化及过程污染物排放控制技术 生物质能源转化与综合利用技术 新能源驱动理论及其控制技术	
15	江苏大学	农业生物环境与能源工程 农业生物环境工程	设施农业生物环境检测与控制
16	江西农业大学	设施农业环境控制 新能源工程 建筑生态环境规划与节能 生物质材料研究与利用	
17	昆明理工大学	设施园艺环境工程 生物质转化与利用	
18	南京农业大学	农业生物环境控制与装备 人工湿地设计优化及其净化技术 能源与经济、环境协调发展与区域能源规划 可再生能源开发利用与评价	农业生物环境模拟与控制 人工湿地设计优化及其净化技术 设施农业控制工程与技术 作物生产环境工程与技术
19	内蒙古农业大学	农业生物环境与农业水土环境 环境控制工程与技术装备 风力发电与可再生能源工程	农业生物环境与能源工程
20	山东理工大学	生物质高质化利用技术 （按"农业工程"招生）	农业生物质能源与材料 （按"农业工程"招生）
21	山东农业大学	设施农业生物环境工程 设施农业装备设计与开发 生物环境控制与信息技术 再生能源开发与利用	设施农业生物环境工程 设施农业装备设计与开发 生物环境控制与信息技术 新能源开发与利用
22	山西农业大学	设施农业工程技术 农业生物环境测控技术与装备 生物质能利用与能源工程	

续表

序号	学校／研究所	研究方向	
		硕士研究生	博士研究生
23	沈阳农业大学	新能源工程 农业生物环境工程	新能源工程 农业生物环境工程
24	石河子大学	农业生物与生态环境工程 现代生物能源技术工程 新型农业建筑工程	可再生能源开发利用与新能源工程 农业生物与生态环境工程 农业生物环境工程
25	塔里木大学	生物质资源化利用	
26	同济大学	设施农业方向 生物质能源工程方向 农业生物环境方向 农业生态与景观园艺方向	
27	西安理工大学	农业生物环境与技术 农业环境与技术 农业生物与水土环境 设施农业与环境工程 农业面源污染控制	
28	西北农林科技大学	现代生物环境工程与技术 现代生物能源工程与技术	现代生物环境工程与技术 现代生物能源工程与技术
29	西南大学	设施环境控制 再生能源开发及利用 建筑工程项目管理	废物资源化工程
30	扬州大学	农业生物环境与能源工程	
31	云南农业大学	农业生物环境控制 农业设施装备研究 新能源开发与利用	
32	云南师范大学	太阳能热转换利用与建筑节能 太阳生物质能源转化与利用工程	太阳能热利用工程 太阳能光伏科学工程 生物质能工程 农业生物环境工程
33	浙江大学	工厂化农业设施与装备 设施农业生产过程检测与调控技术 废弃物资源化与微生物环境工程 现代信息技术在生态农业中的应用 设施养殖环境工程 农业空气质量 农业建筑 建筑环境与能源 可再生能源工程 设施园艺环境工程 设施水产工程	按照导师的研究方向进行了细分，详见浙江大学研究生招生网 http://grs.zju.edu.cn/zsindex.jsf

续表

序号	学校/研究所	研究方向	
		硕士研究生	博士研究生
34	中国农业大学	设施养殖过程控制与环境 设施园艺环境工程 农业生物质与能源工程 城乡规划与农业建筑工程	设施养殖过程控制与环境 设施园艺环境工程 农业生物质与能源工程 城乡规划与农业建筑工程
35	中国农业科学院	农业生物环境工程 生物质能源工程	在"设施农业与生态工程（0713Z2）"招生

三、农业生物环境与能源工程学科进展

（一）畜牧工程方向

在全球畜禽规模养殖逐步向标准化、福利化、精准化方向发展的大背景下，我国在"十一五"国家科技支撑计划"畜禽健康养殖与新型工业化生产模式研究及示范"等重点项目的基础上，"十二五"期间开展了"畜禽福利养殖关键技术体系研究与示范"（公益性行业科研专项）、"主要畜禽低碳养殖及节能减排关键技术研究与示范"（公益性行业科研专项）、"现代农业产业工程集成技术与模式研究"（公益性行业科研专项）、"畜禽养殖数字化关键技术与设备开发"（国家"863"计划课题）、"设施养殖数字化智能管理技术设备研究"（国家科技支撑计划课题）等项目的研究，重点研究适合我国国情和气候特点的畜禽新型养殖工艺模式、福利评价体系、标准与规程、环境调控技术、配套定型设施设备、智能调控与管理技术等。"十二五"以来，畜牧工程技术不断创新，重点体现如下。

1. 畜禽新型健康养殖工艺与技术日益受到重视，定型技术与装备已经逐步开始推广应用

20世纪90年代以后，发达国家开始逐步重视畜禽养殖的健康和福利问题，从一味追求养殖效率逐步转向对产品安全、质量效益与健康福利的追求。因此逐步加强了有关畜禽饲养过程中的动物福利立法，对畜禽养殖的空间与环境、福利性设施与设备的配置等提出了明确的要求。北美的蛋品生产协会提出蛋鸡笼底面积扩大20%以上，欧盟规定从2012年1月1日开始以及在其成员国内全面禁止蛋鸡传统笼养。在生猪饲养方面，欧盟规定1999年1月1日开始将妊娠母猪的限位饲养过渡到舍饲散养体系，并于2013年1月1日前完成全部改造。因此，新型养殖模式与配套养殖装备系统的开发与应用已经在欧美国家不断展开，并逐步开展试点应用。

与欧美等发达国家相比，我国畜禽养殖存在规模化程度低、资金与技术装备投入能力差等特点，畜禽生产环境调控的难度更大、装备产业发展滞后，并具有自己的养殖传统与习惯。中国农业大学的有关人员结合我国实际情况经过近20年的潜心研究，提出了猪的舍饲散养清洁生产、蛋鸡栖架健康养殖等符合我国生产现状的新型生产工艺技术模式，开

发了符合其生物学特点与行为习性的母猪、断奶仔猪、生长育肥猪的全程健康养殖关键技术，基于粪尿分离的干清粪技术以及蛋鸡健康非笼养技术等，并配套研制了福利抗应激设施、新型漏缝地板与自动清粪、整体式组合栖架等配套装备。在新型福利养殖模式下，可以提高畜禽的生产性能、健康水平以及产品品质。"十二五"以来，部分定型技术与装备已经在国内进行了推广应用，收到了良好的效果，对提升我国规模化畜禽健康养殖技术水平，促使我国从畜禽养殖大国变成养殖强国起到了积极的推动作用。

2. 畜禽养殖环境领域的研发取得新进展，部分技术实现了突破

发达国家历来十分重视畜禽舍环境调控技术的研究及普及推广应用。随着畜禽福利养殖技术的发展，畜禽环境研究领域已从传统的主要针对热环境，扩展到生物的化学环境（空气质量、臭味控制）和社会环境（畜禽行为与福利、运输）以及计算机环境控制等各个领域，很多技术成果在生产中得到了广泛应用，对改善畜禽生产环境、提高生产性能和增进畜禽健康、降低生产和运行成本起到了十分重要的作用。

1）畜禽养殖环境调控技术取得新的研究进展，为规模畜禽场进行安全生产提供关键技术保障。随着我国畜禽养殖规模化、集约化的不断发展，养殖环境调控技术的作用越发重要，也越来越受到重视。我国大部位于大陆性季风气候区，夏季炎热、冬季寒冷，气温年较差显著高于同纬度的大部分国家和地区，使得畜禽生产环境的调控难度显著增大。针对我国的气候特点，中国农业大学和农业部设施农业工程重点实验室结合所研发的新型养猪、养鸡等新型生产工艺和装备，开展了养猪、蛋鸡以及奶牛生产环境调控技术的研究，配套研发了地下水调温猪床与局部控温、规模鸡场湿帘风机分级调控、奶牛喷淋、冷风机结合靶向通风等夏季热应激局部和精准环境调控技术，有效保障了规模畜禽场的安全生产，并具有节能、节水等特点。利用先进的视频监控技术开发出了适用于密闭式鸡舍内环境特点的基于 IP 技术的嵌入式 Web 多环境参数数据采集器，通过互联网监测获取鸡舍内温度、湿度、光照、氨气浓度、风速等环境参数，改进并完善了原设备的工艺和控制方式；开发了适用于蛋鸡养殖企业的智能型自移动视频监控系统，具有图像清晰、传输速度快、投资成本低等特点，实现了生产过程的远程实时监控和养殖管理过程的信息共享。

2）畜禽舍空气质量与排放引起普遍关注，无害化环境净化技术取得了突破。畜禽场内高浓度的悬浮尘、有害气体以及病原微生物，对畜禽的健康和生产性能产生严重的不利影响；污染物排入大气后，对周围居民和大气环境造成危害，引起环境和生态问题；另外，畜牧业生产还是重要的温室气体排放源。目前，畜禽舍空气质量与排放问题已经在国内引起了较为普遍的关注，中国农业大学、中国农业科学院等单位已经逐步建立了畜禽舍多点气体采样法、箱法以及示踪气体法等，对畜禽舍、运动场、粪污堆贮与处理设施、堆肥设施等有害气体（氨气、温室气体、臭气）、粉尘以及病原微生物浓度和排放量的监测与计算等工作，对其传播模拟、控制技术的研究也将逐步展开，是畜禽生产节能减排控制的一个重要方向。该领域相关技术的研究开发，将可以促进现代养殖清洁生产体系的建立，加速改善舍内和场区的空气环境、实现养殖场节能减排等效果。

良好的空气质量是保证畜禽健康、降低发病率、提高福利和生产力的关键之一，对养殖环境进行定期空气净化，是改善生产环境空气质量、预防疫病发生和传播的重要措施。中国农业大学率先开发了酸性电解水和微酸性电解水及其环境净化技术，实现了畜禽养殖环境净化技术的突破。酸性电解水是一种新型的杀菌消毒剂，大量研究表明酸性电解水对各种细菌、病毒具有瞬时、广谱、无残留的高效杀菌作用。微酸性电解水则具有接近中性pH值、无腐蚀等特性，具有与酸性电解水同等以上的杀菌能力。与其他化学消毒剂相比，微酸性电解水机操作简便，避免了运输的费用和不便，生产和运行费用低，使用成本远低于化学消毒剂。此外，微酸性电解水杀菌后可还原成无毒、无残留的普通水，排放后对环境无污染，是一种廉价、安全的绿色消毒剂。通过对规模化养猪场、养鸡场、奶牛场以及运输车辆、畜禽交易场所等实验研究证明，微酸性电解水可以实现对畜牧场、畜禽舍空气高效、无污染的净化作用，同时还可以实现对猪蓝耳病毒的净化作用。

（二）设施园艺工程方向

在设施园艺工程领域，重点启动了"西北非耕地农业利用技术及产业化"（公益性行业科研专项）、"园艺作物设施栽培光环境精准调控关键技术研究与示范"（公益性行业科研专项）、"智能化植物工厂生产技术研究"（国家"863"计划项目）、"园艺作物与设施农业生产关键技术研究与示范"（国家科技支撑项目）、"设施园艺环境调控配套装备研制与产业化示范"（国家科技支撑项目）以及"温室环境作物生长模型与环境优化调控"（国家自然科学基金重点项目）等项目。"十二五"以来的重点进展包括以下3方面。

1. 西北非耕地农业利用技术及产业化研究取得了重要进展

公益性行业（农业）"西北非耕地农业利用技术及产业化"是迄今为止我国设施农业领域科研经费投入最多、科研人员参与人数最多的科研项目。5年间的科研经费达1.2亿元，参与研发的单位达数十家，参与研发的科研人员多达数百人。由此也可看出农业部等政府部门充分认识到设施农业在我国农业现代化进程中的特殊地位，尤其注重西北地区发展设施农业的独特优势，也是科技支持西部大开发的重要举措。该项目下设6个课题：西北非耕地园艺作物栽培基质优化配置技术与产业化示范、适宜西北非耕地亚逆境栽培和市场销售的园艺作物品种筛选与布局、适合西北非耕地园艺作物栽培的温室结构和建造技术研究与产业化示范、西北非耕地园艺作物栽培节水技术和设备研究与产业化示范、西北非耕地园艺作物生态高效生产技术研究与示范以及西北非耕地农业利用技术集成与产业化示范。项目实施以来，共筛选出蔬菜、葡萄、食用菌等优良品种39个，示范推广无土栽培栽培基质、新型日光温室、水肥一体化等各类新技术近百项，在西北6省（区）建立非耕地核心示范基地，进行技术示范推广。该项目对于促进非耕地区农民增收具有较大意义。

2. 智能植物工厂关键技术研究取得重要突破

植物工厂是一种通过设施内高精度环境控制，实现作物周年连续生产的高效农业系统，多年来一直被国际上公认为设施农业的最高级发展阶段，是衡量一个国家农业高技术水平的重要标志之一。由于植物工厂可不占用农用耕地，产品安全无污染，操作省力，机械化程度高，单位面积产量可达露地生产的几十倍甚至上百倍，因此又被认为是未来解决人口、资源、环境问题的重要途径，也是航天工程、月球和其他星球探索过程中实现食物自给的重要手段。我国农业的发展正面临着人口、资源、环境的巨大压力和社会需求不断增加的严峻挑战。如何利用有限的资源满足人们日益增长的对食物和纤维的需求，实现农业的可持续发展，是新时期我国农业发展所面临的重要课题。植物工厂的发展必将对缓解我国人口、资源、环境压力，大幅度提高资源效率，提升我国农业现代化水平，具有十分重要的意义。

"十二五"以来，国家"863"项目"智能化植物工厂生产技术研究"等项目支持下，在植物工厂 LED 节能光源及光环境智能控制技术、立体多层栽培系统、基于光温耦合的节能环境控制方法及设备、营养液管理与蔬菜品质调控技术、基于网络管理的植物工厂智能控制等关键技术领域取得重要突破。已建立我国人工光与自然光植物工厂技术研发平台，研发形成了具有自主知识产权的植物工厂生产技术与配套控制装备，为提高我国农业现代化与智能化水平，拓展农业生产模式提供技术保障。初步形成植物工厂叶菜、果菜光环境优化指标及控制模式，研制出植物工厂专用 LED 光源装置，与荧光灯相比，提高光能利用率30%。建成植物工厂叶菜、果菜多层立体栽培系统装备、立体栽培关键作业装备。研制出小容器光温耦合实验箱及智能能耗测算系统。初步建立植物工厂营养液在线监测系统，开发了紫外—臭氧营养液消毒样机。研制了植物工厂空气温湿度、光环境、二氧化碳、液温、叶温传感器样机，无线数据采集器样机也已初步完成。

3. 日光温室主动蓄能及结构轻简化技术取得重要进展

针对当前日光温室普遍存在的后墙蓄热量不足、低温及冷害现象频繁发生、墙体厚度不断增加、土地资源浪费严重等突出问题，在国家"十二五""863"课题"温室节能工程关键技术及智能化装备研究"（2013AA102407）的支持下，中国农业科学院牵头完成了"日光温室主动蓄放热关键技术研究与应用"项目，并进行了技术中试和熟化推广。该项目首次构建了以流体为媒介的温室主动蓄放热理论与方法，彻底改变了日光温室一直沿用的以墙体为蓄热体的被动式蓄放热模式；首次提出了基于热泵的主动蓄放热系统能效提升方式，通过采用以流体为媒介的主动蓄热系统的热源，避免了传统热泵的打井、深埋地埋管等集热方式；首次实现了日光温室太阳辐射能蓄积/释放的有效调控，改变了长期以来日光温室热环境难以有效调控的状况。在主动蓄放热技术基础上，设计并试制完成了四套轻简化温室结构，为实现温室轻简装配化提供了重要技术支撑。

（三）设施水产养殖环境工程方向

纵观水产养殖工程学科近几年的发展，其突出点主要体现在循环水养殖技术的理论研究与生产应用得到快速发展。全球水产养殖业在未来的发展进程中，将有望主要以资源节约、环境友好、产品优质的工业化循环水养殖模式来满足世界人口激增所带来的对优质蛋白质的大量需求。

2013 年，全国陆基工厂化水产养殖规模达到 4974 万 m³，其中海水养殖水体 2172 万 m³，较 2012 年增加 12.86%；陆基工厂化养殖总产量约为 38.55 万吨，占我国水产养殖总产量的 0.85%，较 2012 年陆基工厂化养殖所占比重增加了 10.39%，但总体所占比重仍然较小。目前我国陆基工厂化水产养殖产业中海水养殖所占比例持续增加，2013 年海水陆基工厂化养殖总产量达 17.74 万吨，约占我国陆基工厂化养殖总产量的 46%；现阶段我国工厂化海水养殖品种已涵盖鱼类、贝类、海参、对虾等诸多品种，但规模化养殖品种较少，其中陆基工厂化养殖大菱鲆 7.29 万吨，约占全国海水陆基工厂化养殖总产量的 41%。封闭循环水养殖技术是现阶段陆基工厂化养殖先进生产力的主要呈现形式，是近年来世界上十分热衷的一种高效水产养殖方式，与传统流水养殖方式相比技术优势明显，但同时其也面临着基础设施投入高、水处理工艺复杂、管理难度大等问题。因此目前海水循环水养殖系统主要应用于附加值较高或者适合高密度养殖的名贵鱼类养殖生产。此外养殖用水资源减少、环境污染压力增大以及养殖品种对水质水温等条件的高标准也是推动循环水养殖工艺加快推广应用的重要因素。据不完全统计，目前从事陆基工厂化养殖企业中，应用循环水养殖技术的企业已超过 120 多家，养殖水体突破 120 万 m³，但所占比例仍不足我国陆基工厂化养殖生产总水体的 4%。海水主要养殖品种以大菱鲆、半滑舌鳎、石斑鱼、鲑鱼以及河鲀等名贵海水鱼类为主，淡水主要以暗纹东方鲀、俄罗斯鲟鱼、虹鳟鱼等为主。成果推广和产业发展同步跟进，使整个学科无论是研究还是应用都处于一个良性发展的状态。

1. 设施设备研发与应用进展

根据养殖生物在养殖环境中的生活特点，工业化水产养殖设施的研究对象和养殖生物目前主要有两大类，一类是具有较强游泳能力的生物，一类为非游泳型生物。前者如各种鱼类、虾等，后者主要有各种贝类等。由于生活习性的差别及饵料类型的差异，在养殖设施设计原理及管理技术要求等方面存在诸多差异，需要因种制宜。针对这两类养殖设施，分别从国外和国内予以总结归纳，以资借鉴。

1）鱼虾等游泳生物水产养殖设施设备发展现状。当前工业化循环水养殖方面的主要进展有：①循环水养殖系统的生产工艺和管理技术日益成熟。近年来，国外工业化循环水养殖水处理技术进步较快，日趋成熟，在水体消毒、水质净化，悬浮颗粒物去除，增氧及控温方面，采用现代高新技术，设施设备的可靠性和稳定性大大增加，依靠科学技术与严密的社会分工，涌现出一大批世界著名的工业化循环水大型养殖企业和水处理设施设备专业生产加工企业；②基础理论研究深入系统，自动化和智能化控制等高新技术得到广泛应用。系统研究了生物净化过程，以及全封闭循环水养殖系统所需要的生物反硝化技术等，生物滤器的稳定性和可靠性大大提高；无人化养殖车间、精准生产操作规范等已在生产中得到应用。

通过"九五""十五""十一五"的国家"863 计划"和科技支撑计划的连续支持，我国在海水工业化养殖的研究与应用方面取得了长足进展，尤其是经历 2007—2011 年的快速整合阶段后，初步实现了产业的规范化发展，取得了诸多成果，带动了海水工业化循环水养殖战略性新兴产业的兴起，保护了生态环境，促进了海洋经济发展和渔民的增收致富，填补了国内在大规模工业化循环水养殖石斑鱼、半滑舌鳎鱼、大西洋鲑等方面的空白。通过集成创新，循环水养殖装备全部实现国产化，关键设备进一步标准化；采用新技术、新材料的净化水质技术和设备的成功研制，大大提高了净水效率，提高了系统的稳定性、安全性，降低系统能耗。对重要水处理设备如固体污物分离器、蛋白质泡沫分离器、模块式紫外线消毒器、管道式高效溶氧器、生物滤池等进行了节能改造，在提高设备的水处理效能和处理精度的同时，大大降低了水处理系统的构建成本和运行能耗，制定并完善了关键设备的企业生产标准。此外，对水处理系统工艺流程进行了优化设计，剔除了高压过滤罐、制氧机等高能耗设备，实现了养殖水在系统内通过一级提水后的梯级自流，设备间的衔接性和耦合性得到显著改善。研制出了适宜工业化养殖生态环境要求，附加值高，具有高效果与低成本、低污染的统一饲料产品。研究了生物膜的微生物种群多样性、阐述了生物膜微生物种群组成及结构的变化规律及其与净化效果的关系，突破了制约海水循环水养殖的关键技术"瓶颈"，促进了生物膜法污水处理技术的进一步发展。针对不同养殖对象（石斑鱼、半滑舌鳎、凡纳滨对虾和刺参等）、不同养殖模式（流水养殖、循环水养殖）制定了严格的技术规范和企业标准，特别是在循环水养殖的鱼病防治研究中，取得了系列突破，确立了循环水养殖鱼病防治三原则，并制订出了严格的技术规范；针对大西洋鲑杀鲑气单胞菌的疫苗在生产中得到初步应用，免疫率达到 73% 以上。

科研成果方面，构建了对虾工厂化循环水养殖系统。它由两个单阶段和两个三阶段两种跑道式室内阳光棚循环水养殖系统组成，运用颗粒旋分过滤、移动床生物处理和低能耗纯氧增氧等技术，在养殖水体中形成优势微藻群落，对虾养殖成功率超过 90%。在淡水工厂化养殖关键设备集成与高效养殖技术开发方面，创立了基于物质平衡的工厂化循环水养殖系统的设计理论，研制出悬浮颗粒物高效去除的工艺及关键设备，由此降低了水处理系统的净化负荷和运行能耗；研制出三种高效稳定的生物过滤器（浮粒式生物过滤器、一体式物化 / 生化装置和生物絮凝净化装置），实现了养殖水的离子平衡；研制出高效节能的纯氧溶氧装置，创制出新型的低能耗纯氧溶氧装置。解决了工厂化循环水系统运行过程中反映出的设施设备投入大和能耗高等问题，同时构建了基于神经网络算法的养殖水质模糊控制技术。

技术研究方面，倪琦等利用循环水处理技术和人工湿地净化技术构建的双循环系统模式，对福建地区鳗鱼精养池系统进行技术改进研究。结果表明，并联式双循环水处理工艺在鳗鱼养殖中具有水质处理效果好、改建和运行低廉等优点，适合我国南方地区鳗鱼精养池模式的循环水化改造。唐天乐等利用封闭循环水养殖池塘设施，利用光合作用、氧化作用、活性污泥吸附床层的生物吸附作用等手段，对养殖废水进行了有效的脱氮效果试验。陈庆余等采用气体交换技术，通过设置在循环水处理系统中 CO_2 去除装置，可以高效去除养殖水体中的高浓度 CO_2，并且能够显著提升水体 pH 值。苗雷等运用改进的 BP 算法对在线监测的水质指标进行分析、分类和预测，确定水质指标与其影响因子间的非线性关系，研究养殖水体水质指数变化梯度和分布规律，同时对水质状况进行模糊判别，为养殖生产提供预警控制。

2）贝类设施养殖发展现状。近年来，国外在贝类设施养殖研究应用领域，主要围绕工厂化苗种培育、新能源应用、高效养殖工程等开展了诸多研究，并广泛应用。澳大利亚采用流水养殖系统实现了鲍的全年高密度、集约化、高效率的苗种生产；新西兰采用跑道式循环水系统养殖彩虹鲍，已显示明显的优势：极大缩短养成时间，减少死亡率，减少寄生虫感染，缩减养殖池的数量，降低劳动力需求，节省能耗等；循环水系统在稚贝培育方面也取得了广泛应用，如贻贝稚贝培育、牡蛎幼虫的高密度循环水培育等。同时，波浪能、人工上升流、余热、地热、生物质能、太阳能和风能等新能源和节能高技术也不断在贝类养殖生产中得以运用。美国在夏威夷等地已利用深层的低温海水来养殖鲍、牡蛎等。美国温哥华岛大学贝类研究中心将太阳能电池板应用于浮动上升流系统（FLUPSY），代替传统的电力，节约能源。美国夏威夷考那的自然能源试验厂利用海洋表层水（20m，26℃）和深层水（600m，6℃）温差发电，为鲍养殖企业提供热源，保持15℃适温，使鲍的生长速度提高了近一倍。利用上升流技术高密度培育苗种已得到普遍应用，用上升流系统培育贝类苗种具有生长快、成活率高、空间利用率高、设施使用寿命长等特点。此外，亲贝的促熟技术以及繁育设施设备和自动化控制装备在发达国家也都得到广泛应用。

牡蛎是国外贝类设施养殖中产量较高，同时也是养殖技术最为成熟的种类之一。纵观近几年国外的单体牡蛎养殖设施的形式，其主要特点是养殖设施的发展着重于小单元组合，易搬运、易回收、不占空间、整理更换方便、受异常天气（大风、浪潮）的影响较小。美国 OYSTERGRO 公司生产的牡蛎养殖浮箱、泰勒浮箱，加拿大的养殖浮袋，法国的养殖篮都具有以上优点。

目前，多营养层次综合养殖（IMTA）模式是国际上的研究热点，浅海养殖中较为常见的组合有鱼—贝—藻、贝—藻—参、贝—参等。与之相对应的，国际上相继研发出新型、高效的 IMTA 养殖设施，如挪威的单点锚定鱼—贝—藻综合养殖设施，澳大利亚养鲍业使用的"水上农场"专利系统等。

在我国，贝类养殖方面取得了诸多进步，特别是"十一五"计划以来，取得了许多标志性成果和重大突破，获得了良好的社会和经济效益。部分养殖企业建立了虾夷扇贝框式养殖技术、多营养层次综合养殖、基于生态工程的海珍品底播增养殖模式等一系列生态养殖技术示范基地。獐子岛海域的海珍品底播增养殖以及荣成桑沟湾的贝藻综合养殖等 IMTA 模式的产业化程度已经走在了世界的前列。相比之下，加拿大、美国、智利以及一些欧洲国家的 IMTA 示范区建设目前只是局限于小范围的实验阶段，距离产业化尚存在一定的差距。在养殖设施方面，我国研制出一系列新型的养殖及配套设施，如可控水层新型筏式抗风浪养殖系统、多元生态新型筏式养殖系统、虾夷扇贝框式养殖设施等，这些设施为我国向远岸深水水域进一步拓展，开辟新的战场提供了工程设施保障。

目前，在贝类的工厂化苗种繁育方面，人工育苗实际上已不同程度地实现了工厂化；

目前除了天然苗源极为丰富的牡蛎和缢蛏外，人工苗种培育是珍珠贝类、扇贝类、蛤仔和鲍类等主要的甚至是唯一的生产方式，不同贝类品种的培育技术和方法也得到不断地改进。封闭循环水苗种繁育也取得了一定的进展，冯志华等建立了一套体积为100m³，可用于扇贝苗种生产培育的封闭循环水系统。目前海上筏式养殖工程设施也广泛应用，养殖的贝类主要有魁蚶、牡蛎、扇贝、贻贝、鲍等。我国通过自主研发与集成创新的结合及生产应用，使得筏式养殖设施在技术和产业规模上取得了巨大进步。我国的筏式养殖规模已居世界首位，养殖产量占国内海水养殖总产量的一半以上，单产也达到了较高水平。发明的新型鲍养殖装备——"鲍鱼公寓"，改进了现有传统吊笼式鲍鱼养殖模式。吴垠等设计的多层抽屉式循环水稚鲍养殖系统，是一种安全、高效、节能减排的养殖模式，可以大规模应用于鲍的循环水生产培育，具有良好应用前景。

2. 循环水工艺流程研究

1）固体悬浮物去除。工厂化养鱼属于集约化养殖模式，养殖鱼类的单位水体密度较高，产生的固体废弃物量很大，首先要求滤除大颗粒物（TSS）。目前生产上使用得比较成熟的是微滤机和弧形筛。转鼓式微滤机为当前去除TSS的主要设备之一，滤网是转鼓式微滤机的主要工作部件，其网目数（孔径）直接影响转鼓式微滤机的TSS去除效率、反冲洗频率、耗水耗电等。总体而言，微滤机在初次使用过程中过滤效果较好，但在长期运行过程中，养殖水体中黏性物质会逐步附着到滤网上，导致滤网孔径变小，影响过滤能力，且因为体积庞大，不容易维护。弧形筛是目前国内外工厂化循环水养殖模式中应用较为成熟的一种微筛过滤器，优点是无动力消耗、结构简单、维护成本低，缺点是国内尚未解决好弧形筛面的自动清洗难题，养殖负荷较高，每天不定时地需要进行人工清洗。弧形筛主要利用筛缝排列垂直于进水水流方向的圆弧形固定筛面实现水体固液分离。

2）臭氧消毒。臭氧是一种强氧化剂，其灭菌过程属于生物化学氧化反应。臭氧灭菌有3种形式：①能氧化分解细菌内部葡萄糖所需的酶，灭活细菌；②直接与细菌、病毒作用，破坏它们的细胞器和DNA、RNA，使细菌的新陈代谢遭到破坏，导致细菌死亡；③透过细胞膜组织侵入细胞内部，作用于外膜的脂蛋白和内部的脂多糖，使细菌产生通透性畸变而溶解死亡。臭氧灭菌为广谱杀菌和溶菌方式，杀菌彻底，无残留，可杀灭细菌繁殖体和芽孢、病毒、真菌等，并可破坏肉毒杆菌毒素。另外臭氧由于稳定性差，很快会自行分解为氧气或单个氧原子，而单个氧原子能自行结合成氧分子，不仅能对养殖水体增氧，而且不存在任何有毒残留物，所以，臭氧是一种比较理想的、无污染的消毒剂。目前臭氧的应用研究已经在南美白对虾、虹鳟等养殖中开展，研究表明使用臭氧可以缩短养殖对象的养殖周期。尽管臭氧使用组易出现一些亚临床症状如鲍上皮细胞增生和肝脏脂肪沉积，但臭氧在使用过程中对养殖对象的健康没有构成明显的威胁。不过臭氧尽管杀菌效果好，但如果过量使用还是会对养殖生物造成较大危害。

3）蛋白分离。蛋白分离器工作原理是空气与水之间形成的接触面，具有一定的表面张力，所以纤维素、蛋白质和食物残渣等有机杂质必然会在此被吸附汇集。如果能够尽力扩大此表面积，例如产生气泡（制造泡沫），则会有更多的纤维素、蛋白质和食物残渣等在此表面被吸附。泡沫的黏度将随着表面的扩大而增强，并随气泡的逐渐消失而改变。因此，蛋白分离器的有效性就在于扩大气体和液体之间的表面区域以及其特定的表面张力。另一种理论是有机分子表面有2个极端，一个是亲水，一个是疏水，在与气泡接触时，亲水的极端被水分子吸引，这种表面活性的增大与增强，可促使有机微粒吸附于气泡表面并被聚集在一起。目前，循环水车间普遍采用工业废水处理模式，使用气浮综合处理工艺，用气液混合泵（曝气机）在水的底层打出微气泡，通过气泡扩散盘将水中的蛋白质等污染物收集于表层气泡中，然后通过表层的污物收集槽将污染物排出系统外。此种装置不受处理水体限制，可大可小，处理效果也较好，适合工厂化RAS的使用。

4）紫外杀菌。紫外线杀菌工艺被广泛地应用在循环水处理环节上。当应用紫外杀菌技术于RAS中，产生的强紫外C光照射流水，水中的各种细菌、病毒、寄生虫、水藻以及其他病原体受到一定剂量的紫外（UVC）辐射后，其细胞中的DNA、RNA结构受到破坏，从而在不使用任何化学药物的情况下杀灭水中的细菌、病毒以及其他致病体，达到消毒和净化的目的。紫外线杀菌效果是由微生物所接受的照射剂量决定的，同时，也与紫外线的输出能量、灯的类型、光强和使用时间有关。紫外线杀菌具有杀菌力强、速度快（通常为0.2～5S）等优点，其杀菌效率可达99.9%。紫外线杀菌器以不锈钢为主体材料，以高纯石英管为套管，配合高性能石英紫外低压莱消毒灯管，具有寿命长、执行稳定可靠等优点，进口灯管使用寿命可达9000h，所以在绝大多数的循环水养殖模式中均被采用。在实际生产运营中，当污水流经紫外线消毒器时，其中有许多无机杂质会沉淀、粘附在套管外壁上。尤其当污水中有机物含量较高时更容易形成污塘膜，而且微生物容易生长形成生物膜，这些都会抑制紫外线的透射，影响消毒效果。因此，石英套管外壁的清洗工作至关重要。

5）生物滤池。RAS的核心是生物滤池，包括生物滤料的选择、生物滤膜的培养等技术环节。循环水养殖模式属高密度集约化养殖，其残饵、粪便产生的氨氮、亚硝酸氮是整个循环水系统中主要的代谢废物，也是重点过滤对象，而生物滤池主要承担养殖废水氨氮、亚硝酸氮转化、脱除等功能环节。可以说，生物滤池对氨氮、亚硝酸氮的处理能力代表了整个RAS的工艺的先进性，也代表了整个RAS的最大养殖承载量。目前的研究主要集中于对生物滤池菌群结构和功能的认知、硝化和反硝化作用。

3. 养殖管理研究

封闭式工厂化循环水养殖模式是当今新一代一种新型的高效养殖模式，也是一种以净化水质为核心，养殖水体连续循环利用为特征的集约化养殖系统。它具有节电、节水、节地、减排、高效等特点，符合当前国家倡导的循环经济、节能减排、转变经济增长方式的战略目标。在养殖实际中，水循环系统承载力、水循环率、主要养殖种类、养殖效果和最适养殖密度等营运管理环节都会影响循环水系统的养殖效能。

1）系统对外源物质承载力。养殖系统的稳定性与水循环系统的承载力密切相关，而承载力又决定了养殖系统的生产力。目前已有研究针对Cu^{2+}、Fe、Mn等中重金属离子，福尔马林、过氧化氢等催化剂及硝酸盐等营养盐对循环水系统承载力及养殖对象生理生化指标的影响。

2）水循环率。工厂化循环水养殖模式的主要优势是节能减排、安全高效养殖。而RAS日循环次数既涉及能耗需求，也涉及RAS中养殖对象的生长、生理状态，如何寻找最合适的水循环次数从而既能保证养殖对象适宜的水流速度，又能做到系统能耗最低是亟须解决的问题。目前已有针对于虹鳟、大菱鲆等养殖对象循环水率及流速的相关研究。

3）养殖密度。每个RAS因为设计工艺差异、养殖对象及规格大小不同，其水处理能力会有很大差异，所以其最大养殖容纳量也会存在差别。如何既能物尽其用，获得养殖系统最大的生产效益，又能保证生产运营安全，这需要一个合理的放养策略和一个最佳的放养密度。与此同时，鱼类在RAS中的生长是动态的，所以其养殖密度总是在不断地变化着。而且，不同的RAS其水处理工艺存在各个环节的差别，所以不但不同种类、不同规格的养殖对象的最佳养殖密度不一样，同一种养殖对象在不同RAS中最佳养殖密度也会存在一定差异，就是在同一RAS中，也会因为投喂策略、管理方式的不同而有差别。所以，实际生产中，最佳养殖密度是一个相对的、不断变化的值，这方面的应用应结合实际，跟RAS的承载力、水处理工艺、设备老化程度、管理投喂策略结合起来。

4）投喂策略。与陆源生产活动相同，水产养殖同样会产生污染。饲料作为氮磷污染物的主要来源，其使用也成为决定系统环境影响的主要因素。饲料的质量和数量决定了其在养殖动物体内的代谢。投喂过量不但影响鱼类正常生长和成活，而且会导致饲料转化效率降低，影响养殖效益。此外，残留的饲料还会造成水体污染，这通常被称之为"养殖自污染"。由于水生动物与水体关系的特殊性，系统水质的恶化会对鱼类生长及健康产生严重影响。同时，系统废水的排放也会加重对周围环境（湖泊、河流、海域等）的污染。研究表明，流水养殖中有85%的磷、52%～95%的氮以残饵、鱼类排泄物（粪便、呼吸作用）等形式输入到环境中。因此，降低养殖生产对环境影响可通过提高营养素沉积和提高污染物去除率来实现。前一途径可依赖于研发优质高效饲料和精准投喂策略来实现，后一途径可通过优化系统结构和提高系统处理效率来实现。

鱼类的生长受到诸多内源和外源因素的影响，主要包括：①鱼类自身因素：生理状态、发育阶段、食性及消化道容积等；②环境因素：温度、光照、水质条件及养殖密度等；③食物：食物组成和食物类型；④管理：投喂率、投喂频率和投喂时间等。自然条件下的鱼类摄食因季节、温度、食物供给等各种因素的变化具有较大的波动性。相反，养殖条件下的鱼类因环境条件的相对稳定和食物供给的保证，其生产具有相对的稳定性，在此情况下鱼类的生长主要受摄食量的限制。因此，饲料和投喂是影响养殖鱼类生长的主要因素，这其中投喂包括投喂时间、投喂率、投喂频率和投喂方法等。随着水产养殖业的发展，饲料在原料选择、配方优化、添加剂的使用等方面取得了长足的进步。但饲料的投喂策略仍多基于养殖经验，投喂率、投喂频率和投喂时间仍具有较大的波动性。投喂过少会影响鱼类的生长；相反，过多投喂不但导致饲料的浪费，还会污染水质，造成水体有害细菌繁殖。因此，合理投喂对于促进养殖动物生长和提高生产效益具有重要意义。目前的研究主要集中于传统的流水养殖，针对于循环水养殖投喂策略研究较少，仅有的研究也是从投喂率或投喂频率等单一因素着手。因此，建立基于多参数的综合模型不仅可从理论上阐述因素作用，也可以有效指导生产。

5）病害防控。病害发生严重制约水产业健康可持续发展，病害防控是确保水养殖系统健康运行的重要工作之一。由于病害问题的发生是养殖生物、病原体和养殖环境之间相互作用的结果，加强对上述环节的管控，有利于预防病害发生。传统养殖模式在病害预防方面一般遵循三级预防策略。一级预防是一种防控疾病的有效措施，针对致病因素而采取的初级预防措施，如加强和改进饲养管理、优化生态养殖环境、选育抗病种类和有效切断病原传播途径等。二级预防是指应用药物或者预防性方法对病情进行减缓或防止的措施，早发现，早诊断、早治疗为二级预防的主要措施。首先必须严格地执行一级预防，另外可用现代生物学技术对养殖动物进行早期诊断评估，还可以利用灭活菌苗或免疫增效剂，提高养殖动物的免疫力。三级预防又称临床学预防，它主要包括治疗、防止伤残、强化保健和康复。目前传统的养殖模式的病害防控还是集中在一级预防和二级预防方面。

近年来，我国开展了海水重要养殖生物病害发生和抗病力的基础系列研究，针对目前最突出的病害发生和抗病力问题，应用分子生物学技术从病原、生物种质和环境3方面入手，开展了多项研究和综合分析，并取得了一定的进展。分子生物学技术已经成为研究水产动物病害的一个重要手段，对于我国水产养殖业高效和可持续发展也有着十分重要的影响。目前主要应用的分子生物学技术为DNA分子标记技术、PCR及其相关技术、核酸杂交技术和16S rRNA技术。

长期以来我国水产动物病害控制主要依靠各种农药、抗生素、喹诺酮类、磺胺类、呋喃类等化学药物及各种消毒剂。盲目用药现象较为严重，不仅使药物的作用效果受到了制约，延误治病，造成大量死亡和药物投入的双重损失，还可诱发细菌基因突变或因转移而产生抗药性，导致无药可用；更严重的是药物在养殖动物体内残留和对养殖环境的严重污染。长期滥用药物违背发展无公害食品的宗旨，危害人体健康，破坏水体生态环境。因此，寻找新的环境友好病害防控措施，使我国的水产养殖业实现可持续发展已迫在眉睫。采用微生态制剂、免疫增强剂、水产疫苗等可有效替代抗生素。

工业化循环水系统中病原引起的疾病包括病毒性疾病、细菌性疾病、真菌性疾病和寄生虫类疾病，其中细菌性疾病是一类主要疾病。对于国内工业化循环水养殖系统中出现的病害问题，大部分的应对措施还是采用药物治疗，但是单纯的药物治疗还是会引起耐药性和危害环境等问题。因此总体上，工业化循环水养殖与传统养殖模式在病害防控上采取原则是一致的，都应贯彻"预防为主，治疗为辅"。国内已经有在工业化循环水中使用疫苗接种大西洋鲑进行病害防治的研究，而且有通过研究鱼类行为变化和机体本身免疫指标变化对引起养殖鱼类疾病进行提前预警的研究。针对工业化循环水的养殖现状，传统的单一的病害防治手段完全不能满足行业发展需求和现代社会的发展需要，应当通过技术集成，建立疾病防控网络，保障工业化循环水健康养殖。

四、农业生物环境与能源工程学科创新性成果

1. "畜禽粪便沼气处理清洁发展机制方法学和技术开发与应用"获得 2012 年度国家科学技术进步奖二等奖

本项目由中国农业科学院农业环境与可持续发展研究所副所长董红敏研究员牵头完成，建立的全球第一个户用沼气 CDM 方法学，丰富了农业温室气体研究的理论和方法，被联合国清洁发展机制专家委员会批准为农户／小规模农场的农业活动甲烷回收方法学，在 200 多万个农村 CDM 沼气户应用，并成为国际通用方法；首次创建了"大型养殖场畜禽粪便沼气处理 CDM 工艺"，突破了高含砂、难搅拌、冬季产气低、稳定性差等关键技术，实现了大型沼气高浓度粪便、高容积产气率常年持续稳定运行，为开发 CDM 项目和保证 CDM 项目温室气体减排效果奠定了技术基础；在国内首次集成了适用于不同规模化养殖场的畜禽粪便沼气处理 CDM 技术模式，建立了 CDM 项目开发可行性指标和基线监测等技术规程，并在不同规模（农村户用、典型规模化养殖、特大型畜禽养殖场）粪便沼气处理 CDM 项目中进行了示范和应用；年减少温室气体 732 万吨 CO_2、减排污染物 COD 187 万吨，并支持了《中国应对气候变化白皮书》等政策制定；该成果还被推广到越南、印度、孟加拉国等国家。

2. "微酸性电解水无害化消毒与环境净化技术"获得 2012 年度国家科学技术进步奖二等奖

中国农业大学开发的"微酸性电解水无害化消毒与环境净化技术"与四川大学相关技术集成，形成"猪鸡病原耐药性研究及其在安全高效新兽药研制中的应用"成果，获批 2012 年国家科技进步奖二等奖。针对目前畜禽养殖消毒防疫困难和用药量大的问题，中国农业大学农业部设施农业工程重点实验室率先开发了新型微酸性电解水生产设备，系统研究了无害化消毒技术及其环境净化技术。微酸性电解水克服了强酸性电解水腐蚀性大和稳定性差等问题，通过对微酸性电解水特性、常见病原菌与污染产品以及养殖现场消毒效果研究，表明微酸性电解水具有高效、广谱、安全、廉价、无残留、无污染、绿色环保等显著特点，是一种安全无害、无耐药型消毒剂。与其他化学消毒剂相比，微酸性电解水具有更好的杀菌效果，降低消毒成本 30% 以上。通过杀菌机理的试验研究与理论分析，从分子水平揭示了微酸性电解水的杀菌原理。该项技术开创性地将微酸性电解水作为消毒剂应用于畜禽养殖现场，为改善养殖环境、解决带禽消毒等难点问题提供了新的思路和方法，为减少化学杀菌剂的使用和提高畜禽产品安全性提供了新的途径。

该技术已在北京、山东、河北、重庆、四川等多家大规模畜禽养殖场、畜产品交易市场、鲜活牲畜交割点等推广应用，可以在不同的环节全部或部分取代化学消毒剂，且使用过程中无刺激性气味，对人体和环境无害。同时该技术符合我国畜禽生产的实际需求，在经济、节能、生态、高效、安全等方面与国内外同类技术有很强的竞争力，成果应用和产

业化前景好，可以产生显著的经济和社会效益。

3."福利化健康养猪关键技术研究与应用"获2010—2011年度中华农业科技奖二等奖

本项目由中国农业大学李保明教授牵头，针对我国生猪生长环境条件差、发病率高、饲料转化率低，及产品质量难以监控等技术瓶颈，以生猪健康养殖和节能低碳为目标，从养殖环境、饲料和工程措施等对猪的行为及消化生理特点的影响研究入手，利用猪的定点排粪、群体行为等相关习性和能力，首次研究提出舍饲散养健康养猪工艺模式，研发了配套的健康养猪关键设施设备。主要创新技术和设备包括：可粪尿自然分离的干清粪微缝地板、经济节能型仔猪保温暖床、调温地板、新型降温猪床、自由式分娩栏、干湿饲喂器、母猪精确饲喂系统、抗群体应激装置等；研制了可改善体内微环境、提高猪体抗病和抗应激等能力的环保型饲料制剂；建立集生猪信息检测、环境监控、饲喂管理于一体的数字化控制系统。本项目符合动物福利要求，可以改善猪的生存条件、提高猪只健康和猪肉品质，是实现低碳型养猪生产、促进生产方式转变和产业升级的重要支撑技术。项目率先在我国研究开发了舍饲散养模式的福利化健康养猪关键技术与设备，形成猪用微缝地板等具有完全自主知识产权的专利技术11项。项目执行期间，成果已在云南、浙江、河北、河南等11个省市自治区猪场和农户中推广应用，核心技术和关键设备已实现产业化生产。育肥猪日增重和饲料转化率提高10%，仔猪死淘率降低50%，节水和污水减排50%以上，节能20%。

4.相关发明专利内容（表4）

表4　发明专利（2011—2013年）

专利（申请）号	专利名称	相关技术
201210500256.X	一种家畜个体隔离用的可自锁自由进出门	属于家畜饲养设施，特别涉及一种群养家畜半限位饲养栏。一种家畜个体隔离用的可自锁自由进出门，避免了家畜在进食或休息过程中受到其他家畜干扰。
201210160537.5	一种饲养家禽的自动落料食槽	一种饲养家禽的自动落料食槽，由内挡板、连接所述内挡板的底板和与所述内挡板相对且连接所述底板的外挡板组成的一长条形的槽体；外挡板下部与底板连接处具有一段向内的倾斜段，在所述倾斜段上方的所述内挡板与所述外挡板之间竖直设置有一沿所述槽体长度方向的隔板，所述隔板的底端与所述倾斜段之间留设有间隙，所述隔板上间隔设置有若干连接所述槽体的支撑板。
201310066184.7	采用绳索驱动翻转的多层刮板式清粪机	本发明涉及一种采用绳索驱动翻转的多层刮板式清粪机，提供一种通过柔性绳索驱动刮板抬起或回落的多层刮板式清粪机，主要包括清粪机框架、牵引板和两个斜刮板，向前牵引时刮板落下进行清粪，向后牵引时刮板抬起空程返回。
201110416071.6	一种用于群养母猪单独采食的自动门	由两扇单开门、门框和设置在门框上的门锁，门的两侧设有围栏，通过控制门锁的开关，实现每次只放一头猪进入采食点，实现群养时对猪的单独饲喂和管理。

专利（申请）号	专利名称	相关技术
201210123964.6	一种处理高浓度污水的方法	本发明公开了一种对高浓度污水进行深度处理的方法。本发明的方法包括下述步骤：①采用电化学氧化法对所述污水进行预处理，得到预处理后的污水；②将预处理后的污水的 pH 值调节至 7～9，然后向其中接种微藻，对污水进行微藻生物处理，从而实现对污水的净化。该方法降低了污水处理的成本，提高了污染物去除效率；且污水处理范围广、无二次污染、运行方式灵活、可控，实现环境增值能源。
201110272624.5	一种小阶梯式种禽本交养殖设备	涉及一种小阶梯式种禽本交养殖设备，包括小阶梯式本交笼和清粪装置，小阶梯式本交笼由 6 个鸡笼和 2 个 3 层梯形笼架组成的小阶梯式本交笼单元组合构成，每两架相邻的小阶梯式本交笼单元构成一个饲养单位，顶层鸡笼后网打通，其余各层相邻的两只鸡笼侧网打通，整个笼组的所有笼具均成为二笼合一的大笼。由清粪机驱动机构和 2 个分别置于顶层鸡笼和二层鸡笼的底网之下的清粪机组成清粪装置，清粪机驱动机构同时驱动两个清粪机交替进行清粪进程和清粪回程，实施笼顶清粪操作。本发明达到了家禽福利养殖和实现种禽自然交配的要求，与饲喂、饮水、地沟清粪和集蛋系统配套，适用于大规模集约化、环境标准高的种禽养殖场。
201210593457.9	一种缓解奶牛热应激的靶向通风装置	本发明涉及一种缓解奶牛热应激的靶向通风装置，其特征在于：它包括间隔设置在开放式成乳牛舍内每一劲枷上的若干支撑架，各支撑架顶部共同支撑有一独立的通风管道，每一通风管道包括一设置在其中心的三通管，三通管的进风口通过一天圆地方的变径管连接一风机，三通管的两侧出风口上分别连接一送风支管；每一送风支管由若干直管和连接相邻两直管的变径管组成，送风直管的最远端封死。直管的直径从与三通管连接处向远端逐级减小，每一变径管上分别设置一送风孔，且各送风孔的设置位置一致。各支撑架顶部还共同支撑有一喷淋管，与每一变径管上的送风孔的位置对应设置一喷嘴；每一送风孔处分别安装用于调节风向的百叶。
201110121129.4	多级热回收复合除湿新风空气处理机	通过风管串联连接板式热交换器、预冷除湿器、干燥转轮、显热回收转轮、送风温度调节器、送风风机构成的处理风路径，以及依次串联蒸发冷却器、板式热交换器、低温热泵热回收器、高温热泵冷凝器、高温热泵蒸发器等，通过多级热回收，减少再生空气的加热能耗和处理空气的冷却能耗，达到节能的目的，两级复合除湿，有效提高机组的除湿能力。
201110295655.2	一种基于数字图像技术的粉尘浓度测量装置及方法	本发明涉及畜禽养殖环境监测与空气质量控制技术领域。公开了一种基于数字图像技术的粉尘浓度测量装置及方法，该装置包括：依次连接的拍摄模板、粉尘发生室和图像拍摄体，所述图像拍摄体包括安装于内部的摄像机和辅助光源。本发明利用摄像机采集粉尘图像进行分析，得出粉尘浓度和图像亮度参数之间的关系模型，从而测量粉尘浓度，准确度高。
201110439916.3	畜禽养殖过程海量数据自动处理方法及系统	本发明是一种畜禽养殖过程海量数据自动处理方法及系统，该系统包括：采集模块，其包括：环境变量采集模块和图像音频同步采集模块，分别用于采集环境变量数据和图像音频数据；数据处理/存储模块，其包括：数据库和文件系统，用于对所述采集模块采集的数据进行处理并存储；数据同步还原模块，用于对所述数据处理/存储模块进行同步数据调度；查询及展示模块，用于接受用户查询某一时刻或时间段的数据的请求，并提交给所述数据同步还原模块；所述数据同步还原模块返回结果后，供用户查看。

续表

专利（申请）号	专利名称	相关技术
201010534257.7	一种沼液浓缩和清液达标排放的方法和设备	本发明公开了一种沼液浓缩和清液达标排放的方法，包括下列步骤：沉淀处理，硝化处理，膜浓缩处理，养分调配处理和消毒处理等5个部分，通过硝化处理实现沼液中的铵态氮转化为硝态氮，减少出水中的氮排放，使氮保留在浓缩液中，实现浓缩液有效养分提高2倍以上，清水回收率80%左右，同时实现透过液达标排放或消毒后回用，本发明还公开了用于实现上述方法的设备，本发明公开的方法和设备同时实现沼液的减量化高值利用和透过液的达标排放，减少环境污染。
201110213978.2	一种日光温室调温系统	公开了一种日光温室调温系统，所述系统由太阳能集热循环系统、双热源热泵系统、室内侧采暖循环系统和控制系统组成。本发明的日光温室调温系统，主要由太阳能集热循环系统、双热源热泵系统及室内侧采暖循环系统组成。其属于太阳能联合热泵及地下蓄热技术的能源利用领域。另外，本系统针对西北地区的日光温室进行设计，因此其亦属于农业建筑及设施领域。
201110196056.5	二次下挖式高效节能日光温室	本发明涉及一种二次下挖式高效节能日光温室，整体结构由排/渗水沟、采光屋面、后屋面、保温覆盖材料、东侧墙、西侧墙和后墙构成；本发明从采光和保温入手，优化设计了二次下挖式高效节能日光温室结构参数，其平均采光屋面角较第二代节能日光温室有较大提高，光照透过率增加而反射率降低，弱光区减少，提高光能利用率。
201110364564.X	一种温室作物氮钾含量测量装置及方法	本发明公开一种温室作物氮钾含量测量装置及方法，包括一个由四根微玻璃管轴向平行地紧密连接在一起形成的温室作物氮钾测量电极，四根微玻璃管中分别充有敏感剂和参比内充液，三种敏感剂上液面分别充有相应的硝酸根离子、铵根离子、钾离子内充液，四种内充液中分别插有相应的信号线一端，每根信号线另一端并行电连接多路复用器，多路复用器分别连接仪表放大器和微处理器，在硝酸根离子、铵根离子、钾离子信号线与参比信号线之间分别产生硝酸根离子浓度、铵根离子浓度、钾离子浓度的信号电压，根据公式分别计算待测部位的硝酸根离子、铵根离子和钾离子的浓度；可同时快速地测量微小区域三种离子的浓度，并对这三种离子之间的相互影响进行修正。
201110117123.X	基于物联网技术的智能温室示范测控系统	本发明公开了一种基于物联网技术的智能温室示范测控系统，包括多个现场控制站网络、多个嵌入式网关、中心服务器；一个现象控制站网络接入一个嵌入式网关，所述嵌入式网关实现中心服务器与现场控制站网络的通讯。本发明通过物联网的传感网来采集温室内外、作物生长土壤成分参数；物联网的网络层对多种数据传输网络融合，最后以嵌入式以太网控制器接口与中心服务器通信，实现各个节点之间互相通信；物联网应用层即中心服务器实现对参数的优化控制、页面发布、短信查询控制。
201110450094.9	一种光源移行的温室补光装置	本发明公开了一种光源移行的温室补光装置，该装置包括轨道、在轨道上移行的小车、设于小车上可向上面和侧面延伸的两个活动臂以及安装在活动臂上的补光灯；活动臂包括竖立于小车上可上下调节的伸缩臂以及与伸缩臂上端铰接并可与伸缩臂形成一定角度且可向外延伸的摆动臂，补光灯设于摆动臂外侧。

专利（申请）号	专利名称	相关技术
201110363670.6	基于多传感信息的温室作物生长和环境信息检测方法	本发明基于多传感信息的温室作物生长和环境信息检测方法，属于温室作物生长信息和环境信息检测技术领域。利用光谱仪、多光谱成像仪和热成像仪获取温室作物的光谱、多光谱图像和冠层温度信息；利用温度、湿度、辐照度、CO_2 浓度、EC 和 pH 值传感器获取温室的温光水气肥环境信息。对作物营养、水分的光谱、图像和冠层温度特征进行优化，得到氮磷钾营养和水分特征空间；对作物的光谱和图像形态特征进行提取，得到作物的叶面积指数、茎粗、植株和果实生长速率；将获取的作物营养、水分、长势和温光水气肥温室环境信息进行连续监测记录并格式化，作为温室作物的生长和环境综合检测信息。
201210096154.6	一种日光温室的蓄热后墙	本发明公开了一种日光温室的蓄热后墙，包括日光温室后墙内维护墙，日光温室后墙外维护墙，聚苯乙烯绝热板材，日光温室后墙内回填的素土或沙子，C20 钢筋混凝土现浇板和空心砌块组成的后墙通风风道。该后墙设计中，空心砌块组成的后墙通风风道起主要的换热作用，在日光温室内温度升高到一定值时，空心砌块将通过风道的湿热空气中的热量和湿气交换储蓄到后墙中，然后当日光温室室内温度降低时，再通过换热将其储蓄的太阳能释放到温室空气中。
201210039994.9	基于 Android 平台的智能温室管理系统及其方法	一种基于 Android 平台的智能温室管理系统及其方法，它包括多个移动管理终端、至少一个网关和与网关相应数量的 WiFiDirect 模块，各移动管理终端与 WiFiDirect 模块的上行通信端相连，WiFiDirect 模块的下行通信端与对应的网关相连，网关与温室的摄像头、传感器以及被控温室设备双向连接。本发明能够实现使用手机、平板电脑或者 ARM 系统对温室环境和作物生长状况的图像及视频信息的远程实时采集，历史信息数据的曲线或表格显示，温室内外气象数据的比较和分析以及对温室内风机、移动喷灌、遮幕、天窗、灯光和加湿器等机构的远程控制，从而实现远程便携式的温室管理。
201310042118.6	一种日光温室的相变废热回收换气机	本发明公开了一种日光温室的相变废热回收换气机，包括复合相变换热箱，在复合相变换热箱内设有换热翅片管和轴流风机，其中，轴流风机位于复合相变换热箱一侧，换热翅片管位于复合相变换热箱的另一侧；复合相变换热箱的箱体内壁上有连通的空腔，空腔内有液体的复合相变储热材料，该液体复合相变储热材料在箱内体壁空腔中自由流动；该复合相变换热箱内壁的上下空腔之间由换热翅片管相连通，位于换热翅片管下方的复合相变换热箱内壁上还有冷凝水收集槽，适用于安装在温室建筑内部，和室内植物生长层面相配合，大大提高了日光温室的建筑性能和生产能力。
201310303274.3	一种主动采光及固化土自主蓄热后墙日光温室	本发明公开了一种主动采光及固化土自主蓄热后墙日光温室，包括前墙、后墙和屋面，屋面由活动骨架和固定骨架组成，活动骨架和固定骨架固定于前墙和后墙之间，活动骨架和固定骨架一端通过转动轴承相连接，活动骨架和固定骨架另一端通过减速电机、传动轴、齿轮和齿条组成的传动系统相连接；后墙内部构造包括实砌砖墙，实砌砖墙内填充有固化土蓄热层，在实砌砖墙的外部有外墙保温板；后墙外部结构包括后墙砌体、主动蓄热预制孔道楼板、顶钢筋混凝土封板和后坡，其中，后坡位于顶钢筋混凝土封板上方，后坡上的混凝土外层向固定骨架方向延伸形成坡顶，主动蓄热预制孔道楼板通过口部安装的轴流风机与日光温室内部相连通。

五、农业生物环境工程学科存在的问题和发展趋势

（一）农业生物环境与能源工程学科发展目前存在的主要问题

1. 亟须建设农业生物环境与能源工程学科的国家级研究平台

农业生物环境与能源工程学科是我国设施畜牧业、设施园艺、设施水产等产业发展的支撑学科，为相关的学科与产业发展提供了重要的人才、技术与装备支撑。与该学科在我国设施农业产业中发挥的作用以及国际影响力相比，农业生物环境与能源工程学科的研究和创新平台建设明显滞后。目前，只有依托同济大学建设的"国家设施农业工程技术研究中心"一个国家级技术中心，该中心侧重点为南方等设施园艺工程，而我国北方则是设施园艺产业优势产区；另外在畜牧工程、设施水产环境工程等重点方向上，仍然缺少国际级研究平台。虽然通过农业部设施农业工程学科群的建设，学科的协同创新能力在一定程度上得以加强，但由于学科总体缺少国家级重点实验室、国家工程研究中心或国家工程技术研究中心，导致相关学科方向发展受到严重限制。农业生物环境与能源工程相关研究公共平台建设滞后的局面，已经影响到我国该学科的基础研究和高新技术研究开发的力度。加强该学科相关的国家级研究基地建设已成为我国落实科学发展观的一项重要任务，应加速启动国家重点实验室和国家工程技术研究中心的建设。

2. 设施农业装备研发滞后，对产业发展的支撑作用不够

我国设施农业装备目前还主要以进口和仿制国外的相关产品为主，装备产业的自主研发和原始创新显著滞后。仿制产品由于缺乏技术支持，只能达到形似，一些关键部件经常性被省略，因此达不到预期效果，同时还存在知识产权纠纷的隐患。对于畜禽福利养殖等新型生产方式所特需的设施设备的研发，我国还基本处于空白，对产业的支撑作用显著不够。随着我国劳动力资源的逐步下降，愿意从事设施农业的青壮年劳力越来越少，"用工荒"逐步显现，因而设施农业关键装备和机械化程度的提升需求已经迫在眉睫。反观欧美设施农业发达国家，半个世纪前就编制了畜禽定型装备等产品的设计生产手册，并形成了完整的装备产业体系，机械化、自动化程度高，并逐步向智能化方向发展。因此开展我国设施农业产业设施设备的开发，达到规范化、标准化和系列化，对提升产业的整体装备水平，提高生产效率、改善环境、减少对劳力的依赖度，具有显著的现实意义，也是今后我国设施农业发展的必然需求和重点方向。

3. 在设施水产环境工程方向，养殖和水处理系统工艺尚待完善，病害防控问题突出

目前在养殖工艺方面，高密度养殖的生物学理论研究依然缺乏，如何既能获得最大生产效益，又能充分保障养殖动物福利是国内外学者普遍关心的科学问题。此外，光照与养殖生物生长发育间的关系仍未确定，高密度养殖的饲料最佳投喂策略亦不明晰，诸多养殖工艺方面的问题仍需开展大量基础研究工作。在水处理工艺方面，需重点突破生物过滤装置稳定性差、处理效能低等问题。目前对海水生物滤器硝化动力学过程研究依然有限，仍

被认为是转化氨氮的"黑盒子"。作为封闭循环水养殖系统中投资和能耗最大的水处理单元，生物滤器中载体填料的筛选、生物膜的生长与脱落、结构与功能等一系列科学问题仍未解决。此外，养殖系统中适宜循环水率、新水补充量与系统能耗，以及与养殖生物生长发育之间的关系也亟待研究。病害问题是制约水产养殖业健康可持续发展的关键问题之一，是现阶段保障安全生产所面临的重大挑战。

（二）农业生物环境与能源工程学科的发展趋势

欧美农业生物环境与能源工程学科逐步向与生物工程相结合的方向发展，设施畜禽养殖与设施园艺产业也正在向健康与可持续发展方式转变，更加重视农业生物本身的特性与需求以及与生产环境（包括外部环境与内部环境）的相互作用与影响，生产过程已经基本实现机械化与自动化，并逐步向智能化与精准化方向发展，生产效率更好、产品安全性更好、对外部环境的影响更小。畜牧工程领域主要从动物健康与福利以及产品安全角度出发，研究开发非限位、非笼养等全新的环境友好型的畜禽健康养殖模式，研究配套的环境调控、设施设备给予关键支撑，通过动物福利等立法的方式进行相关技术的产业应用与推广，更加注重装备的投入并通过有效提高生产效率等方法弥补了前期技术与设施装备的投入。在畜禽养殖环境方面，针对养殖场开展智能化调控、气体污染物（氨气、温室气体、粉尘等）排放与减排技术（生物、物理、化学方法）以及粪污的资源化利用等开展研究。

设施园艺工程领域，侧重于密闭式等全新等生产方式与系统构建，涉及配套的栽培工艺与技术、营养调控技术、节能环境调控、设施与装备等环节。另外，需要加强物联网等高新技术在设施园艺领域应用的研发，将信息技术、计算机技术、传感器技术、自动控制技术等在设施园艺领域进行大量运用。从国际设施园艺发展趋势来看，数字化、智能化与网络化节能环境控制、环境友好与资源高效利用、智能化植物工厂以及管理机器人等技术正成为研究热点。

在设施水产养殖领域，应加快发展水产工程装备业，提高水产养殖效率：一是要把无污染、低消耗、保证食用安全和高投资回报作为装备科技发展的主要目标；二是要注重设施设备与生态的有机结合，使设备的使用达到节能、节水和达标排放的要求；三是设施设备要满足养殖生产者在操作方便、符合安全生产规范、减轻劳动强度、提高生产效率的要求；四是要通过多种形式在有条件的地区建立设施渔业示范基地，以推广多种新型的养殖装备和技术。

我国农业生物环境与能源工程学科应进一步整合国内优势资源与力量并构建国际交流合作的平台与机制，把握住我国设施农业产业转型升级的关键时期与关键科学与技术问题，重点围绕设施养殖业和设施种植业领域的共性技术和区域关键技术进行协同创新，进行理论基础、产业发展战略、新型工艺模式、关键技术与装备及其智能化、全过程节能与减排等问题进行研究与技术推广，特别要注重环境友好型技术的研发，构建典型的畜禽健康养殖、封闭式设施园艺等新型生产模式，从而实现技术与装备的科学化、标准化、定型化，以推动产业的快速、稳定、持续性的发展。同时，应加快设施农业人才培养、科学研究和技术创新的国家级平台的建设，从整体上提升我国设施农业产业科技创新能力，促进产业转型升级，引领和支撑现代设施农业产业发展和新农村建设。

— 参考文献 —

［1］ Hao X X, Cao W, Li B M, et al. Slightly acidic electrolyzed water for reducing airborne microorganisms in a layer breeding house［J］. Journal of the Air & Waste Management Association, 2014, 64（4）: 494–500.

［2］ Hao X X, Shen Z Q, Wang J L, et al. In vitro inactivation of porcine reproductive and respiratory syndrome virus and pseudorabies virus by slightly acidic electrolyzed water［J］. Veterinary Journal, 2013, 197（2）: 297–301.

［3］ Hao X X, Li B M, Wang C Y, et al. Application of slightly acidic electrolyzed water for inactivating microbes in a layer breeding house［J］. Poultry Science, 2013, 92（10）: 2560–2566.

［4］ Zheng W C, Cao W, Li B M, et al. Bactericidal activity of slightly acidic electrolyzed water produced by different methods analyzed with ultraviolet spectrophotometric［J］. International Journal of Food Engineering, 2012, 8（3）.

［5］ Pang Z Z, Li B M, Xin H W, et al. Field evaluation of a water–cooled cover for cooling sows in hot and humid climates［J］. Biosystems Engineering, 2011, 110（4）: 413–420.

［6］ Gu Z B, Gao Y J, Lin B Z, et al. Impacts of a freedom farrowing pen design on sow behaviours and performance［J］. Preventive Veterinary Medicine, 2011, 102（4）: 296–303.

［7］ Yu L G, Teng G H, Li B M, et al. A remote monitoring system for poultry production management using 3G–based network［J］. Applied Engineering in Agriculture, 2013, 29（4）: 595–601.

［8］ Chen W T, Zhang Y H, Zhang J X, et al. Hydrothermal liquefaction of mixed–culture algal biomass from wastewater treatment system into bio–crude oil［J］. Bioresource Technology, 2014, 152（2014）: 130–139.

［9］ Zhu Z P, Dong H M, Zhou Z K, et al. Ammonia and greenhouse gases concentrations and emissions of a naturally ventilated laying hen house in Northeast China［J］. Transactions of the ASABE, 2011, 54（3）: 1085–1091.

［10］ 陈军, 徐皓, 倪琦, 等. 我国工厂化循环水养殖发展研究报告［J］. 渔业现代化, 2009, 36（4）: 1–7.

［11］ 国家鲆鲽类产业技术体系年度报告［R］. 青岛: 中国海洋大学出版社, 2014.

［12］ 雷霁霖. 我国海水鱼类养殖大产业架构与前景展望［J］. 海洋水产研究, 2006, 27（2）: 1–9.

［13］ 雷霁霖. 中国海水养殖大产业架构的战略思考［J］. 中国水产科学, 2010, 17（3）: 600–609.

［14］ 刘鹰, 刘宝良. 我国海水工业化养殖面临的机遇和挑战［J］. 渔业现代化, 2012, 39（6）: 1–4.

［15］ 孟建斌, 陆少鸣. 臭氧/生物活性炭工艺中主臭氧投加量的优化［J］. 中国给水排水, 2011, 27（21）: 46–49.

［16］ 倪琦, 雷霁霖, 张和森. 我国鲆鲽类循环水养殖系统的研制和运行现状［J］. 渔业现代化, 2010, 37（4）: 1–9.

［17］ 孙晓红, 韩华, 任重. 臭氧处理海珍品育苗用水效果的初步研究［J］. 大连水产学院学报, 1997, 13（2）: 73–78.

［18］ 王玉堂. 我国设施水产养殖业的发展现状与趋势［J］. 中国水产, 2012,（10）: 7–10.

［19］ 张明华, 杨菁, 王秉心, 等. 工厂化海水养鱼循环系统的工艺流程研究［J］. 海洋水产研究, 2004, 25（4）: 65–70.

［20］ Badiola M, Mendiola D, Bostock J. Recirculating Aquaculture Systems（RAS）analysis: Main issues on management and future challenges［J］. Aquacultural Engineering, 2012, 51: 26–35.

［21］ Bergheim A, Drengstig A, Ulgenes Y, et al. Production of Atlantic salmon smolts in Europe – current characteristicsand future trends ［J］. Aquacultural Engineering, 2009, 41（2）: 46–52.

［22］ D'Orbcastel E R, Blancheton J P, Belaud A. Water quality and rainbow trout performance in a Danish ModelFarm recirculating system: comparison with a flow through system ［J］. Aquacultural Engineering, 2009, 40（3）: 135–143.

［23］ D'Orbcastel E R, Blancheton J P, Aubin J. Towards environmentally sustainable aquaculture: Comparison betweentwo trout farming systems using Life Cycle Assessment ［J］. Aquacultural Engineering, 2009, 40（3）: 113–119.

［24］ Deviller G, Aliaume C, Nava M, et al. High–rate algal pond treatment for water reuse in an integrated marine fish recirculatingsystem: effect on water quality and sea bass growth［J］. Aquaculture, 2004, 235（1–4）: 331–344.

［25］ Haag W R, Hoigne J, Bader H. Improved ammonia oxidation by ozone in the presence of bromide ion ［J］. Water Research, 1984, 18（9）: 1125–1128.

［26］ Martinsa C I M, Edinga E H, Verdegema M C J, et al. New developments in recirculating aquaculture systems in Europe: A perspective on environmental sustainability ［J］. Aquacultural Engineering, 2010, 43（3）: 83–93.

［27］ Racault Y, Boutin C. Waste stabilisation ponds in France: state of the art and recent trends ［J］. Water Science &Technology, 2005, 51（12）: 1–9.

［28］ Rishel K L, Ebeling J M. Screening and evaluation of alum and polymer combinations as coagulation /flocculation aidsto treat effluents from intensive aquaculture systems ［J］. Journalof World Aquaculture Society, 2006, 37（2）: 191–199.

［29］ Sharrer M J, Summerfelt S T. Ozonation followed by ultraviolet irradiation provides effective bacteria inactivation in a freshwater recirculating system ［J］. Aquacultural Engineering, 2007, 37（2）: 180–191.

［30］ Summerfelt S T. Ozonation and UV irradiation–an introduction and examples of current applications ［J］. Aquacultural Engineering, 2003, 28（1–2）: 21–36.

［31］ Valdis K, James E, Fred W. Part–day ozonation for nitrogenand organic carbon control in recirculation aquaculture systems ［J］. Aquacultural Engineering, 2001, 24（1–2）: 231–241.

撰稿人：李保明　王朝元　陈青云　刘　鹰

农村能源工程学科发展研究

一、引言

农村能源（Rural energy）指农村地区的能源供应与消费，涉及农村地区工农业生产和农村生活多个方面，主要包括农村电气化、农村地区能源资源的开发利用、农村生产和生活能源的节约等。在我国，农村能源的开发主要包括薪柴、作物秸秆、人畜粪便等生物质能（包括制取沼气和直接燃烧），以及太阳能、风能、小水电和地热能等，属于可再生能源。中国是一个农业大国，农村能源更是关系到全国近 1/2 以上人口的生活用能供应和生活质量改善的问题。

随着我国经济的高速发展，环境和能源问题变得尤为突出，一方面随着工业的发展，能源大量消耗，2013 年我国石油和天然气的对外依存度分别达到 58.1% 和 31.6%，据估计，2030 年我国能源对外依存度将超过 75%，能源安全受到威胁；另一方面，粗放用能方式也面临挑战，如以煤炭为主的能源利用方式会使得温室气体排放增加，产生灾害性雾霾。党的"十八大"首次提出了生态文明建设，要把"美丽中国"作为未来生态文明建设的宏伟目标，要全面建设小康社会亟须转变城镇化过程中的村镇落后用能方式，带来居民生活品质和环保的双重效益，因此，综合解决能源与环境、能源与农村发展的问题，实现经济增长方式向可持续方向发展成为当前我国的迫切需求，在我国寻找和开发清洁可再生能源，逐步替代相对匮乏的一次能源显得尤为重要。

我国具有丰富的农业废弃物资源，2013 年全国农作物秸秆总产量达到 9.64 亿吨，综合利用率达到 76%，其他 24% 左右的秸秆，大部分被废弃，少部分被焚烧；规模化养殖畜禽粪便资源量每年约为 8.4 亿吨，生产沼气潜力约 400 亿立方米；另一方面，我国农村部分地区社会经济发展水平较低，基础设施落后，环境卫生条件较差。据统计，50% 以上农村居民生活用能采用秸秆、薪柴低效燃烧的方式，不仅利用效率低，而且造成严重的室内外环境污染，危害人体健康。同时，大量的人畜粪便得不到及时有效处理，造成了严重的面源污染，导致了疾病和疫病的传播。因此大力开展农村能源建设，开发利用秸秆、畜禽粪便等农村废弃物生产清洁可再生能源，变废为宝，有利于促进农村循环经济发展，增加农村可再生能源比重，减少主要污染物排放，改善农村卫生状况和农民生产生活条件，是建设社会主义新农村、美丽乡村的有力抓手。

本文拟在全面回顾、总结和评价近几年我国农村能源学科中的最新研究进展、学科建设、重大成果等，并对学科的发展趋势进行了分析。

二、本学科近年的最新研究进展

近年来，我国出台了一系列促进农村能源发展的指导性文件。特别是 2013 年 9 月，国务院印发了《大气污染防治行动计划》，提出"积极有序发展水电，开发利用地热能、风能、太阳能、生物质能，安全高效发展核电"。

截止到 2013 年年底，我国农村沼气用户保有量已达到 4330 万户；各类沼气工程近10 万处，年产沼气近 155 亿立方米。据不完全统计，从事沼气行业的法人企业有 2041 家，从业人员 30255 人。

截止到 2013 年年底，我国已累计推广秸秆气化集中供气工程 906 处，供气户数达17.23 万户；秸秆沼气集中供气工程 434 处，秸秆成型工程 1060 处，年产生物质成型燃料683 万吨；秸秆炭化工程 105 处，年产生物炭 26.73 万吨。已推广省柴节煤灶 1.23 亿台，节能炕 1914.31 万铺，节能炉 3199.75 万台，燃池 19.68 万个。

截止到 2013 年年底，我国农村地区已累计推广太阳能热水器 7294.57 万平方米，户用太阳房 2326.17 万平方米，太阳能校舍 62.15 万平方米，太阳灶 226.43 万台，小型光伏发电装机容量 2.31 万千瓦；小型风力发电机装机容量 3.48 万千瓦，微型水力发电机装机容量 9.68 万千瓦。已经形成了比较完善的从中央到地方的管理推广、研究开发、培训质检体系，管理推广机构从业人员 4.0 万人，同时培养了一支 35.60 万人的农民技术员队伍。

（一）农村能源科技体系已经形成

我国农村能源科技体系属于多元结构。农村能源科研工作主体主要由中央及省、市地方农村能源研究机构、高等院校、大企业技术中心及农机推广部门组成。目前，我国基本形成了以市场为导向、产学研相结合的农村能源科技创新体系。

（1）产学研相结合的技术创新体系逐步建立

农村能源领域已建立 1 个综合性重点实验室，4 专业性重点实验室，5 个农业科学观测实验站，以及农业部生物质工程中心、中国农业大学生物质工程中心、河南省生物质能源重点实验室等多个省级重点实验室和工程技术中心，形成了以高校、研究所、推广站、企业和示范基地为一体的"产学研推用"相结合的高水平研发团队，承担了一大批国家及省部级科研项目。

（2）农村能源标准体系日趋完善

近年来成立了全国沼气标准化技术委员会、能源行业非粮生物质原料标准化技术委员会、能源行业生物液体燃料加工转化标准化技术委员、能源行业生物质标准化技术委员会、全国太阳能标准技术委员会等多个行业标准化技术委员会，农村能源相关标准组织体系逐步建立，农业部也制定了《农村能源标准汇编》，截至2014年共制订并发布了118项涉及农村能源行业的标准，其中国家标准15项，行业标准103项，农村能源标准体系日趋完善。

（3）农村能源技术推广和服务体系正在形成

形成了以农业部农业生态与资源保护总站为核心，以各省、市（县）农村能源推广机构为主体的农村能源技术推广和服务体系，截至2013年年底，全国农村能源管理推广机构共13036个，其中省级管理推广机构41个，地（市）级管理推广机构343个，县级管理推广机构2675个，乡镇级管理推广机构9977个，合计从业人员4万余人，逐步形成了层次分明、功能齐全、形式多样的技术推广和服务体系。

（4）农村能源教育培训体系快速发展

组建了省、市（县）、乡多级技术培训机构，尤其是基层农村能源培训机构建设不断加强，农村能源技术队伍的专业素质和服务水平大幅提高，农村能源利用知识广泛普及，截至2013年年底，全国农村能源行业累计培训304.47万人次，职业技术鉴定39.31万人次。

（二）农村能源学科科研条件不断改善

农业部启动建设了农村可再生能源开发利用学科群，依托科研院所、大专院校和企业建立了1个综合性重点实验室，4专业性重点实验室，5个农业科学观测实验站，分别是农业部农村可再生能源开发利用重点实验室（综合性）和农业部能源植物资源与利用重点实验室、农业部农业废弃物能源化利用重点实验室、农业部农村可再生能源新材料与装备重点实验室、农业部可再生能源清洁化利用技术重点实验室等重点实验室，以及农业部农村可再生能源开发利用西部科学观测实验站、农业部农村可再生能源开发利用南方科学观测实验站、农业部农村可再生能源开发利用华东科学观测实验站、农业部农村可再生能源开发利用北方科学观测实验站、农业部能源植物科学观测实验站等科学观测实验站。该"学科群"体系通过各种方式构建了良好氛围，吸引、凝聚、培养了一大批优秀农业科技人才，有效构筑了支撑产业和学科发展的人才梯队和创新团队。另外，还成立了农业部生物质工程中心、中国农业大学生物质工程中心、河南省生物质能源重点实验室、云南省农村能源工程重点实验室等多个省部级重点实验室和工程技术中心。

随着农村能源行业规模的不断壮大，农村能源学科科研机构逐步增多，目前，从事农业能源技术研究的科研院所包括国家发展和改革委员会能源研究所、农业部规划设计研究院农村能源与环保研究所、农业部沼气科学研究所、中科院广州能源研究所、辽宁省能源研究所、河南省科学院能源研究所及各省农业科学院下设的农村能源研究机构等，开设农村能源类专业的高校主要包括中国农业大学、同济大学、河南农业大学、沈阳农业大学、华南农业大学等 20 余所大专院校。

农村能源学科通过条件建设统筹科技力量,整合科技规划和资源,打破部门、区域、单位和学科界限,进一步完善了学科协同创新机制和资源共享机制,学科科研机构布局日趋合理,科研条件不断完善,平台建设成效显著,学科已发展为国家科技创新体系的一支生力军。

(三)农村能源关键技术取得突破

1. 生物燃气

近年来,各级农村能源主管部门及有关科研机构与企业加大沼气技术攻关力度,取得了一系列科技成果。引进国外先进技术和设备生产线,大大提高沼气工程运行的稳定性、自动化水平和装备的商品化程度;研究和培养了一些在低温状态下可产沼气的菌种,同时,可高效降解农作物秸秆纤维素和蜡质的菌种,可提高产气率的厌氧菌种也被不断研发和推广应用;相继摸索和推出玻璃钢、工程改性塑料等材料,开展沼气池工厂化生产,克服了传统砖混沼气池建设周期长、质量难以保证等问题。优化集成了"秸秆一体化两相厌氧发酵"工艺技术,是在同一反应器内实现固相和液相分区消化的连续厌氧工艺。

在生物燃气制备和提质技术方面,近年来国内主要开展了厌氧消化定向生物调控以及失衡预警调控技术、膜分离等生物燃气提纯分离技术、沼液有效成分提纯或浓缩技术、生物燃气吸附式存储技术、生物燃气燃料电池技术、混氢天然气输送和利用技术、生物燃气催化制备天然气技术等,以上研究多数取得了重要研究进展。

2. 秸秆成型燃料与清洁燃烧

生物质成型燃料生产能力越来越大,目前单机产能已从 400 系列过渡到 500 系列,其中环模成型机产量 1 ~ 3 吨 / 小时,关键部件寿命大于 400 小时;平模成型机单机产量 0.3 ~ 1 吨 / 小时,关键部件寿命大于 400 小时。生物质块状成型技术设备是我国的特色,比颗粒成型机结构简单,原料适应性强,大大提高了成型设备使用寿命,降低了生物质成型的生产成本。生物质棒状成型与炭化燃料生产技术基本成熟,开发了高湿低玻璃化自胶黏压缩成型技术和连续式生物质炭化设备,产品不仅可以直接燃烧利用,还可以深加工制成土壤改良剂或活性炭等。

研究开发了生物质成型燃料自动、高效燃烧技术及设备,建成了村镇集中供热系统。通过采用改进燃烧室结构、二次进风半气化燃烧等方式,我国研发出各类生物质炊事炉、采暖炉和多功能炉具,具有燃烧充分,上火速度快、使用方便,干净卫生等特点,热效率由 35% 提高到 60% 以上,薪柴、秸秆、生物质成型燃料和煤炭等均可使用,基本满足了不同层次农户的各种需求。

3. 生物质热解炭化与气化

我国目前主要开发了固定床生物质炭化技术和移动床生物质炭化技术。固定床生物质炭化技术又可分为窑式生物质炭化技术和干馏釜式生物质炭化技术。移动床生物质炭化技术是在以上炭化技术的基础上发展起来的，按照物料流向可分为横流移动床生物质炭化技术和竖流移动床生物质炭化技术。其中，横流移动床炭化技术物料的移动采用螺旋或转筒等物料推送机构，竖流移动床炭化技术物料的移动主要依靠其自重。移动床生物质炭化技术能够连续生产，即生物质原料可连续喂入炭化设备，同时，热裂解产品生物炭、可燃气和木焦油等也可连续排出，与固定床生物质炭化技术相比，具有生产连续性好、生产率高、过程控制方便以及产品品质相对稳定等优点，代表了我国生物质炭化技术未来的发展方向。

生物质气化技术根据反应器结构分为固定床和液化床两大类。近年来，随着计算机模拟手段的不断增强，应用计算机模拟技术对固定床气化技术进行研究分析，预测反应器的工作性能，进一步丰富和完善了气化反应基础理论系统。同时，在计算机模拟的基础上进行了相关设备的试验应用，实现了一定规模的燃气制备，并逐渐用于清洁供气、供热和热电联产项目。高压流化床是今后的主要发展方向之一，常压流化床气化技术成熟，运行稳定性和操作性良好，但是当气化系统规模较大时，由于常压流化床气化设备的体积过于庞大，系统放大受到限制，所以加压气化床是生物质流化床气化技术大型化和规模化发展的趋势。

4. 生物质液化

生物液体燃料技术种类多，国内外生物质液体燃料生产在技术发展进程和产业化规模上存在巨大差别。粮食燃料乙醇也被称为第 1 代燃料乙醇技术，技术已经成熟，考虑粮食安全问题，近年来国家已不再批复以粮食为原料的燃料乙醇企业，非粮（木薯、甘薯、葛根等）燃料乙醇技术是继第 1 代燃料乙醇技术发展起来的燃料乙醇生产模式，也被称为第 1.5 代燃料乙醇技术，原料价格相对便宜，目前转化技术较为成熟，但可利用原料资源有限，市场准入门槛高。纤维素乙醇是世界各国竞相发展的重点，被称为第 2 代燃料乙醇技术，其特点是原料资源丰富、价格便宜，但转化技术还存在一定的问题，导致生产成本过高，尚无法形成产业化。

近年来，国内与国际同步发展了基于生物质糖平台的水相催化合成烃燃料技术，具有转化效率高、流程短、全糖利用等特点，生产的生物汽油 / 生物航空燃油可与传统汽油 / 航油以任意比例掺混，应用于现有车辆及航空发动机。从热解装置到生物油提质及应用均未达到完全产业化程度，在热解装置方面国内外差距不大，均处于产业化示范和产业化前期。

5. 太阳能高效利用技术

在太阳能热利用方面，国内研发了"中温太阳能真空集热管和中温真空管集热器"两项新产品，首创了钛、铝双靶磁控反应溅射技术，提高了太阳选择性吸收涂层的太阳吸收比和罩玻璃管的太阳透射比，增强集热器的瞬时效率截距，更多地采集太阳能量；改进了真空排气工艺，采用了新型的吸气剂，实现了较高温度下高真空的保持等；研发了 150℃的全玻璃真空集热管具有耐高温和热效高等特点，首创了工作在 150℃的新型竖单排、横双排无盖板、横双排带盖板 3 种中温太阳能集热器，在工作温度为 150℃时，无玻璃盖板集热器瞬时效率达 45% 以上，带玻璃盖板集热器瞬时效率达 40% 以上。

我国已在晶 Si 电池、非晶 Si 电池、多晶 Si 薄膜电池、CdTe 电池、CI（G）S 电池、DSSC 电池等太阳能光伏电池及应用系统的关键技术逐步实现突破，使太阳能光伏电池转换效率不断提高，成本逐渐下降，并逐步建立了相对完备的太阳能光伏发电技术体系。伴随太阳能光伏电池转换效率的不断提高，其商业化成本逐步降低，光伏电池的竞争优势逐步显现，有力地推进了我国太阳能光伏技术发展的成熟以及光伏市场的发展。

6. 小型风电技术

农村小型风力发电，大多以离网方式运行，小型风力发电机组传统用户服务对象以有风无电或缺电地区的广大农、牧、渔民为主，在解决远离常规电网、人烟稀少的边远地区，通过离网型小型风力发电、光电、风光互补发电等方式来解决其用电需求，比常规电网延伸有明显的性价比优势。近年来小型风电的应用出现了两个亮点，一是国内城乡公路独立供电风电和风光互补路灯快速发展，百瓦级风力发电机组快速发展。二是分布式能源系统的推广应用，也有效推动了千瓦级风力发电机组技术的发展，但是，近年来有关部门制定风力发电行业发展规划时，只涉及并网型大风机的发展。而忽视了离网型小型风力发电行业的规划与发展，小型风电发展几乎处于"被遗忘的角落"，小型风力发电技术发展明显滞后于大型在网型风力发电技术的发展。

7. 地热能技术

近年来，中国地热能的直接利用发展迅速，在农业中的应用已经向综合方向发展，主要包括民用取暖、洗浴、医疗、农业温室、农田灌溉、土壤加温、水产养殖和禽类孵化、烘干蔬菜等各个方面，节约了能源，取得了良好的经济效果。高效地热发电技术是该领域研究的重点，近年来在低成本钻井技术和大规模压裂造储技术取得了一定的进展。根据目前探明的地热资源量来看，我国近期能够有效开发利用的地热资源大部分属于中低温型，研发了适合于我国的中低温地热发电技术，先后组织在施了"新能源综合利用研究示范""水源地源热泵高效应用关键技术研究与示范""长江中下游地区地表水水源热泵高效应用关键技术研究与示范"等科技支撑计划和课题，研发出一系列与中国国情和资源特点相适宜的地热能利用技术，为地热能的开发利用提供了技术支撑。

（四）学术交流与人才队伍建设不断加强

2011 年 11 月 11 日，"2011 生物质固体成型燃料与燃烧技术国际研讨会"在北京召开，来自瑞典、波兰、德国、日本、FAO 等国家、国际组织以及有关部委、国内科研院所、高等院校、企业界等近 100 多人参加了此次研讨会。会议就生物质成型燃料产业发展政策、技术、示范推广以及市场运作模式等进行了广泛而深入的交流、研讨，就加强国际合作、走"引进来"与"走出去"相结合的国际合作战略达成广泛共识。与会专家学者建议要进一步推动我国农作物秸秆等生物质能源化开发利用，促进我国生物质固体成型燃料产业化进程。

2013 年 11 月 15—16 日，"2013 生物质成型燃料热化学转化及利用技术研讨会"在北京二十一世纪饭店召开。来自英国、波兰、世界银行等国家、国际组织以及国内科研院所、高等院校、企业界的代表70余人参加了此次研讨会，来自国家能源局、农业部、环保部等主管部门领导对我国生物质能源发展存在的问题，从行业主管角度解读了相关产业发展政策和技术需求建议。16位特邀代表作了主题发言，围绕生物质成型燃料产业发展政策、标准、成型燃料清洁生产技术、高效燃烧技术、热裂解炭化技术与装备等主题进行了广泛而深入研讨与交流。促进了我国与英国等欧洲国家在生物质成型燃料热转化技术领域的广泛合作，有利于加快推动我国生物质成型燃料产业发展。

2014年9月16—19日，第18届CIGR世界大会在北京国家会议中心召开，国务院副总理汪洋出席开幕式并致辞。来自全球45个国家的近2000名农业与生物系统工程领域的专家学者和企业家在为期3天的会议中共同探讨了如何利用农业与生物系统工程的先进科研成果提升人类生活品质。期间举办了农业能源分会办，以生物质能源化利用为主题，分别从生物质原料特性、生物质成型燃烧、发电、沼气、生物炭的应用等其他可再生能源技术与应用开展学术研讨，来自荷兰、日本、韩国等国内外150学者参加了会议。

农业部在《全国农业科技创新能力条件建设规划》（2012—2016年）中提出建设农业部重点实验室及农业科学观测试验站，其中涉及农村能源领域的有农村可再生能源开发利用学科群，其中包含1个综合性重点实验室、4个专业性重点实验室和5个农业科学观测试验站，建设单位分别为成都沼气科学研究所、农业部规划设计研究院、华南农业大学、河南农业大学、中国农业大学、广西农业科学研究院、江苏农业科学院、重庆农业科学院。学科群与实验室建设为农村能源工程领域的科技创新培养优秀科技人才提供条件，有利于进一步打造一批结构合理、素质优良的科技创新团队，有利于实现人才培养、团队建设、学术交流的有机融合，促进农村能源领域创新能力的提升。

中国农业大学韩鲁佳教授为带头人的"农业生物质利用的工程基础"团队入选教育部"创新团队发展计划"，通过该计划的实施，旨在培养、支持一大批学术基础扎实、具有突出创新能力和发展潜力的优秀学术带头人，形成一批优秀创新团队。

农业部规划设计研究院赵立欣研究员、农业部沼气科学研究所邓宇研究员、中国农业大学韩鲁佳教授获得了"全国农业科研杰出人才"称号，其团队分别获得"农业废弃物能源化利用创新团队""农村可再生能源开发利用创新团队""农业生物质装备技术创新团队"创新团队，农业科研杰出人才扶持培养计划是国家重大人才工程——现代农业人才支撑计划的子计划，是进一步加强我国高层次农业科研杰出人才及其创新团队建设、促进优秀中青年学术技术带头人快速成长的重要举措。通过创新团队建设，能够将实验室建设成国内领先、国际一流的科学研究和人才培养基地，显著提高我国农村可再生能源的科技水平，为农村能源产业发展提供强有力的科技支撑。

（五）行业标准日趋完善

农村能源行业标准日趋完善，截至2014年总共制订并发布了118项涉及农村能源的标准，其中国家标准 15 项，行业标准 103 项。包括沼气 47 项、生物质能 27 项、太阳能 19 项、小型风力发电 2 项、微水电 9 项、新型液体燃料 7 项、农村节能 7 项等。2013 年农业部科教司组织汇编了《农村能源标准汇编》，分为两卷，收录了 2013 年 10 月前的农村能源相关标准。近几年，在农村能源标准制定方面数量有较大的提升，特别是沼气标准和生物质能标准。

沼气标准方面，农业部规划设计研究院编写的《农村沼气集中供气工程技术规范》《秸秆沼气工程工艺设计规范》《秸秆沼气工程运行管理规范》《秸秆沼气工程质量验收规范》，有力促进了秸秆沼气工程建设的规范。2014 年 10 月，农业部农业生态与资源保护总站编写了《沼气标准汇编》，汇编了沼气 47 项标准，包括户用沼气标准、沼气工程标准、生活污水净化沼气池标准、沼气配套产品标准以及其他沼气相关标准，充分发挥了沼气标准的技术指导、技术支撑和技术准则的作用，方便各地农村能源管理部门和有关单位了解和正确使用标准，促进农村沼气建设事业可持续发展。

在生物质能方面，2014 年国家能源局启动生物质锅炉供热标准体系建设工作，组建能源行业生物质锅炉供热标准化技术委员会，下设 4 个分标委会，分别为生物质成型燃料产品分标委会、生物质成型燃料加工存储运输设备分标委会、生物质工业锅炉设备分标委会、生物质锅炉供热工程建设分标委会，制定了标委会章程和工作细则，进一步促进了生物质锅炉供热的低碳清洁经济环保的分布式可再生能源供热，为促进生物质成型燃料产品、成型设备及专用锅炉设备、工程建设关键标准的制定提供平台，将强有力的促进生物质锅炉供热专业化规模化产业化发展。2014 年，由农业部规划设计研究院主持编写了《农作物秸秆物理特性技术通则》《生物质成型燃料工程设计规范》《生物质成型燃料工程运行管理规范》《生物质固体成型燃料质量分级》《生物质颗粒燃烧器技术条件》《生物质固体成型燃料结渣性试验方法》等标准已完成报批稿，并上报相关部门审核，进一步完善了我国生物质成型燃料标准体系，按照专业类别包含了工程设计方面规划和设计、原料收储运、生产设施设备、成型燃料产品、包装与贮运、卫生安全和环境保护、应用燃烧装备与环保等。

三、本学科的最新进展在产业发展中的重大成果

农业部规划设计研究院完成的"秸秆成型燃料高效清洁生产与燃烧关键技术装备"项目获得 2013 年度国家科技进步奖二等奖。该项目历经 10 余年，在秸秆成型设备与工艺、燃烧结渣机理、高效清洁燃烧技术以及技术保障体系等方面开展了研究，主要包括基于秸秆压缩的微观结构、原料压缩粘弹性模型，磨损显微组织及磨损形貌，创新研制双区段过渡组合式直—锥孔结构、分体嵌接式压块机环模设计方案、孔型压辊外套与压辊内套嵌接的方式，集成开发了 3 种型号秸秆颗粒成型机和 2 种型号秸秆压块成型机；集成创新了基于强制喂料的全程负压成型燃料生产工艺，实现了成型工艺的自动、连续、高效和环保运

行；研发了基于生物质灰分含量及灰成分分析的添加剂的配方，创新研发了主动式清渣技术和装置、多级配风旋转燃烧技术，以及智能非接触点火技术系统，集成开发出适合我国的秸秆固体成型燃料高效燃烧设备；创新地从总量、经济性、空间和时间等角度建立了秸秆资源调查与评价方法，采用实地调查与适时采样相结合的方法，探明了我国农作物秸秆资源的现状和分布等家底，提出了秸秆固体成型燃料产业发展重点区域及布局；构建了秸秆生物质固体成型燃料标准体系，制定了13项农业行业标准，已被政府和行业采纳，有力保障了产业健康、持续发展。

河南省科学院主持完成的"农业废弃物成型燃料清洁生产技术与整套设备"荣获2013年度国家科技进步奖二等奖，该项目首次系统地进行农业废弃物的干燥、粉碎、成型特性和机理的研究，建成了我国最大规模的农业废弃物成型燃料生产应用基地，有效解决了农业废弃物资源的收集、运输与储存问题。此项目的应用有效地改善了我国能源结构，减轻大气环境污染，避免农业废弃物随意焚烧带来的火灾和交通安全隐患。生产的商品化成型燃料，可作为固体燃料直接用于发电、工业锅炉、炊事采暖等用能设备替代煤炭燃烧利用，还可进一步转化为生物质燃气、液体燃料等能源产品，作为城市燃气和车用燃料使用，应用领域十分广泛。

天津大学主持完成的"农林废弃物清洁热解气化多联产关键技术与装备"荣获2015年度国家科技进步奖二等奖，该项目阐明了农林废弃物热解气化过程的化学反应机理，研发了系列清洁高效生物质气化装备。提出了热解—气化过程耦合的化学反应动力学理论，开展了气固流场数值模拟，优化气化炉构造，开发了2个系列20余套国际先进水平的气化装备。解释了热解气化焦油生成机制，发明了焦油在线检测与监控联动装置，耦合了新型循环工质除焦工艺，实现了低焦油气化。集成了高品质燃气、燃油、复合肥的技术工艺体系，探索了生物质气化多元化应用，在国内首次建立了农林废弃物热解气化多联产的技术工艺体系和产业模式。

中国科学院广州能源研究所主持完成的"混合原料高浓度厌氧发酵制备生物燃气关键技术与应用"获得2014年广东省科技奖一等奖。本项目开发了有机废弃物厌氧发酵制备生物燃气技术及装备，突破了传统技术瓶颈。发明了混合原料高固体浓度厌氧发酵技术与装备，提出了原料配比和微生物过程调控方法，研发了两相三段厌氧反应器、低能耗全机械进出料等成套装备，解决了容积产气率低、进出料困难及运行稳定性差等问题；开发了木质纤维素类原料降解菌剂预处理技术、多菌系多酶类微生物菌剂组合工艺以及高氨氮原料生物强化水解技术，解决了发酵底物氨中毒等问题；建立了生物燃气绿色生产与利用技术体系。开发了我国第一套沼气工程设计软件，实现了工艺设计简易化、标准化；优化集成了原料预处理、厌氧发酵反应器、沼气脱硫净化、热电联供、脱碳提质、沼液膜浓缩装置等先进工艺与装备体系，实现了气热电肥绿色。

农业部规划设计研究院完成的"农业废弃生物质高效厌氧转化关键技术"获得2013年度中华农业科技奖一等奖。该项目系统地解决了所有农业废弃生物质的厌氧转化过程中的关键问题。研发了系列厌氧消化工艺技术和装备，适合全部农业废弃物，资源转化效率显著提高，建设运行成本极大降低，废弃物转化全过程中产品及其消化残余物得以全部有效利用，推动农业废弃生物质资源化利用产业可持续发展。取得多项创新与突破，技术达到国际先进水平，提出了针对不同特性废弃生物质的 CTP、STP 和 MCT 工艺，开发了专用装备和专用材料，主要产品能源化效率平均提高 10% 以上。形成了 4 项厌氧转化技术，研发出 17 种关键装备和 1 种新材料，获得发明专利 2 项，实用新型专利 43 项，科技成果鉴定 4 项，制订行业标准 13 项，推广应用成绩突出，综合效益显著。

"十二五"国家科技支撑项目"生物质低能耗固体成型燃料装备研发与应用"开发了生物质选择性中低温热处理技术，提出了利用钛基固体超强酸催化热解纤维素 / 生物质联产 LGO 和成型燃料的工艺技术；研发出分体式新型压辊成型设备关键部件、新型内封闭循环油冷生物质颗粒成型机、低能耗生物质常压致密成型设备等；进行了固体成型燃料生产工艺技术集成，建立了成型燃料规模化生产高效、科学、有序的原料收储模式、工业化清洁生产模式及产业发展模式，首次建立了成型燃料的生命周期能源消耗、环境排放分析模型，在山东、北京、黑龙江等地建立示范工程。

"十二五"国家科技支撑项目"生物燃气科技工程"从发展低碳经济、稳固国家能源供应角度出发，在混合原料预处理及厌氧联合发酵、干湿耦合发酵、生物燃气脱硫、脱碳提纯生产车用燃气、生物质高效热解气化等关键技术及装备等方面取得重要突破，建立了北京德青源沼气提纯压缩高值利用示范工程、广西武鸣车用生物燃气示范工程、分布式新农村生物质资源站示范工程等。

2010 年度公益性行业（农业）科研专项"农业生物质特性及其共享平台技术研究"，以全国各省的玉米、小麦、水稻、油菜和棉花等 5 类主要农作物秸秆和猪、肉鸡、蛋鸡、奶牛和肉牛等 5 类主要畜禽粪便为对象，充分考虑区域、品种、生长阶段、种植 / 养殖模式、处理工艺等因素变化，深入开展农业生物质化学组成特性、物理特性、机械特性、热特性、热化学工程特性研究，全面获取全国各区域的农业生物质科学、高效、安全利用所需的基础特性数据，建立了我国农业生物质特性参数和模型数据平台，实现行业内数据共享；研发了农业生物质组成及特性现场快速分析技术设备，进行实际推广应用，为农业生物质资源科学利用提供技术支撑。

2013 年度公益性行业（农业）科研专项"秸秆移动床热解炭化多联产关键技术研究与示范"，以农业废弃物为研究对象，开展秸秆热解炭化过程研究与工艺优化、秸秆热解炭定向调控及其高值化应用、秸秆炭化气体产物净化提质技术与设备、热解炭化液体产物高效复合冷凝技术与设备、秸秆热解炭化多联产移动床一体化技术与设备、生物炭农用基础研究及小型组合式设备研发、生物炭对土壤微生态系统的影响研究、生物炭防治农业面源污染农田关键技术研究等，并对不同类型土壤开展试验。

2013 年度公益性行业（农业）科研专项"沼气全面替代农户家庭商品用能的组合设备及技术研究"，该项目以畜禽粪便、农作物秸秆、厨余垃圾等混合原料，开展农村多原料高效沼气发酵工艺技术研究与示范、沼气纯化罐装关键技术研究与示范、分布式户用沼气智能化用具研究与开发、沼气发电及电热冷联供关键技术及装置研究与开发、联户式中小型沼气发电技术开发、集中式沼气电热冷联供设备开发，并建立示范工程。

2014年度农业行业科研专项"农村沼气集中供气技术集成及配套设备研究与示范"，针对当前我国农村生产生活方式正在发生巨大变化、农村沼气建设面临结构调整的新形势，开展了农村沼气集中供气技术体系研究，通过对原料保障、预处理、高效发酵工艺、安全稳定的集中供气技术研究与集成及装备的研制与优化，形成适宜不同区域的工程化标准化农村沼气集中供气技术体系和模式。在北方高寒、南方温暖、中部平原以及南方山丘等不同地区建立了农村沼气集中供气示范工程，实现农村沼气集中供气经济可行、便捷可靠。进一步提高我国农村沼气工程的适应性、稳定性和经济性，提升其工艺技术和装备水平，推动我国农村沼气建设健康可持续发展。

2015年度农业行业专项"作物秸秆能源化高效清洁利用技术研发集成与示范应用"，根据作物秸秆集中安全化预处理、高效加工利用、质量标准、操作规程、清洁生产、环境保护等全产业链要求，该项目拟重点研究适合区域特点、耕作制度、经济水平的秸秆供应模式和安全化预处理，产品提质增效，以及转化过程污染物消减与控制等关键共性技术；集中攻克技术集成过程中接口型实用技术，系统性构建东北秸秆富集区供热需求型、华北雾霾频发区煤炭替代型、长江中下游村镇集聚区高品质能源需求型、西北生态脆弱区能源环保型、西南秸秆分散区能源自给型、华南湿热高温区制冷需求型等6大区域类型的秸秆能源化高效清洁利用技术体系与推广应用模式，并开展精准化示范，探索智慧型运行管理模式，为我国秸秆能源化利用提供系统化、精准化、轻简化的综合实用技术方案，为同类企业提供成熟配套的技术和产业模式。本项目的实施，将有效提高作物秸秆综合利用率，减少秸秆焚烧，对优化村镇居民生产生活用能结构、保护生态环境、发展低碳经济以及实现农业可持续发展具有积极作用。

四、本学科发展趋势及展望

农村能源工程学科将依靠现代科技开发农村新型能源，以提高热能利用效率、降低生态环境污染、减少雾霾、促进能源产业和循环经济发展等。

（一）生物质能

经过数十年的攻关，生物质资源开放及其能源转化技术的开放应用都取得了相当大的进展，主要表现为关键技术的突破、生产技术的完善配套设备的成套化，关键技术如预处理、发酵菌种、菌制剂、催化剂和反应器等都有重大突破；生产技术如生物柴油指标技术和大中型沼气技术等有重大突破；配套设备如生物燃气净化提纯工艺的模块化等。

从发展潜力和市场前景来看，生物燃气、生物质成型燃料技术、生物质发电等可为农村居民提供优质的生活用能，替代传统的低效燃烧方式，未来发展潜力巨大，应根据全国各地的资源禀赋、生活习惯、经济发展状况，技术成熟程度和经济性，因地制宜分阶段、分步骤进行发展，养殖场沼气工程作为畜禽粪便治理的有效手段，其环境效益高于能源效益，未来需求量较大；生物燃料乙醇和生物柴油技术发展前景较大，但规模受原料来源所限（土地资源与国家产业政策的影响）。

（1）生物燃气

全面有效处理各类农村废弃物，现使其能源化、资源化利用，构建以生物燃气为核心的农业循环经济体系；通过集中供气、热电联供、分布式能源系统等技术体系，实现生物燃气的高值高效利用；通过沼渣、沼液的直接生态利用，沼渣生产复合有机肥、有机营养土，沼液生产植被营养液、生物农药、发酵培养基等高端产品，实现沼渣沼液的安全高值利用。

1）前沿技术。厌氧消化定向生物调控以及失稳预警调控技术，膜分离等生物燃气分离提纯技术，沼液有效成分提取或浓缩技术，生物燃气吸附石存储技术。

2）关键核心技术。秸秆贮藏技术，干发酵和两相发酵等高效厌氧消化技术，秸秆阶梯循环利用技术，沼渣沼液高端利用技术，基于生物燃气的分布式能源系统技术。

3）重大产品及产业化。以管道生物燃气（生物天然气）、车用压缩生物天然气（CNG）、液化生物天然气（LNG）、罐装生物天然气、电力为主导产品，以固体有机肥、复合有机肥、有机营养土、植物营养液、混氢天然气、化学品、生物农药、生物活性知己等位辅助产品；根据不同的原料、用户、地域、规模等实际情况，发展推广生物燃气集中供气、生物燃气热电联产、生物燃气纯化车用、生物燃气纯化入网等商业模式，实现生物燃气的高值高效利用与沼渣沼液的安全高值利用。

（2）生物质成型燃料

针对目前生物质成型燃料生产技术及示范推广过程中普遍存在的原料供应差、加工成本高、产品应用效率低等问题，建立适合我国不同地区生物质原料产出特征的原料收储运营模式及产业化生产模式，开展生物质成型燃料大型成套设备与一体化工业生产自动控制系统关键技术研发，实现生物质成型燃料的工业化生产。研发生物质成型燃料气化清洁燃烧关键技术设备，开发生物质直燃热电联产技术及设备研发，实现生物质成型燃料高效清洁燃烧利用，规模化代替燃油、燃气等清洁燃料，形成完善的成型燃料产业化市场体系。

1）前沿技术。重点开展生物质成型燃料大型成套设备与一体化工业生产自动控制系统关键技术研发；研究建立生物质原料的收储运模式，并建立数理模型，实现量化计算最佳收集半径及建厂规模；研究生物质物料特性参数、生物质成型过程特征参数以及成型产品特征参数在线式数据采集与智能化生产自控系统；开发生物质成型物热能自给连续热解炭油联产新技术研究。

2）关键核心技术。围绕生物质成型燃料产业发展目标，开展生物质成型燃料原料收储运供应体系及生产建设规模研究，生物质成型燃料智能化生产自动控制系统研究，生物质成型燃料高效低成本工业化生产关键技术设备研究开发，生物质致密成型机炭化燃料高效低成本工业化关键技术设备研究开发。成型燃料直燃热电联产设备系统关键技术开发，成型燃料高效气化及清洁燃烧关键技术设备开发。

3）重大产品及产业化（示范）。在我国不同特色原料的区域，建成规模不小于10万吨/年的成型燃料收储运生产示范体系；生物质成型燃料生产系统智能化控制，稳定生产时间提高到5000h/a；开发出以木本原料为主的高产能、低能耗的颗粒燃料成型机组，单机生产规模达到3～5t/h，生产电耗达到60千瓦时以下，示范生产线规模达到$3 \times 104t/a$；开发出以草本原料为主的高产能、低能耗的块状成型燃料成型机组，单机成产规模达到3～5t/h，生产电耗达到40千瓦时以下，示范生产线规模达到$5 \times 103t/a$，建成年产两万吨成型炭生产基地。开展成型燃料规模化替代化石能源关键技术研究与工程示范，研究生物质成型燃料直燃热电联产设备系统，研究生物质成型燃料气化替代化工业窑炉燃料关键技术与示范。

（3）生物质发电

以高效利用农林剩余物生产清洁电力为目标，通过低结渣、低腐蚀、低污染排放的生物质直燃发电技术研究，混燃发电计量检测技术攻关，高效清洁的气化发电技术突破和技术装备规模化产业创新，原料收购商业模式创新探索及先进生物质能综合利用的产业化示范，提升我国生物质发电成套技术装备水品及研发创新能力，构建完整的生物质发电产业链。

1）前沿技术。重点研究灵活稳定的燃烧组织技术、高温受热面防腐防结渣技术以及低NOX排放技术，生物质气化气再燃脱除燃煤流化床中的NOX技术，新型生物质气化技术和高效燃气净化技术开发，低热值生物质燃气的内燃机/燃气轮机发电技术及生物质气化燃料电池发电技术。

2）关键核心技术研究。围绕生物质高效利用生产清洁电力为核心技术目标，开展生物质燃烧结渣技术研究，针对特殊燃料的高温和低温防腐蚀和黏结技术研究，开展生物质混燃发电不同燃料适应性研究和燃烧量检测与监控技术研究，开展基于广谱的生物质热解气化规模制气与污染控制关键技术装备研发。

3）重大产品及产业化（示范）。以灵活稳定的电力供应为核心主导产品，有序、因地制宜、多元化开展生物质发电和生物质能综合利用产业化示范。其中重点开展生物质高参数发电集成技术示范和生物质热电联产一体化技术示范，生物质与其他能源互补综合发电技术示范及生物质灰渣综合利用工业示范。同时开展生物质与煤气化混燃发电示范和广谱生物质热解气化与污染控制关键装备研究。

（4）生物质液体燃料

以来源丰富的木纤维质类农林废弃物及能源植物为原料，通过预处理解构技术，纤维素生物醇及化学品高效转化菌株构建，核心的高效催化转化技术攻关和系统工艺技术的集成创新，建立基于糖平台的木质纤维素全成分转化制取高品位联产化学品的技术体系。

1）前沿技术。木质纤维素复杂大分子解构解聚技术，木质素衍生物选择性催化裂解制取烷烃和芳烃技术，水溶性化合物催化重整制氢技术，水解液催化制取羟甲基糠醛 / 糠醛等平台化合物技术。

2）核心技术。多技耦合的纤维素水解热聚技术，水溶性小分子化合物水解液直接水相催化合成烷烃技术，水溶性小分子化合物水解液定向催化裂解制备含氢燃料技术，小分子化合物碳链增长及催化加氢脱氧合成长链烷烃技术，新型高效催化剂制备技术，高效转化微生物筛选、改造和选育技术，高效纤维素酶制备技术。

3）重大产品及产业化（示范）。以创制生物汽柴油、航空燃油、含氧燃料为核心主导产品；以水溶性组分制氢、木质素残渣转化为芳烃等重要化学品为辅助产品；综合多元化利用技术，形成木质纤维素全成分制取高品位的液体燃料的技术示范。

（二）太阳能

目前，我国已成为世界上最大的太阳能光热应用市场，也是世界上最大的太阳能集热器制造中心。预计到 2020 年我国太阳能热水器年产量可达 27300 万 m^2。太阳能热利用开展平板集热器和中高温集热器的研发，完成配套服务体系；研究发展太阳能集热器智能化系统和太阳能热水三联供（供热水、供暖和供冷）系统；开发太阳能与热泵、燃气、电、生物质能等能源互补系统，多种能源可以互补、不受阳光限制，满足用能需求。将太阳房建筑和热水采暖系统结合，研究发展主动式太阳能供暖系统；扩大太阳能在温室、农业、干燥等方面的应用；在太阳能热利用领域开展合同能源管理的试点示范。

太阳能光伏发电要制定并完善强制性行业标准，提高太阳能电池光电转换效率，开展太阳能电池创新技术的研究等方面。其中，太阳能电池创新重点围绕加大吸能面，运用吸杂技术，减少半导体材料的复合，电池超薄型化和高效聚光电池；开发新的电池材料，改进理论、建立新模型等。重点推进分布式光伏发电应用示范区建设，完善并网接入和金融支持等配套服务等。

（三）风电

1）机组单位容量逐步增大。随着国内广大农牧民生活水平的提高，用电量的加大，百瓦级风机逐步减少，千万级风机将逐年增加，特别是随着分布式供电系统的扩大应用，工业及出口领域对风电的需求增大，单机容量在 20 ~ 50 千瓦范围内的机组将迅速增加。采用高强度低重量的材料和紧凑结构的设计，成为大型机组技术的关键。

2）风光互补发电将代替单一的风力发电。风光互补、风柴互补、风光柴互补发电系统仍是主要的发展方向。太阳能和风能在时间和地域上的互补性，使得风光互补成为利用资源条件最优的一种独立电源系统。

3）建立产品检测体系和认证制度。应参照欧美国家的做法，迅速建立起自己的检测体系和认证制度，设立行业的准入门槛，并出台补贴政策，尽早确立合理的标杆电价，提供税收减免优惠；对生产制造企业技术改造给予贴息或半贴息贷款。

（四）地热能

我国近年来地热能开发迅速，市场化推动为主，国家发布《关于促进地热能开发利用的指导意见》，明确提出地热能到 2015 年全国地热供暖面积达到 5 亿平方米，地热发电装机容量达到 100 兆瓦，地热能年利用量达到 2000 万吨标准煤，到 2020 年，地热能开发利用量达到 5000 万吨标准煤。地热的开发利用对于技术和装备要求比较高，尤其在地热发电方面更是如此。由于地热能资源调查、评价滞后，技术标准和开发利用相关技术研究的薄弱，仍存在开发利用地区发展不平衡等问题。

因此，各地区要开展地热能资源勘查与评价，理清地热能资源的地区分布和可开发利用潜力；做好地热能开发利用规划，统筹开展地热能开发利用；积极推广浅层地热能开发利用，鼓励推广利用热泵系统，提高热泵系统在城市供暖和制冷中的普及率；加快推进中深层地热能开发利用；建立健全地热能开发利用产业体系，为地热能开发利用提供强有力的产业支撑等。

── 参考文献 ──

［1］ 中华人民共和国国家统计局. 2013 年国民经济和社会发展统计公报［R］. 2014.

［2］ 中华人民共和国统计局. 中国统计年鉴（2013）［R］. 北京：中国统计出版社，2013.

［3］ 农业部科技教育司，农业部能源环保技术开发中心. 全国农村可再生能源统计［R］. 2013.

［4］ 农业部农业生态与资源保护总站. 2014 农业资源环境保护与农村能源发展报告［R］：2014.

［5］ 国家可再生能源中心. 2014 中国可再生能源产业发展报告［R］. 2014.

［6］ 丛宏斌，赵立欣，姚宗路，等，我国生物质炭化技术研究现状与发展建议［J］. 中国农业大学学报，2015，1.

［7］ 王冠，孟海波，赵立欣，等，我国生物质热解特性及工艺研究进展［J］. 节能技术，2014，4.

［8］ 贾敬敦，马隆龙，蒋丹平，等，生物质能源产业科技创新发展战略［M］. 北京：化学工业出版社，2014.

［9］ 丛宏斌，赵立欣，姚宗路，等，立式环模秸秆压块机成型过程建模与参数优化［J］. 农业机械学报，2014，8.

［10］ 吴红军，董维，王宝辉，等，太阳能光—热—电化学耦合法理论及其化学利用新技术进展［J］. 化工进展，2014，7.

［11］ 胡达，刘凤钢，黄云，等，国内外地热发电的新技术及其经济效应［J］. 中国能源，2014，10.

撰稿人：赵立欣　姚宗路　丛宏斌　霍丽丽

农业电气化与信息化工程学科发展研究

一、引言

"农业电气化与信息化工程"国家级重点学科是我国农业工程国家一级重点学科的重要组成部分。经过60多年的快速发展以及"211"和"985"工程的重点建设，本学科的综合实力和学术影响力不断扩大，科学内涵不断丰富，已经从最初仅仅围绕解决农业和农村电源科技问题开展研究，发展成为集电气、电子、计算机、通信、生物和生命科学以及信息化技术于一体，同时开展科学研究、系统集成和工程应用的综合性学科，形成了一套完整的教学、科研和科技成果转化及应用体系，并已成为引领本领域科技发展、培养和造就高级专门人才的重要平台和基地。目前，我国已拥有"农业电气化与自动化"本科以上专业高校30多所，其中有"农业电气化与自动化"学科博士和硕士学位授权点10多所；拥有农业信息化技术相关招生专业及方向的院所13家。

与此同时，近年来由"农业电气化与自动化国家重点学科"培育和发展起来的"农业信息化学科"，也已成为农业工程和农业电气化与自动化国家重点学科不可或缺的重要组成部分。农业信息化技术是农业科学和信息科学技术的相互交叉融合而形成的一门新的应用性前沿学科，重点研究和解决农业生物与环境以及农业产业活动中的信息感知、信息识别、信息管理与表达、信息施用等科学技术问题，是实现传统农业产业化改造升级、提高农业信息服务能力、保证国家粮食安全和食品安全重要战略的实施，有效解决我国"三农"问题，加快新型城镇化和新农村建设，实现经济、社会与农业的全面、协调、可持续发展的重要技术支撑和保障。

近年来，经过持续重点建设和跨越式发展，本学科已经成为科技部国家农业信息化工程重点实验室、教育部精细农业系统集成研究重点实验室、农业部农业信息获取技术重点实验室、北京市智能微电网运行与控制工程技术研究中心、国土资源部农用地质量与监控重点实验室、国家农业信息技术国际合作基地等科技创新、学术交流及人才培养平台的重要依托学科。

在当前和今后较长一段时期内，本学科将继续围绕《国家中长期科学和技术发展规划纲要（2006—2020年）》《中共中央 国务院关于深化科技体制改革加快国家创新体系建设的意见（2012）》，结合智慧农业、智能电网、农业物联网、低碳经济等国家重大需求，重点研究和解决农村电力与新能源能源发电、配电网建设与改造、农业电子与自动化、农业农村信息化技术领域的科学技术问题，为推进新型城镇化和美丽乡村建设做出积极的贡献。

二、本学科的学科体系及主要研究任务

（一）本学科的学科体系

本学科属于典型的电气信息类学科，是研究如何将农村电力系统及其自动化技术、农村能源及其高效利用技术、农业电子与自动化技术、农业农村信息化技术等，应用于农业和农村产业技术改造、进行高新技术开发的应用性学科。本学科具有培养学士、硕士、博士的完整教育体系。

本学科的本科专业主要包括农业电气化与自动化、电气工程及其自动化、电子信息工程、自动化、计算机科学与技术、通信工程、地理信息系统等；学术型硕士点包括电气工程、计算机科学与技术、控制科学与工程、信息与通信处理、地图学与地理信息系统、生物物理学等；专业硕士点包括电子信息工程、计算机技术、农业信息化。博士点包括农业工程、农业电气化与自动化、农业信息化技术。

电气工程及农业电气化学科主要培养从事电力系统及农村电网运行、监控、柔性输配电、新能源发电、智能配用电等领域的科学研究、技术开发和工程管理的高级专门人才。电子信息工程学科主要培养掌握电子信息处理基本理论与方法、具备控制理论与工程设计和开发能力，并能够从事各类电子设备和控制系统研究、设计与开发的高级专门人才。计算机科学与技术学科主要培养掌握计算机硬件、软件及其应用的应用型高级人才。通信工程学科主要培养具备通信和信息处理基础知识、从事通信工程设计、运行和管理的高级专门人才。地理信息系统学科主要培养掌握3S技术及其农业和国土资源中的应用，具备空间信息获取、集成、软件开发能力的高级专门人才。

（二）本学科的主要研究任务

本学科的主要研究任务是围绕国家重大需求，将精细农业关键技术与系统集成、农村电力与新能源发电、农业生产过程自动检测与智能控制装备、智能化农业信息系统、农业空间信息处理与虚拟现实技术、农业网络与通信技术等，广泛应用于促进农村能源、农业生产、新农村建设，推进传统产业技术升级，全面提升我国农业和农村的现代化水平。

具体而言就是，围绕地方电力系统与智能电网、绿色能源与节能、精细农业关键技

术与系统集成、电子信息通信与控制自动化以及信息应用技术与智能农业等方向开展农业电气化与自动化相关科学研究；围绕传感技术与农业信息获取、信息处理技术与农业物联网、云计算与农业大数据、地理空间信息技术与监测预警以及绿色信息技术与智慧农业等方向开展农业信息化科学研究。

我国正处于由传统农业向现代农业转变时期，在"十二五""十三五"和今后相当长一段时期内，我国将需要更加安全、可靠、优质、清洁和高效的能源和电源保障，需要更为先进的农业自动化检测与控制装备、智能监控设备和信息化处理系统，需要进一步揭示电磁能、生物信息等对动植物遗传、育种、高质高产机理以及产前和产后生理等的影响，降低能耗和排放、节约农业生产成本，特别需要加快实现农业现代化与智能化，普及农村信息化，这些都将成为本学科发展的科学动力。

三、本学科最新研究进展

（一）"十二五"期间主持承担的主要科研项目

在农村电力与新能源发电领域，本学科主持承担的主要科研项目有："农村住宅多能互补技术集成与示范""农村智能配电网试点工程配套关键技术应用研究""农村低电压综合治理技术研究与应用""基于剩余电流保护的农村用电安全关键技术研究"等国家科技支撑计划、国家电网公司重大科技项目、国家"863"计划10余项；"含微网配电系统电能质量分析与控制方法研究""飞轮储能用新型磁悬浮无轴承异步电机系统研究""电磁悬架五相圆筒型容错永磁直线作动器控制关键技术研究""永磁容错电机及其控制系统""剩余电流中触电电流分量的频谱特征与快速识别方法研究""考虑测风塔数据分析的风电场风能资源精细评估方法与实现""基于无标度网络及噪声诱导随机共振的低误码平底 LDPC 码编解码方法研究""基于多状态模型的含微网的配电系统可靠性评估"等国家自然科学基金10余项；"农村宅用光热沼气互补发电系统研究"等省市科技厅项目10余项；北京电力公司、国网河南电力公司、南网广东省电力公司等30余项产业化项目。

在农业电子与自动化技术领域，本学科主持承担的主要科研项目有："农机具视觉导航关键技术研究""安全农产品产地环境信息感知技术与装备""粮食作物规模化生产农田信息采集与导航定位技术研究"等国家科技支撑计划、国家"863"计划等10余项；"猕猴桃采摘机器人果实信息感知与无损采摘方法研究""大型动物行为模型与高级行为智能视频感知新方法研究"等国家自然科学基金20余项；"农业部鸡蛋加工与检测技术体系""智能管控与信息处理分系统研发""大数据在食品安全预警系统中的应用研究等国家蛋鸡产业技术体系、国家重大设施建设项目、公益性行业专项等省部级项目20余项；"温室生产智能控制与管理技术研究及应用""基于组织光学与电物特性的农畜产品品质检测与先进传感技术研究"其他项目等10余项。

在农业信息化技术领域，本学科主持承担的主要科研项目有："农业物联网先进传感与智能处理关键技术合作""农业现场信息全面感知与农村信息技术推广关键技术应用研究""农村物联网信息资源可视化服务技术及产品研发"等国家科技支撑计划、国家"863"计划、国家"973"计划子题、国家重大科学仪器设备开发专项、国家国际科技合作专项、欧盟FP7框架项目、国家级星火计划项目40多项;"网络环境下矢量数据压缩与渐进传输方法研究""基于高分辨率遥感数据的农作物纹理特征表达及其类型识别研究""现代设施园艺中的物联网关键技术研究"等国家自然科学基金20多项;"耕地质量级数据基础分析及规范化研究""土地整治重大工程项目监测方法与技术研究"等省部级项目20多项;"水产养殖业关键技术研究与示范""面向鲜食葡萄冷链物流的多源信息采集技术与监测方法""高分数据土地利用要素快速提取技术"等其他项目20多项。

(二)本学科最新研究进展及创新性成果

1)农村智能配电网试点工程配套关键技术应用研究。以智能配电台区、县级配电自动化、用户用电信息采集、营配调模式优化为研究重点,突破了农网关键装备、数据通信、信息集成共享等技术难点,构建了农网营配调模式优化技术体系构架,提出简洁型、标准型与扩展型3类8种智能配电台区典型建设模式,研制了智能配电台区、馈线自动化和用电信息采集设备3类17种硬件,开发了中低压电网统一数据采集与集中监控平台、企业一体化信息管理平台等4类软件;在8省8县示范工程建设和6省11县完成成果推广应用,有效解决了农网营配调各业务采集终端、通信、主站系统的重复建设及信息难以共享等问题,整体技术达到国际领先水平。

2)农村低电压综合治理技术研究与应用。突破了电能质量分析、控制与辅助管理决策支持、电压多级联调等关键技术,提出了农村低电压综合治理技术解决方案,形成了提升农网供电能力的规划优化理论方法、35kV配电化建设模式、电能质量监控与辅助管理决策支持系统、电压三级联控制系统、广义电能质量控制装置等系列关键技术成果,制定了退役S7系列配变降容改造技术导则和配变分接头调配管理导则等相关标准规范,并在安徽、江西、辽宁、蒙东、陕西等5个省公司进行试点工程建设与应用。项目成果在农村电网低电压综合治理技术解决方案,供电能力综合评价指标体系和评价方法,电能质量分析、控制与辅助管理决策支持技术等方面达到了国内领先水平,对公司系统1784.9万户低电压治理工作发挥了重要指导作用。

3)基于剩余电流保护的农村用电安全关键技术。在国家自然科学基金项目及国家电网公司重点项目支持下,针对低压电网人身触电伤亡事故比例大和因漏电造成设备损毁或电气火灾等严峻形势,作为国家电网"你用电、我用心、强基固本工程"急需解决的重要技术问题,对基于剩余电流保护的农村用电安全关键技术开展研究。在搭建物理实验平台、选择实验对象、获取实验数据的基础上,运用FFT、形态滤波、ANN、小波变换等智能算法成功,首次系统构建了我国低压电网生物体触电波形和数据库,建立了数学形态学触电信号暂态特征提取模型、改进前馈神经网络法触电故障类型识别模型、基于FIR数字滤波和径向基神经网络耦合的触电电流幅值识别模型，为新一代基于生物体触电信号的 RCD 保护装置的研究与开发提供可靠的技术支撑。

4）农村节能低碳住宅建筑技术集成与应用。基于我国北方农村住宅现状，以实现新农村建设中民宅寒冷季节不冷、炎热夏季不热，进而有效改善我国农户的住宅环境为目标，首次实现了北方农村住宅建筑无烟囱、不烧煤（柴）的新农村低碳住宅。成果属于国内首创，达到国际领先水平。主要技术成果包括：分布式风光发电储热供暖技术、双保温空心苯板墙体技术、太阳能热水器热量蓄热技术、远红外发热纤维软板地热互补技术、夏季室内温度调节技术等。目前，项目成果已在辽宁、四川、黑龙江、吉林、内蒙古等省、自治区广泛推广应用，总结和形成了一套完整的北方农村节能低碳住宅建筑技术的完整体系，实现经济效益累计达两亿多元。在改善农村生活环境、节能减排、促进农民工就业等方面取得了显著的社会效益。

5）日光温室分布式供电系统。日光温室为我国北方地区广泛应用的农业设施，温室建造时充分考虑了采光的需求，年太阳能总辐射量丰富，在不影响温室作物生长的情况下，日光温室分布式供电系统利用了温室附属空间实现了光伏发电。光伏发电可为温室各环境监测传感器、视频监控设备及作物生长环境控制设备供电，余电可在国家分布式发电政策鼓励下并网卖电，另外还可通过储能设备转换，减少或免去对常规电源的依赖。日光温室分布式供电系统目前应用于涿州农场草莓日光温室，装机容量 5000 峰瓦，日发电量最高可达 25 度，平均发电 10 度，通过储能系统可实现在无市电情况下对当地负荷供电 24 小时以上。该系统广泛适用于我国北方日光温室使用的农业生产区域，对既有温室改造量小，对植物生长无任何潜在影响。

6）农场智能控制中心光储不间断供电系统。现代农场是生物信息技术的集成，为了提高种植、养殖的产量，保证动植物的绿色生长环境，提供健康安全的终端产品，现代农场使用了大量传感器和控制执行元件，而可靠的通讯网络是控制实施的关键。农场控制中心光储不间断供电系统正是服务于该通讯网络，该系统一方面充分利用了绿色能源，另一方面增强了处于电网末端的农场供电可靠性，大容量的光储不间断供电系统可实现高速通讯网络的长时间稳定运行，解决了农业生产地区供电可靠性不足与现代农业控制技术应用的矛盾。目前，该系统已成功应用于涿州农场大田监测控制中心与灌溉控制中心，发电容量 1000 峰瓦，可独立为控制中心供电 1 天以上。该系统广泛适用于我国太阳能资源二级及以上的农业生产区域，可为现代信息化农场提供源源不断的动力。

7）VAT 型（具有触头测温功能的）10kV 真空断路器。产品利用等电位原理，在断路器触头安装温度传感器，在触头臂上安装专用电流互感器，当触头臂上有电流流过时，利用互感器的饱和特性取电作为传感器的供电电源，利用半导体测温传感器，将温度信号转换为数字信号，通过光纤将该数字信号以光传输方式传至"电气安全区"，再由光接收环节还原为温度信号，完成由高电压区域至"电气安全区"的信号传递，实现高压真空断路器触头温度在线监测。该产品的技术处于国际领先水平，对于我国电力电子器件行业的发展起到了良好的推动作用，在未来国际市场上具有良好的发展前景和巨大的发展空间。主要成果包括：建立了温度检测的光纤传输模型，设计了新型高压断路器手车，获得授权专利3项，该装置为开关柜向自诊断、智能化的方向发展提供了支撑。

8）智能型高压带电液晶显示装置。该装置是对3.6～40.5kV系统电力设备在线运行中带电状况的实时显示，通过液晶屏显示是否带电及各母线电压值，并对采集的电参数信号通过RS485接口上传控制。产品采用金属防腐外壳和背板设计，消除了老式塑料外壳的显示装置在开关柜短路时塑料外壳熔化电弧喷出伤及现场人员的隐患，适用于高压开关柜、箱式变电站等电力设备及其他需要显示检测电压的领域，能够防止电气误操作。主要成果包括：建立了电—磁—电转换检测模型；形成了市场化的产品；实现了高压无接触测量。

9）新型城镇及美丽乡村用电需求与典型供电模式。新型城镇与美丽乡村是我国城镇化建设、新农村建设背景下的新概念，也是未来我国城镇和乡村的典型形态，对其用电需求和供电模式进行分析设计，对保证我国新型城镇和美丽乡村健康发展具有现实意义。结合发达国家城镇化及乡村建设规律，从用电需求和供电服务保障的角度出发，提出了我国新型城镇及美丽乡村用电需求模式及分类方法。分析了我国农村电网电量宏观发展趋势，预测了我国各类型新型城镇及美丽乡村的用电需求增速，对较发达的典型城镇进行了饱和电量预测。根据气候特点、经济水平、饮炊习惯、电器拥有量及使用特点，基于蒙特卡洛抽样技术建立了我国典型地区农村家庭用户日负荷曲线库。结合新型城镇及美丽乡村供电保障特点，采取差异化理念制定了新型城镇及美丽乡村典型供电模式，将为我国新型城镇和美丽乡村供配电系统规划设计提供参考依据。

10）"三农"信息服务资源平台。"三农"的目标是通过农业产业化建设，提高农民的文化素质，建设稳定发展的社会主义新农村。通过提供信息服务促进信息传播，促进农村的科技、文化、经济发展，提高农民的文化素质，提升农业信息服务水平，促进新农村发展。围绕新农村建设，针对农村的具体情况，对农村所需的不同信息，系统开发平台开发了不同设备支持下的信息处理和传播平台。"三农"信息资源服务平台以一个整合平台为核心，包括天气节气、要闻时讯、价格行情等13个大的栏目，涵盖了文本、图片、音频和视频等各种形式的信息资源，内容丰富、专业，每天定时更新，旨在解决"三农"信息发布的及时性和可持续性问题，让用户能在短时间内接收更多、更全面的相关信息。

11）低成本农村智能信息服务关键技术及终端研发。按照国家农业农村信息化发展战略要求，针对目前农村信息化发展滞后、数字鸿沟影响严重、信息服务能力不足的现状，依托互联网、通信网、广播电视网的"三网"媒介，集成计算机、手机、座机、电视机的"四机"终端，突破数字鸿沟、缩短城乡距离；依托涉农信息智能融合、农情信息精准搜索、涉农信息主动智能服务三大技术，有效解决涉农信息多而不精、多而不实的问题，畅通农民和世界、农业和市场的信息渠道；搭建农村信息化人才培育、农村电子政务、农村电子商务、农村综合信息服务的"一才三务"主动服务体系，面向农村教育、生活、生产，建立信息化、网络化、智能化的低成本农村智能信息服务平台及终端，有力推动新农村建设。

12）农业环境数据获取、处理与建模技术。以农业大数据处理为主线，以计算机技术为支撑，重点研究了农业环境建模方法、智能算法、云计算等技术研究。重点发明设计了池塘水产养殖、日光温室三维立体监测与成像平台，构建了水产养殖和温室环境三维建模技术；研究了水产养殖、设施温室等生物环境参数的预测、预警方法；开发了水产养殖动物和设施园艺作物知识库管理与自学习系统；开发了水产养殖与设施园艺移动管理系统；构建了农业养殖信息与交流平台；研究了农业物联网平台运行状态故障诊断平台。成果在福建福州市、山东寿光、山东烟台等地方进行了应用和示范。共获得发明专利 3 项、申请 6 项，获得实用新型专利 2 项、申请 3 项；发表 SCI 和 EI 论文 7 篇，其他论文 23 篇。该项技术成果可促进人工智能在农业大数据处理和农业云技术中的应用，同时对农业生产精细化、自动化提供了技术支撑和手段。

13）水产养殖物联网关键技术与装备。面向河蟹、大菱鲆、海参等 31 类养殖品种、3 种养殖模式生产需求，突破了养殖水质测控数字化、养殖管理自动化的技术瓶颈，探明了水产养殖水质信息感知机理，发明了系列低成本智能传感器。研制了自校准、自补偿的溶解氧、电导率、pH 等 8 类 15 种型号原位在线智能传感器；构建了水质预测预警、精准饲喂、疾病预警诊断、水产品溯源与质量安全控制等模型体系及知识库系统，开发了水产养殖生产经营管理服务 web 和移动平台；发明了基于闭环控制的兼容 WiFi/ZigBee/ GSM/GPRS 多模式通讯功能的水产养殖无线采集器与控制器。该成果已获授权国家发明专利 18 项，实用新型专利 17 项，软件著作权 26 项，出版专著 3 部，发表论文 162 篇（SCI 收录 82 篇，EI 收录 45 篇）。在 16 个省（市、自治区）进行了大规模推广应用。近 10 年累计推广工厂化养殖面积 200 万平方米，池塘及近海养殖面积 135 万亩，新增经济效益 28 亿元。

14）农业机械自动导航技术。以采用机器视觉导航的农业车辆为研究对象，提出了一种基于改进粒子群优化自适应模糊控制的农机导航控制方法。建立了车辆 2 自由度转向模型和视觉预瞄模型，对车辆横向控制进行状态描述；对粒子群算法进行改进，提高了粒子群算法的收敛速度，降低算法计算时间；构建了自适应模糊控制器，在模糊控制器中引入加权因子，以横向偏差和航向偏差时间误差绝对值积分（ITAE）之和作为系统目标函数，通过粒子群算法计算得到最优加权因子，进而调整控制规则实现导航车辆的自适应控制。本研究提出的控制方法可以快速消除横向误差，具有超调量小、响应速度快等特点，既保留了模糊控制算法的优点，又提高了系统控制品质。

15）农业作物遥感定量反演方法。利用定量遥感技术和动态模拟技术，重点对冬小麦整个生育期的土壤水分供给量进行了遥感定量反演研究，对比分析应用 AVHRR 和 MODIS 数据的干旱监测结果，发现基于 Aqua-MODIS 数据的干旱监测结果最好。主要开展了叶面积指数（LAI）和生物量的动态模拟和定量反演；土壤水分供给量遥感定量反演；基于点扩散函数法、混合像素面积权重法、均值变异权重法、主导类变异权重法和中值变异权重法研究了 TM-VTCI 到 MODIS-VTCI 的升尺度转换方法；探究了 10d、16d、32d 和

48d 时间尺度 VTCI 干旱监测方法的适用性。应用赋权法初步研究了冬小麦主要生育时期 VTCI 的转换方法，发现改进的层次分析法与变异系数法的归一组合赋权法是最优的尺度转换方法。这一结论和以上几项研究成果可促进项目组逐步形成集"监测—预测—评估"于一体的具有自主创新特色的干旱监测体系，对区域农业生产和粮食安全具有十分重要的意义。

16）土壤重金属原位快速检测技术。主要内容及成果有：①电化学法方法土壤重金属浸提瓶颈性技术问题，设计优化用 0.1mol/L，pH 值为 4.5 的醋酸盐缓冲液为浸提剂，超声 15min、静置 5min 后，通过两步法过滤得到澄清的重金属浸提液，有效地解决了传统土壤重金属前处理消解过程耗时长、繁琐、浸提液对农田环境的二次污染等问题；②重金属检测传感器方面，设计并开发了一种适合于土壤重金属离子（汞、镉、铅等）检测的新型丝网印刷电极，重点研究了表面敏感材料离子液体、碳纳米管及石墨烯等掺杂材料对电极性能的影响，攻克了传统检测传感器价格昂贵、抗污能力弱等问题；③电化学检测设备方面，重新设计完成了低能耗、便携式、低成本的土壤重金属快速硬件设备及配套的软件，重点解决了硬件电路分析低浓度样品时，信号峰值强度较小、现场噪声干扰大等问题，提高了仪器的抗干扰能力、微弱信号分辨能力和数据处理速率。

17）土壤养分快速检测技术。主要内容及成果有：①以全固态硝酸根掺杂聚吡咯离子选择电极和缬氨霉素钾离子选择电极为传感部件，基于 MSP430F149 单片机开发了多通道土壤主要养分检测平台，可满足离子选择电极信号检测的需要；②基于光学检测方法开发了土壤速效磷检测平台，可满足土壤速效磷的检测需要；③从全国不同省份采集不同作物区、不同类型的土壤样本，初步进行了集成平台在土壤主要养分检测中的适用性研究，探讨了单因素下土壤预处理参数对平台检测结果的影响。研究结果表明，该平台的硝态氮和速效钾检测结果均与常规的光学方法检测结果具有较好的一致性，能够满足土壤硝态氮和速效钾的检测需要。

18）农田灌溉水病原微生物快速检测技术。主要内容及成果有：①微流控 PCR 系统的荧光检测技术，包括 PCR 荧光检测硬件系统设计及荧光信号图像处理算法开发。荧光检测系统由激发、传输荧光信号的光学系统以及采集处理荧光信号的光电检测系统组成；② RFID 电子标签与微流控 PCR 芯片系统。电子标签可通过强力胶永久性固定在微流控 PCR 芯片上。由于微流控 PCR 芯片需要在高温下反复加热，且周围环境存在金属介质，因此选择抗金属干扰能力强及耐高温的 RFID 电子标签及 900MHz 超高频 RFID 读写器，最终实现农田灌溉水病原微生物的样本溯源。

19）基于多光谱的作物长势信息获取技术。为了快速、无损的获取农田作物长势信息，应用光谱分析技术、近地成像光谱技术和无线传感器网络技术，研发了作物长势监测仪器与多光谱图像智能采集系统，成功用于大田、果园和温室作物信息监测，为作物的精细管理提供理论和技术支持。主要成果基于四波段的 NDVI 作物长势监测仪器，基于 2CCD 的作物长势多光谱图像系统包括多光谱成像装置以及图像采集控制系统和作物多光谱图像处理系统。该项成果可以对田间作物植被指数、氮素含量、叶绿素指标和环境参数等数据进行集中存储、动态监测、实时分析、显示和 SMS 发布等管理，并提出作物生长长势评价。具有自主知识产权的作物长势信息获取系统，已在山东省沾化冬枣研究所、陕西省杨凌农业高新示范区、河北涿州农业示范基地成功进行了应用示范。

20）农村电力与农业传感器领域科技成果转化及应用。2011—2014 年，本学科在农业传感器和农村电力技术领域研制和开发的新产品和新装备，如土壤水分传感器、水产养殖类传感器、智能电表、配电网电压无功综合控制装置、电能质量监控、微电网运行与控制装备等，在农业电气化与自动化和农业信息化技术领域具有较高知名度和影响力。

在农村电力领域，研制开发的 VQC 电压无功控制装置、配电自动化远方终端 / 遥信终端、电缆短路接地故障指示器、电力综合测控仪、多功能智能配电装置、配电自动化远方终端及无功补偿装置、智能复合投切电容器开关、配电自动化遥信终端、双电源自动切换控制器、电缆短路接地故障指示器、智能电容器等一系列新产品，技术处于国内领先水平，并广泛应用于配电网和农村电网，年均产值超过 3000 万元。近 5 年来，VQMC 装置在电网中累计运行 2000 多台，实现每台节电效益 100 多万度 / 年；无功补偿 RTU 综合装置已在北京运行 24000 多套，在其他地区运行 1 万多套，每台装置可实现年均节电 28 万度，取得了显著的降损节能效果。

在农业信息化领域，面向河蟹、大菱鲆、海参等 31 类养殖品种、3 种养殖模式生产需求，发明了自校准、自补偿的溶解氧、电导率、pH 等 8 类 15 种型号的低成本、原位在线智能传感器，开发了相关应用软件，实现了在 16 个省（市、自治区）的大规模推广和应用。近 5 年来，累计推广工厂化养殖面积 100 多万平方米，池塘及近海养殖面积 100 多万亩，新增经济效益 18 亿元。

四、本学科的国内外研究现状和发展趋势

进入 21 世纪以来，本学科的研究方向和研究领域主要集中在精细农业技术研究与系统集成、农村电力与新能源发电、农业生产过程自动检测与控制、农业信息化以及农业物联网技术。在精细农业关键技术、农业先进传感技术、微电网运行与控制技术、村镇低碳节能发配电工程以及农业农村信息化技术等领域，本学科的部分研究成果处于国际先进水平，总体处于国内领先水平。

本学科领域的国内外研究现状和发展趋势如下。

（一）农村电网智能化水平提升技术

针对具有负荷小而分散，距离电源点较远，或者现有负荷在已有 35kV 电网沿线分布，存在 10kV 线路超供电半径或迂回供电现象，受地区环境限制，在未来 5 ~ 10 年内负荷增长较为缓慢等特点的偏远区域，研究农村多种分布式能源综合利用技术，创新供配电模

式，解决供电收益与投资矛盾等问题。突破农村配电网关键环节数据实时采集与在线分析技术，通过对相关实时和历史数据信息的深度挖掘与分析，实现对区域变电站、中压线路、配电台区、低压用户等各个层面运行管理和控制。

（二）基于机器视觉遥感的植物长势检测

其研究已历经 30 多年，但大多基于遥感技术获取作物生物信息的研究都是针对单年生农作物的，而对于多年生农作物—果树来讲，其生物信息获取以及长势诊断也同样占有非常重要的位置，但国内外相关研究相对较少。国内外基于遥感技术对其他果树的研究也大都局限于病虫害预警、施药、叶面积指数估计和冠层生物量检测、产量预测和果品品质评估，尚无用于指导果园生产管理的果树营养和长势监测研究。随着农业信息化技术的不断创新，全面利用卫星、航空、近地等多种遥感手段获取果树光谱反射信息并进行有效的信息融合，结合果树其他生物信息（树龄、径粗、树高、树形、树冠结构、生物质含量等），可从不同尺度推测苹果树实时的营养和生长情况，全面评估果树长势，指导果园生产管理实现精细化。

（三）农业无人机技术

国内外对于无人机遥感系统的应用已进行了广泛研究。美国农业部已开始应用无人机装载数码可见—近红外相机采集田间作物信息，并在作物长势和氮素营养监测上作了应用尝试，取得了较好的结果，认为这是一个进一步研究和发展的方向。无人机被用于低空拍摄，根据飞机的实时参数对影像进行纠正后计算研究区域的叶面积指数（LAI），从而进行边界的数字化、地块面积量算、作物种类识别、作物长势分析等。另外，电动无人直升机喷洒技术采用喷雾喷洒方式至少可以节约 50% 的农药使用量，节约 90% 的用水量，这将很大程度的降低资源成本。智能化的农业无人机作业，将有效提升农业生产的技术水平，可以在一定程度上推广无公害生产技术和农业投入品，保证生产地域内环境质量不断提高。

（四）分布式能源技术

早在 1982 年，美国纽约出现了以工厂余热发电满足自身及周围建筑电热负荷的需求，成为分布式能源最早的雏形。在随后几年中，热电联供进一步得到发展，成为经历了长期历史验证的可靠技术，主要用于大型电厂和工业领域。20 世纪 90 年代以来，随着燃气技术的发展和机组性能的提高，燃气轮机驱动的冷热电联产技术发展起来，促进了冷热电三联供（CCHP）系统的发展与应用。新型 CCHP 系统的能源利用率可以达到 90% 以上。德国可再生能源法规定了光伏发电的补贴办法，对于屋顶光伏和地面光伏等各类光伏发电实施补贴，同时规定了接入方式与接入标准。西班牙要求分布式电源的容量不超过所在区域峰值负荷的 50%，避免分布式电源的反送电。按照国家能源局的指示，光伏发电应按照"自发自用、就地消纳"原则广泛开展应用和示范。

（五）微能网与能源互联网技术

分布式能源由电网互联发展到了能源网互联新时代。能源互联网，是由美国著名学者在《第三次工业革命》中提出的。能源互联网即以新能源技术和信息技术的深入结合为特征的一种新的能源利用体系。主要是利用互联网技术实现广域内的电源、储能设备与负荷的协调；最终目的是实现由集中式化石能源利用向分布式可再生能源利用的转变。由于能源领域的变革对于工业与社会发展具有决定性影响，一些主要发达国家政府已开始关注和重点推动能源互联网的发展。德国提出了"E-Energy"计划，力图大造新型能源网络。美国国家科学基金会支持建立了FREEDM研究中心用以研发分布式设备即插即用的下一代电力系统，并以此作为能源互联网的原型。韩国提出了Korea Micro Energy Grid（K-MEG），建立可以使用不同能源的楼宇、工厂以及社区，通过管理不同类型的能源实现提高能源利用率的目的。

（六）食品安全快速检测

在食品安全领域运用的主要技术依次为快速检测、波谱技术（含光谱、质谱、核磁）、分子生物学、色谱技术、传感器、纳米技术、分子印迹、感官评价（含电子鼻、电子舌）、前处理、风险评估、无损检测、磁性材料、探针技术、芯片技术、电化学、溯源。随着互联网以及其他产业产生的数据量爆炸式的增长，大数据、云计算等概念越来越多地被人们提及。公认的大数据四个特征为：数据量大、类型繁多、价值密度低、速度快时效高。这与食品安全监测所获取的数据特征相符合。其中数据量大对应的是每天成千上万种食品在生产、加工、销售、检疫时产生的海量数据；类型繁多对应的是食品监测数据类型的多样化，如分光光度值、气相及液相色谱值、甲基红试验染色值、荧光光度值等；而在这些海量的数据中，寻找潜藏的食品安全隐患和发展趋势犹如大海捞针；食品作为快速消耗品，由于较短的保质期限制，在生产出来之后迅速被消费和消耗，因此食品安全监测数据的时效性非常重要。因此，海量的食品安全预警数据适合使用大数据的思维方式、处理手段进行分析和处理，使用大数据进行食品安全预警将成为食品安全监测手段发展的新趋势。

（七）精细农业技术与系统集成

精细农业是基于对农田内和农田之间差异的观测和分析基础上的农作理念，为农业的可持续发展发挥了重要作用。在过去的20年间，精细农业相关研究与实践已经渗透于农业生产系统的各个方面，伴随着ICT技术的创新与发展，在数据获取与传输、信息处理、生产管理决策支持系统等领域产生了显著的技术进步。智能农机和农业机器人的开发已经有了长足的进展，精细农业相关的新理论、新方法、新技术和新装备正在持续涌现。另一方面，在世界上许多国家和地区，精细农业理念和技术的实践与推广仍然是一个巨大挑战，需要国际上的相关科学家加强交流与合作，共同促进精细农业相关研究开发的国际合作与交流。汪懋华院士回顾了精细农业的发展历史，指出物联网、人工智能、云计算、大数据等信息技术的发展，为精细农业的发展提供新的途径和机遇。美国被认为在精细农业领域技术水平和应用普及范围两个方面都处于世界领先水平。目前，精细农业在美国的应用与普及低于预期，在4项通用技术中，谷物自动测产系统普及率超过40%，主要农作物田间作业机械自动导航系统普及率达到15%～35%。相对而言，GPS电子地图和变量作业技术的普及率则很低。分析这些现象的原因可以得知，为了提高精细农业技术的普及率，应该价格低廉、便于安装和维护，应该有利于推广保护性耕作，同时，燃油、肥料的价格也要与新技术相适应。

在我国，从20世纪90年代开始，引进了精细农业的理念和技术，一些著名的国外农机厂商开始面向急速发展中的中国农机市场，介绍、引进先进的精细农业作业系统，如Massey Ferguson公司的Field Star系统，John Deere公司的Green Star系统以及CASE公司的AFS自动测产系统，Trimble公司的农用GPS系统Ag132等。这些技术的引进推动了我国精细农业技术的研究与实践，在此基础上，我国在北京和上海先后成立了精细农业示范基地，为进一步推进精细农业技术在我国的研究与实践发挥了重要作用。在分析国内外精细农业研究与实践的基础上，汪院士进一步对精细农业的本质和发展作了概括，即：精细农业是基于信息和知识的农作体系，是对农田时空变异的集成解决方案，是在知识经济时代的精耕细作，是实现资源节约、环境友好、节本增效农业的技术体系，精细农业理念应该扩展到农产品和食品的全产业链管理。

（八）作物单产估测与预测

从农业生产考虑，干旱是在水分胁迫下，作物及其生存环境相互作用构成的一种旱生生态环境。农业干旱直接影响到农作物的产量。传统的产量预测方法有统计预测法、农学预测法、经济学预测法和气象学预测法等。美国是最早开展作物面积遥感估产的国家，1974年开展了"大面积作物估产试验（LACIE）"，应用Landsat/MSS影像，对美国小麦生产面积、单产和总产量进行估算。1986年又开展了"农业和资源的空间遥感调查计划（AGRISTARS）"，进行了多种粮食作物的面积估算和产量预报。欧盟、俄罗斯、法国、日本和印度等国也都应用卫星遥感技术进行农作物长势监测和产量测算，均取得了一定的成果。如今美国已经将遥感技术应用于精细农业，对农作物进行区域水分分布评估和病虫害预测等，直接指导农业生产。世界粮农组织建立了全球粮食情报预警体系，进行全球作物监测和产量预测。俄罗斯建立的粮食作物"天气—产量"模式，可估算一年四季作物各营养器官和生殖器官的生物量及土壤水分的变化。我国应用卫星遥感技术进行农作物产量预测预报的研究始于"六五"期间，在"七五""八五"期间基于NOAA/AVHRR遥感影像对小麦、水稻、玉米等进行了估产研究。经过数十年的努力，我国农作物遥感估产取得了较大进展。从单一作物发展到多种作物，从小区域发展到大区域，从单一数据源发展到多种数据源的综合应用，从简单的光谱或指数统计模型发展到以作物生理生态机理为基础的区域作物生长模拟和遥感反演参数的同化模式，研究机理不断成熟，估产模式不断丰富，估算精度不断提高。

（九）智慧农业技术及其智能装备

应用传感、检测技术与控制人工智能、信息处理、化学分析、图像分析、光谱分析等技术，进行农田信息采集和智能仪器研究。运用现代检测与控制理论，设计研究新型智能农机整机及关键部件工作原理，采用数字设计、虚拟设计等现代设计方法构建智能装备模拟试验，加快产品研制进程。

五、本学科的发展趋势及展望

展望未来，本学科将在现有技术研究的基础上面临诸多新的机遇和挑战。主要体现在以下 10 个方面。

（一）农村电网智能配电及分布式发电并网

基于传感、测量、通信及自动控制技术，研究和开发农村电力网工况监测；研究开发电网故障指示器，通过故障指示器判断故障区段并遥控隔离，快速恢复非故障段供电和运行方式；研究农村户用分布式光伏发电系统、农村水电分布式发电系统的并网技术、保证农村电力网的正常运行和供电质量。

（二）先进传感器与智能控制技术

突出实践与工程应用；在理论上，加深对农业复杂大系统协同控制理论及智能农业理论研究，并对智能检测、感知技术和方法、对农业生产环节的关键智能自动控制技术和装备、对农业机器人关键技术等进行研究。学科培养的各个环节围绕一个平台进行：即从智能农业角度出发，划分出检测培养环节、控制培养环节、工程设计培养环节、推广应用培养环节。精炼相关课程、加大技术课程和训练课程是本学科的今后发展方向，而培养出既有坚实的理论基础和基本技能，又有实际技术的开发和实践能力的学生将是本学科未来培养人才的方向。

（三）农业遥感与遥测技术

基于光谱分析和图像处理的遥感遥测技术在获取大田作物长势、营养状况、水分胁迫等方面，已经有了成功的尝试和成果，奠定了坚实的理论和实践基础。研究果树，须将近地遥感、低空遥感、卫星遥感结合起来进行多尺度的遥感探测才能全方位地获取果树生长信息。农业数据具有数据量大，异构的特性，而且由于农作物种植的地域不同，导致农业数据分布的分散，因此将农业数据进行分布式存储是一种比较好的存储方式。

（四）农业与农村信息服务

随着农村改革的日益深入和信息技术的不断发展，今后农村信息服务将会呈现出如下趋势：①多元化、多渠道、多层次、多形式的信息服务；②公益性、商业性、社会性的信息服务；③由金字塔型渐趋于平面交互式的网络化状态。未来，农村信息服务模式将产生新的变革，其性状会由金字塔型渐趋于平面交互式的网络化状态。既有上下级之间的纵向联系，也有同一层次之间的横向联系，还有不同等级层次、不同隶属关系的斜向联系，它们共同组成纵横交错的信息沟通网络，从而克服了单一纵向信息结构中信息封锁、信息渠道易于堵塞、传递迟缓等弊端，提高信息的完整性、共享性和可靠性。

（五）农业无人机技术

农业无人机技术的应用是一个尚未真正开始，但即将蓬勃发展的领域，目前农业无人机还没有统一的检测平台，也没有统一评价标准。随着需求的增长和技术的逐渐成熟，标准的制定势在必行。低空遥感方面，设计适合小范围、低负载的无人机解决方案是一个发展方向，无人机需要充分考虑所携带的传感器质量、尺寸、形状等因素，从飞行高度、速度、稳定性、续航能力等角度综合考虑飞机的飞行性能。无人机获取的正射影像、多光谱影像等将作为图像分析的数据源，从而进一步分析作物长势、营养状况，进行病虫害识别与诊断。这里快速的、近实时的用于图像分析、几何纠正、图像转换的方法也将是一个研究热点。植保应用方面，基于灵活的无人机平台的变量喷施方法、航空喷洒作业监管和计量方法、基于多种智能终端的简易操作方法以及实现是将开展的研究领域。另外，利用无人机进行授粉、播种等作业也有迫切的需求，这方面还有大量研究工作要开展。

（六）精细农业技术与系统集成

对于未来精细农业的发展前景。第一，物联网、移动互联、智能终端、IPV6协议、云计算和云服务、大数据等现代信息技术的进步将会大力推进精细农业技术的发展；第二，数字地球概念将进化到智慧地球理念；第三，是时候考虑将精细农业发展为智慧农业；第四，需要更关注面向需求的研究和面向问题的解决方案，以保证食品品质和供应安全以及自然资源的可持续利用。

（七）低成本农业信息综合服务技术

视频监测是农业现代化的重要组成部分，它可为作物长势检测和病害防治与早期预警等提供重要的参考。但现有的温室视频检测大多依托计算机和互联网，农民只能借助拥有网络的计算机来观看监测视频，难以做到随时随地，给视频监测带来极大的不便。而手机现今已经成为普及的通讯工具，就现有手机的功能而言，完全具备传输视频信息的能力，且其价格也在不断下降，借助手机对温室进行视频监测将十分便利。因此，研究手机Web

（网页）、手机 App（应用程序）和视频电话等多种移动视频获取技术，实现面移动终端的农作物视频监测，将成为本学科未来发展方向。

（八）农业大数据

农业大数据由结构化数据和非结构化构成，随着农业的发展建设和物联网的应用，非结构化数据呈现出快速增长的势头，其数量将大大超过结构化数据。为了不断推进农业经济的优化，实现可持续的产业发展和区域产业结构优化，进一步推动智慧农业的建设进程，需要全面及时掌握农业的发展动态，这需要依托农业大数据及相关大数据分析处理技术，建设一个农业大数据分析应用平台——农业大数据平台来支撑。在技术上，该平台应该充分运用先进数据管理技术和数据仓库技术，建设具有高效性，先进性，开放性的商务智能项目。结构上，该平台应具有良好的可配置性，满足资源、业务流程的变化。同时随着业务的发展，业务量的增加，系统也应该具有良好的应用及性能的扩展。

（九）食品供应链信息管理与质量追溯

发展趋势包括：①可追溯单元从最初的简单划分发展到利用风险分析、系统优化等理论对农产品可追溯单元从产品、技术和经济角度进行划分，从而确定合理的可追溯单元大小，实现风险的预先控制，减低可能出现的风险损失；②对于食品质量安全信息的采集已经从最初的纸质记录形式发展到集成传感器的智能化采集，不仅能够采集食品生产的基础信息，而且能将食品供应链的环境信息一并采集，形成更完整的数据和信息体系，从而提高追溯的准确性；③可追溯信息传输已经从最初的不同供应链主体各自设计开发自身的数据传输模式，发展到应用统一的、标准化的信息传输方式，有效增加了系统的兼容性，提高了可追溯信息的传输效率，实现不同供应链主体的无缝连接，保证食品质量安全可追溯体系的顺利实施；④从可追溯系统在食品出现问题时通过查询追溯信息定位，发展到通过系统建模，甚至集成生物 DNA 识别技术，实现了食品供应链过程中品质预测与控制，从而使可追溯系统更加全面地为管理者提供决策支持；⑤随着科技的不断进步，可追溯系统功能由最初的食品信息记录查询逐步转向集成多种人工智能、数据挖掘等技术，为质量安全管理人员与监管部门提供辅助性决策支持。

（十）农业遥感

发展趋势包括：①以产量估测为目的的多要素综合监测与解析。农业遥感监测涉及遥感、农学、统计等多门学科和遥感图像处理系统、地理信息系统、数据库管理系统、网络系统等多个技术系统技术流程涵盖了遥感图像处理分析、专题信息提取、模型运算、统计分析等多个技术环节，技术流程的优化与控制对监测质量起着十分重要的作用；②以不同时空尺度多要素影响评估研究为主的作物产量估测与预测。包括作物识别、单产估测等；③基于微波遥感的土壤水分反演研究。利用多时相、多极化、多频率微波数据，研究土壤水分与后向散射系数间关系，开发微波遥感土壤水分反演方法。基于主动微波和被动微波以及微波和光学遥感数据融合技术，研究多源遥感信息融合和联合反演，开发作物全生育期地表水分信息监测方法。

—— 参考文献 ——

［1］杜松怀，等. 中国农业大学信息与电气工程学院"十二五"学科建设规划［R］. 2009.

［2］杜松怀，等. 中国农业大学农业电气化与自动化国家重点学科"十三五"发展规划［R］. 2015.

［3］韩晓慧，杜松怀，苏娟，等. 基于组合赋权法的农村低压配电网能效综合评价方法［J］. 农业工程学报，2014，16:195-202.

［4］Su J, Xia Y, Du S H, et al. Study on identifying method of electric shock current amplitude based on Independent Component Analysis［J］. APAP 2011 - Proceedings: 2011 International Conference on Advanced Power System Automation and Protection, 2011（2）:1034-1038.

［5］Hu J, Li D L, Duan Q L. Fish species classification by color, texture and multi-class support vector machine using computer vision［J］. Computers and Electronics in Agriculture, 2012, 88:133-140.

［6］胡瑾，樊宏攀，张海辉，等. 基于无线传感器网络的温室光环境调控系统设计［J］. 农业工程学报，2014，30（4）:160-167.

［7］杨其长. LED在农业与生物产业的应用与前景展望［J］. 中国农业科技导报，2008，10（6）:42-47.

［8］张小龙，李亮，陈彬，等. 拖拉机轮胎中心位置通用传感器安装支架设计与试验［J］. 农业机械学报，2012，43（9）:190-196.

［9］Li L, Song J, Li H Z, et al. A variable structure adaptive extended Kalman filter for vehicle slip angle estimation［J］. Int. J. of Vehicle Design［J］. 2011，56（1-4）:161-185.

［10］高万林. 新农村信息化探索［M］. 北京：中国农业大学出版社，2011.

［11］高万林，李桢，张港红. 农村电子政务应走"三位一体"发展之路［J］. 中国农业科技，2012（6）:46-48.

［12］郭永田. 英国农业、农村的信息化建设［J］. 世界农业，2013（2）:105-109.

［13］张红宇. 从英法农业现状看欧盟共同农业政策的变迁［J］. 世界农业，2012（9）:1-5.

［14］薛永献，王冬梅. 基于云计算技术基础的数据挖掘研究［J］. 信息通信，2014（6）:98.

［15］Zhang M, Ma W Q. Research on Fuzzy-Adaptive Control Method for off-road Vehicle Guidance System［J］. Mathematical and Computer Modelling, 2013, 58:551-555.

撰稿人：杜松怀　高万林　杨仁刚　孙　明　唐　巍

陈英义　杨德昌　许朝辉　张　淼

农产品加工与贮藏工程学科发展研究

一、学科概况

农产品加工及贮藏工程是以农产品原料为研究对象，以生物学和工程学为基础，采用物理、化学、生物、机械、信息等技术，研究农产品贮运、加工及加工中副产品综合利用等基础科学与工程技术的应用学科，涉及种植业、养殖业、加工业、机械制造业、物流业等领域的技术支撑，形成多学科、跨领域、门类广、相对独立的工程体系，对于推进农业增效、农民增收、农产品增值具有重要作用，与"三农"问题牵动性大、关联度高。

1. 主要研究内容

一是根据农产品特性，以提高农产品品质、防止农产品腐败变质、最大限度地保持或提高农产品的营养价值、改善农产品外部感官特性、提高产品耐贮性、降低成本和能耗为目的，研究农产品加工及贮藏的原理和理论；二是结合现代高新技术和加工装备成果，研发生产各类农产品加工制品，开展农产品加工综合利用；三是结合现代生物技术和营养学进展，研究并设计面向未来的新型营养保健食品加工工艺、技术和装备，解决生产中迫切需要解决的实际问题。

2. 主要培育目标

为适应我国农产品加工业发展需要，培育德、智、体全面发展的农产品加工与贮藏工程高层次专业技术人才，掌握本专业坚实的基础理论和系统的专业知识，具有从事农产品加工与贮藏工程的教学、科研、开发、设计或独立承担本专业专门技术工作的能力。人才培养理念是培养拔尖型人才、技能型人才、应用型人才、复合型人才等。

3. 人才主要职业方向

一是可从事各类农产品加工企业和设备制造企业的生产、工艺设计、新产品开发、质量检测、质量与安全控制、食品安全性评价、经营管理等工作；二是可从事农产品加工科研单位的科学研究、工程设计和成果推广等工作；三是可从事农产品质量监督、卫生防疫、进出口等部门的产品分析、检测工作和市场监管；四是可从事农产品储运、物流、贸易部门的营销管理工作；五是可从事农产品加工行业行政管理部门的行政管理工作；六是可从事农产品（食品）教育部门的教学工作。

近年来，农产品加工与贮藏工程学科得到长足发展，一批设置农产品加工与贮藏工程专业的大专院校和科研单位遍布全国，形成一批拥有博士、硕士学位点和博士后流动站的大专院校和科研单位。据不完全统计，2014年全国设置农产品加工及贮藏工程学科的大专院校、科研单位300多家（典型单位见表1），其中硕士点100家左右，博士点30家左右，博士后工作站20家左右；全国拥有农产品加工专业研发中心（含分中心）260多家，全国拥有农产品加工企业技术创新机构300家左右，还有一批国家工程技术研究中心、国家工程研究中心和重点试验室等。这些机构成为我国农产品加工与贮藏工程学科发展的支撑力量和技术创新重要基地，初步形成国家、部门、地方三级教学、科研体系。

表1　农产品加工及贮藏工程学科典型单位

单位名称	单位名称	单位名称
中国农业大学	合肥工业大学	江南大学
河北农业大学	河南工业大学	南昌大学
吉林农业大学	山东理工大学	江苏大学
内蒙古农业大学	河南科技大学	浙江大学
山西农业大学	天津科技大学	石河子大学
山东农业大学	华南理工大学	西南大学
安徽农业大学	北京工商大学	渤海大学
江西农业大学	长沙理工大学	贵州大学
河南农业大学	长春工业大学	宁波大学
湖南农业大学	武汉工业学院	西华大学
四川农业大学	大连轻工业学院	广西大学
甘肃农业大学	郑州轻工业学院	扬州大学
南京农业大学	陕西科技大学	集美大学
东北农业大学	哈尔滨商业大学	四川大学
云南农业大学	浙江工商大学	齐齐哈尔大学
新疆农业大学	安徽工程大学	中南大学
华中农业大学	大连工业大学	中国人民大学
沈阳农业大学	浙江工业大学	吉林大学
福建农林大学	上海理工大学	海南大学

续表

单位名称	单位名称	单位名称
华南农业大学	哈尔滨工业大学	福州大学
西北农林科技大学	湖北工业大学	烟台大学
中南林业科技大学	天津商业大学	南京财经大学
青岛农业大学	上海交通大学	北京联合大学
北京林业大学	北京化工大学	南京师范大学
中南林业科技大学	河南科技学院	陕西师范大学
华南热带农业大学	广东海洋大学	中国海洋大学
北京农学院	大连海洋大学	上海海洋大学
仲恺农业技术学院	中国农业机械化科学研究院	中国农业科学院研究生院
黑龙江八一农垦大学	中国农业科学院农产品加工所	农业部规划设计研究院

二、学科建设

农产品加工及贮藏工程学科（代号 083203）是在整个学科体系中学术相对独立、理论相对完整的学科分支，它既是学术分类的名称，又是教学科目设置的基础，也是产业发展的技术支撑。学科建设主要包括学科定位、学科队伍、科学研究、人才培养、学科基地、学科管理等 6 个要素，学科建设状态及指标是体现一所学校（或科研机构）在国内外发展水平的重要标志，也是单位发展的主要依据。通过学科建设，一是可促进单位的特色和优势学科的发展；二是可促进学科带头人的成长，改善学科梯队的结构；三是可改善单位的实验基地建设；四是可提高员工的科研能力和学术水平，并进一步推动学位点的建设；五是对深化改革、更新科研和教学内容，提高科研和教学质量起到积极作用。因此，学科建设是大专院校、科研单位的根本性建设，是不断增强办学能力、提高科技水平和教育质量的基础，并影响和决定科研单位的发展水平和大专院校的办学特色。近年来，我国农产品加工及贮藏学科建设发展很快，形成了一批不同特色、不同功能的学科群，典型建设内容主要包括以下几方面。

1. 精品课程群建设

建设了一批国家级、省级规划教材和精品课程群，如《食品安全导论》《食品营养学》《食品化学》《食品工程原理》《食品化学》《食品工程原理》《食品分析》《生物化学》《食品科学与工程》《食品卫生学》《食品品质学》《农产品原料学》《食品生物化学》《农产品质量安全》《农产品贮藏与加工学》《食品加工学》《食品微生物学》《食品物性学》《食品检验学》《食品工艺学》《食品机械与设备》《粮油与蛋白质工程》《生物工程》《包装工程》等。

2. 研发中心建设

建设了一批国家级、部门级和省级研发中心，如教育部果蔬加工工程研究中心、国家葡萄产业技术研发中心、国家果蔬加工技术研发分中心、北京市高等学校畜产品工程研究中心、国家蛋品工程技术研究中心、国家农产品加工技术研发中心（261 个专业分中心）、国家肉类加工工程技术研究中心、国家柑橘工程技术研究中心、国家肉品质量安全控制工程技术研究中心、国家农产品现代物流工程技术研究中心、国家茶产业工程技术研究中心、国家粮食加工装备工程技术研究中心、国家食用菌工程技术研究中心、国家农产品保鲜工程技术研究中心等。

3. 重点实验室建设

建设了一批国家级、部门级和省级重点实验室，如国家食品科学与技术重点实验室、国家粮食储运工程实验室、国家稻米及副产物深加工工程实验室、国家小麦和玉米深加工工程实验室、国家粮食加工机械装备工程实验室、国家粮食发酵工艺及技术工程实验室、农业部农产品质量安全重点实验室、农业部农产品质量安全检测与评价重点实验室、农业部水产品质量安全检测与评价重点实验室、农业部农产品质量安全控制技术与标准重点实验室、农业部农产品加工重点实验室、农业部果蔬加工重点实验室、农业部畜产品加工重点实验室、农业部水产品加工重点实验室、农业部农产品贮藏保鲜重点实验、农业部热带作物产品加工重点实验室、农业部功能食品重点实验室等。

4. "211 工程"建设

"211 工程"是我国政府面向 21 世纪重点建设 100 所左右的高等学校和重点学科的建设工程。重点建设一批高等学校和重点学科，使一批重点学科在教育质量、科学研究、管理水平和办学效益等方面有较大提高，成为立足国内培养高层次人才、解决经济建设和社会发展重大问题的基地。主要建设内容包括学校整体条件、重点学科和高等教育公共服务体系建设三大部分。"211 工程"建设中，约 21 所高校重点建设了"农产品加工及贮藏工程学科"，占"211 工程"学校总数的 21%（典型单位见表 2）。学科建设内容包括教学和科研必需的基础设施、实验室与公共设施、研究基地、教育和科研计算机网络、图书文献保障系统、现代化仪器设备共享系统等，为农产品加工及贮藏工程学科发展奠定了坚实基础。

表 2 "211 工程"农产品加工及贮藏工程学科典型单位

单位名称	单位名称	单位名称
中国农业大学	合肥工业大学	江南大学
四川农业大学	华南理工大学	南昌大学
东北农业大学	哈尔滨工业大学	浙江大学
华中农业大学	上海交通大学	西南大学
西北农林科技大学	北京化工大学	贵州大学
北京林业大学	中国人民大学	广西大学
中国海洋大学	中南大学	四川大学

5. "985 工程"建设

"985 工程"是 1998 年开始国家重点扶持的 50 所高校，旨在建设若干所世界一流大学和一批国际知名的高水平研究型大学而实施的建设工程，建立高等学校新的管理体制和运行机制，牢牢抓住 21 世纪头 20 年的重要战略机遇期，集中资源，突出重点，体现特色，发挥优势，坚持跨越式发展，走有中国特色的建设世界一流大学之路。主要建设内容包括机制创新、队伍建设、平台和基地建设、条件支撑和国际交流与合作等 5 个方面。"985 工程"建设中，中国农业大学、西北农林科技大学、华南理工大学、哈尔滨工业大学、浙江大学、中南大学等所高校重点建设了"农产品加工及贮藏工程学科"，占"985 工程"学校总数的 22%（典型单位见表 3）。"农产品加工及贮藏工程学科"总投资约 130 多亿元。

表 3　"985 工程"农产品加工及贮藏工程学科典型单位

单位名称	单位名称	单位名称
中国农业大学	华南理工大学	中南大学
西北农林科技大学	哈尔滨工业大学	四川大学
北京林业大学	上海交通大学	浙江大学
中国海洋大学	吉林大学	

三、学科主要成就

通过学科建设，支撑和推进了农产品加工业快速发展，培育了一大批科技队伍和人才，创新机制不断完善，实施了一系列农产品加工的重大科技专项，攻克了一批农产品加工关键技术难题，全面提升了我国农产品加工业的整体科技水平。

1. 推进了农产品加工业快速发展

近年来，农产品加工及贮藏工程学科建设实效明显，有效推进了农产品加工业快速发展。主要标志：一是总量迅速扩大。根据农业部统计数据，2014 年全国拥有农产品加工企业大约 45.5 万家。2003—2014 年，规模以上农产品加工业主营业务收入从 2.63 万亿元增加到 18.48 万亿元，年均增长 19.4%，在工业中占比从 16% 提高到 17%，加工与农业产值比值从 1 提高到 2.11。近 5 年每年上缴税款超过 1 万亿元，2014 年达到 1.17 万亿元。二是产业加速集聚。农产品加工业加速向优势农产品主产区和大城市郊区集聚。2014 年，河南方便食品已超全国 4 成；山东、河南、四川、内蒙古等 10 个畜禽大省的肉类加工总量占到全国的 80%；各地形成了湖南辣味、安徽炒货、福建膨化、河南冷冻、四川豆制品等一批区域集中区和品牌。三是规模企业增多。2003—2014 年，规模以上加工企业从 5 万家（年销售收入 500 万元以上）增加到 7.6 万家（年销售收入 2000 万元以上），大中型企业比例达到 16.15%；2014 年，年销售收入超过 100 亿元的有 50 家（其中超 500 亿元的

5家）。在食品加工业中，大中型企业已占到50%以上；在肉类加工企业中，大中型企业占到10%，但其资产总额却占60%以上，销售收入和利润占50%以上。四是结构优化升级。2014年，食用类加工业主营业务收入占农产品加工业比重达53%，比2003年提高了10多个百分点。主要农产品加工初步形成齐全的国产化机械设备品种，如肉类加工设备国产化达90%以上，粮油加工设备逐步替代进口。山东、江苏、浙江等沿海地区正在推进腾笼换鸟、机器换人、空间换地、电商换市和培育名企、名品、名家，转型升级步伐加快。

2. 带动了科技创新能力的提升

通过对学科建设的不断完善和深入，带动了农产品加工科技创新能力提升。每一项重大科技创新能力的突破，都会带来农产品加工业一次重大发展和质的飞跃。当前我国农产品加工业的科技创新能力主要体现在以下几个方面：一是形成一批农业部命名的"农产品加工企业技术创新机构"，成为农产品加工企业技术创新队伍的先进代表；二是形成一批创新能力较强的农产品加工科研院所，此类院所全国约有100多家，成为农产品加工产业发展的重要支撑力量；三是形成一批农产品加工创新能力较强的高等院校，此类院所全国约有130家左右；不仅向社会输送了大量的创新人才，而且还承担了大量的国家重点研究项目；四是形成一批农业部农产品加工研发中心（分中心），围绕粮油加工、果蔬加工、畜产品加工、水产品加工、生物质能源、特色农产品加工、农产品加工装备等7大领域开展重点研究；五是形成一批科技部组织的农产品加工产业技术创新战略联盟，包括粮油加工、果蔬加工、茶叶加工、肉类加工、乳品加工以及技术装备等领域，成为我国农产品加工业提升产学研合作、开展科技创新的一个重要抓手；六是形成一批国家工程（技术）研究中心，包括粮食、果蔬、蛋品、肉类、茶叶、食用菌、物流、保鲜等领域；其中，国家工程技术研究中心由科技部主导，国家工程研究中心由国家发改委主导，成为我国国家创新体系的重要组成部分。

3. 促进了科技创新机制的形成

建立健全科技创新机制，是做好农产品加工业科技创新工作的根本保证。随着学科建设的不断深入和提升，有效促进了科技创新机制的形成。创新机制主要表现在如下几个方面：一是科技创新运行机制的形成。以可持续发展为前提，选择适应于提升农产品加工整体水平的关键技术和装备进行研发，推进传统技术和现代技术相结合、常规技术和高新技术相结合、国内技术和境外技术结合，研究提出适合不同农产品加工特性的先进适用技术和装备；应用高新技术改造传统产业，瞄准产业重大的关键技术、共性技术，集中力量进行重点突破，科研、开发、推广相互衔接、相互配套，加快科技成果的转化；优化知识结构，提升队伍素质，加强科技示范园区建设，推进科技成果的应用与示范。二是以企业为主体、产学研结合机制的形成。企业处于农产品加工业的第一线，也是科技创新的重要参与者、主导者和受益者，对科技创新的认识和诉求更直接、更贴近，因此企业应该发挥科技创新的主体作用。也应该看到，企业缺乏技术、科技创新能力和科技创新知识，而高等院校、科研单位拥有技术、科技成果和科技创新手段，只有采用以企业为主体、产学研结合的科技创新机制，才能取得科技创新的成功。与此同时，企业科技创新能力的提升，也需要高等院校、科研单位的参与、支持和服务。三是利益共享、风险共担机制的形成。科技创新成功与否，关键在于能否通过契约关系建立共同投入、联合开发、利益共享、风险共担的机制。只有利益共享，才能实现科技创新持续稳定的合作；只有风险共担，才能形成科技创新合力，形成互惠互利的利益分配关系，应对各种挑战。

4. 支撑了一批重大关键项目取得技术突破

在学科建设的支撑下，"十五""十一五"和"十二五"期间，国家启动和实施了多批涉及农产品加工的国家科技支撑计划、"863"计划等重大项目，包括"农产品深加工技术与设备研究开发""食品加工关键技术研究与产业化开发"等专项。针对严重制约我国农产品加工业发展的突出问题，重点对粮油产品、果蔬产品、畜禽产品、水产品、林产品等主要农产品的深加工技术、工艺与设备、标准体系和全程质量控制体系等进行研究与开发，攻克了膜分离技术、物性修饰技术、无菌冷灌装技术、冷榨技术、浓缩技术、冷链技术、食品冷杀菌、高效分离与干燥、食品包装与检测等一批农产品深加工关键技术难题，开发了冷却肉、大豆分离蛋白、浓缩苹果汁等一批在国内外市场具有较大潜力和较高市场占有率的名牌产品，建设了一批科技创新基地和产业化示范生产线，培育了一批具有较强创新能力的农产品深加工企业和科技创新队伍，储备了一批具有发展潜力和市场前景的适用先进技术。针对严重制约我国食品工业发展的重点、难点问题，在食品加工领域重大共性关键技术、新产品开发与产业化示范、技术创新平台建设等层面进行了联合攻关，突破了食品加工领域一批重大共性技术问题，促进了食品新产品开发和食品质量与生产效能的提高，实现了食品加工高新技术研究和重大装备技术开发及成套装备生产上的跨越式发展。上述专项的研究成果，整体缩小了我国农产品加工技术与国际先进水平的差距，部分领域达到了国际领先水平，实现了我国农产品加工产业科技领域向营养、安全、高效、节能方向发展的历史性跨越和战略性转变。

5. 促进了农产品质量安全监管

通过学科建设以及《食品安全》《食品分析》《食品卫生学》《食品品质学》《农产品质量安全》《食品检验学》等精品课程的确立和知识传播，在确保农产品质量安全监管方面发挥了重要作用。主要表现在：一是促进了强制检验制度的实施。为了保证食品质量安全和符合规定的要求，法律法规要求企业或者监督管理部门必须开展的食品检验。在食品质量安全市场准入制度中，强制检验包括发证检验、出厂检验和监督检验。要求食品生产加工企业履行食品必须经检验合格方能出厂销售的法律义务。二是促进了监督检查制度的实施。自监督检查制度实施以来，不断加大力度，突出重点，提高有效性。近年来，重点抽查了粮油及制品、果蔬及制品、肉及肉制品、蛋及蛋制品、水产及制品、焙烤食品、糖果制品、蜂产品、冷冻饮品、罐头、果酒、乳制品、饮料、调味品、食品添加剂等日常消费食品，重点对生产集中地、小作坊进行了抽查，重点检验了食品的微生物、添加剂、重金属等卫生指标，并对质量不稳定的企业重点进行了跟踪抽查。通过加大抽查频次，扩大抽查覆盖面，基本实现了抽查一类产品、整顿一个行业的目标。同时，对抽查中发现有问题的产品和生产企业，加大了整改、处罚力度。三是促进了质量安全专项整治工作的实施。为解决一些地区、一些农产品的假冒伪劣问题，全面开展了农产品质量安全区域整治。围绕重点区域、重点加工点、重点加工户及加工的产品，采取构建食品安全监管网络、加强标准和检测等技术力量建设、加大执法打假力度等措施，解决了一批区域性制售假冒伪劣案件。

6. 增强了农产品加工领域标准化工作

通过学科建设，农产品加工领域专业细分更加明确，农产品加工科研、教学、生产、流通、检测等方面的专家作用更加明显。2013 年成立了农业部农产品加工标准化技术委员会，该委员会下设粮食加工分技术委员会、油料加工分技术委员会、果品加工分技术委员会、蔬菜加工分技术委员会、肉蛋制品加工分技术委员会、乳制品加工分技术委员会、茶叶加工分技术委员会、特色农产品加工分技术委员会、农产品加工装备分技术委员会。该委员会的建立和不懈努力，加强了农产品加工领域的标准化工作。其意义在于：有利于完善农产品加工标准体系，有利于维护市场秩序，有利于规范企业行为，有利于保障产品质量和技术水平提升。

为加快农产品加工标准体系建设，切实解决农产品加工相关标准缺失、滞后的问题，2013 年农业部农产品加工局组织编制了《2014—2018 年农产品加工（农业行业）标准体系建设规划》。规划安排农产品加工标准 122 项，其中，粮食加工标准 27 项，油料加工标准 25 项，果品加工标准 21 项，蔬菜加工标准 12 项，肉（蛋）品加工标准 29 项，特色农产品加工标准 8 项；按年度划分，2014 年 31 项，2015 年 29 项，2016 年 26 项，2017 年 20 项，2018 年 16 项；按标准类别划分，基础标准 8 项，管理标准 49 项，方法标准 25 项，产品标准 40 项。通过上述标准制修订，必将增强农产品加工领域标准化工作，提高我国农产品加工标准化整体水平。

四、学科发展关注重点

近年来，农产品加工及贮藏学科发展迅速，与产业、市场、社会以及老百姓日常生活联结紧密，营养均衡、安全卫生、节能减排、高效低成本等成为农产品加工及贮藏学科的社会化特点，学科建设和课程设置要适应这种市场需求，产业发展也要适应这种需求。农产品加工及贮藏学科发展关注重点如下。

1. 高新技术

"高新技术"是用以表达在经济上能够取得重大效益的高端实用技术，也是当代农产品加工业科技发展的技术竞争重点，提高技术含量和提升高新技术的实用化程度，已在农产品加工业的技术竞争中发挥日渐明显的作用。当前在农产品加工业广泛采用的高新技术较多，如膜技术、生物技术、微波技术、辐照技术、挤压技术、膨化技术、智能技术、信息技术等，从而不断有技术含量高、更人性化的新产品不断投放市场。采用高新技术的目的是提高质量、提升效率、降低成本以及保障营养、安全、卫生等。因此，学生在校期间应该对高新技术有所掌握。

2. 品牌建设

学科建设中，人们的重要关注度是打造品牌，用来识别与其他单位和竞争者的区别。学校有了品牌，生源就比较好，学生好就业；企业有了品牌，企业知名度就高，产品易销售；科研单位有了品牌，项目好承揽，经济效益高。因此，品牌效应十分明显。如何打造品牌，品牌的本质是质量，品牌的支撑是服务，品牌的脸面是形象，品牌的内涵是文化，品牌的基础是管理，品牌的活力是创新。在具体做法上，要立足资源优势，因势利导，要从提升教育质量、科研质量和产品质量入手，不断提高市场知名度和市场占有率。精心策划宣传包装，创优品牌生长环境，塑造品牌形象，最终成为知名品牌。

3. 技术含量

学科建设中，无论从事哪方面的工作都要体现技术含量。"技术含量"是指一个产品或一项工作含有的技术程度，也可理解为技术水平。技术含量高，别人就不容易模仿。评价农产品加工业的技术含量时，往往要分析高端技术的实用化程度，这也是各国技术竞争的重点。注入技术含量的手段是技术创新，最重要的是创造别人难以模仿的技术含量。至于注入什么样的技术含量，才能保证有市场竞争，才能保证别人难以模仿，要根据单位特点来决定。

4. 安全卫生

"安全卫生"一词在农产品加工业中广泛流传和应用，它是产业发展中全世界都要遵守的一项规则。所谓安全，是指人或物在一个环境中不发生危险与不受到损害的状态。这种状态，消除了生产过程中可能导致人员伤亡，以及职业危害和设备、财产损失的条件。在农产品加工业，与安全有关的范畴有机械安全、生产安全和食品安全等。而卫生是指个人和集体的生活卫生和生产卫生的总称，一般指为增进人体健康，预防疾病，改善和创造合乎生理、心理需求的生产环境、生活条件所采取的个人的和社会的卫生措施。在农产品加工业，与卫生有关的范畴有机械卫生、环境卫生和条件卫生等。学科建设中，安全卫生已受到广泛重视。

5. 节能减排

节能减排就是节约能源、降低能源消耗、减少污染物排放。在农产品加工业，有些领域能耗、水耗、汽耗比较高，废水、固体废弃物排放量比较大。一般来讲，节能必定减排，而减排却未必节能，所以减排项目必须加强节能技术的应用，以避免因片面追求减排结果而造成的能耗激增，注重社会效益和环境效益均衡。其工作重点：一是加快淘汰落后产能，控制增量，提供节能技术，大力发展节电和余热利用，合理用电、节约用电；二是积极开展减量技术、再利用技术、资源化技术、系统化技术等关键技术研究，开展清洁生产，减少资源浪费，降低废弃物的排放，突破制约循环经济发展的技术瓶颈；三是强化节能减排管理，建立"目标明确，责任清晰，措施到位，一级抓一级，一级考核一级"的节能减排目标责任和评价考核制度，加强跟踪、指导和监管。

6. 综合利用

综合利用是指对农业资源及效能的多方面利用，提取有价值的多种产品。农产品加工业综合利用可归结为三类情况：一是农业生产副产物综合利用问题。主要有秸秆、残次果、菜叶菜帮、竹藤副产品等；二是农产品加工副产物综合利用问题。主要有稻壳、米糠、麸皮、饼粕、油脚、果皮、果渣、菜渣、蔗渣、畜禽骨血、皮毛、内脏、动物脂等；三是农产品加工废弃物无害化处理问题。主要有浸泡水、清洗水、废气、废渣等。这些废弃物含有大量的有价值的成分，如果通过综合利用、变废为宝，可以产生巨大的经济效益、社会效益和生态效益。加强农产品加工副产物的综合利用，有利于破解农业资源环境的约束，有利于促进农业和农产品加工业可持续发展，有利于延长农业循环链和产业链，有利于促进农业农村生产生态安全，有利于建设美丽乡村、增加农民收入，有利于促进城乡发展一体化和工业化、信息化、城镇化、农业现代化同步发展。

五、学科主要成果

1. 粮油类重大技术成果

"智能化粮库关键技术研发及集成应用示范""微生物油脂生产关键技术及产业化""零反式脂肪酸食品专用油脂加工新技术开发与应用""高品质芝麻小磨香油大型工业化生产集成技术研发及应用""菜籽蛋白利用技术研究及其开发应用"获2014年度中国粮油学会科学技术奖一等奖。

"挂面生产关键技术与产业示范"获2014年度中国食品科学技术学会科技创新奖技术进步奖一等奖；"馒头工业化关键技术及装备开发"获2014年度中国食品科学技术学会科技创新奖技术发明奖二等奖；"规模化玉米种子加工技术集成与示范"获2014年度中国机械工业科学技术奖二等奖。

2. 果蔬类重大技术成果

"辣椒天然产物高值化提取分离技术与产业化"获2014年度国家科学技术进步奖二等奖。"甘薯高值化加工与综合利用关键技术及产业化应用"获2014年度中国食品科学技术学会科技创新奖技术发明奖一等奖。"特色果蔬贮运保鲜工艺、关键技术与推广应用"获2014年度中国商业联合会科学技术奖特等奖；"果蔬微型冷库保鲜技术与装备""甘薯渣精深加工关键技术研究与应用""典型果蔬副产物加工增值利用关键技术研究与应用"获2014年度中国商业联合会科学技术奖一等奖。

3. 畜产类重大技术成果

"羊肉加工增值关键技术创新与应用"获2014年度中国商业联合会科学技术奖特等奖。"重大新品类乳制品的创制及其产业化应用"获2014年度中国食品科学技术学会科技创新奖技术进步奖一等奖。

4. 水产类重大技术成果

"海水产品功能肽关键技术研究及应用"获2014年度中国商业联合会科学技术奖特等奖。

5. 发酵食品类重大技术成果

"高耐性酵母关键技术研究与产业化"获2014年度国家科学技术进步奖二等奖。

"高活性植物与真菌多糖加工与品质分析关键技术研究与应用""智能化发酵优化与控制关键技术开发与应用""功能性益生乳酸菌的开发及产业化应用"获2014年度中国商业联合会科学技术奖一等奖。

6. 检测类重大科技成果

"热加工食品中丙烯酰胺抑制技术及毒性干预""食品安全检验中有害化学物质快速检测关键技术应用研究"获2014年度中国商业联合会科学技术奖一等奖。

"食品中化学污染物与真菌毒素监控技术与标准"获2014年度中国食品科学技术学会科技创新奖技术进步奖一等奖。

六、学科新动态

（一）新常态

2014年以来，农产品加工及贮藏工程学科进入了新常态时期，这是一种趋势性、不可逆的发展状态，意味着农产品加工及贮藏工程学科已进入一个与过去30多年不同的新阶段。主要表现在：一是中高速。从发展速度层面看，农产品加工业经济运行增速趋缓，由过去的高速增长转为中高速增长，这是新常态最基本的特征；二是优结构。从结构层面看，新常态下，农产品加工业经济结构发生全面深刻的变化，不断优化升级，消费需求逐步成为需求主体。在这些结构变迁中，先进生产力不断产生和扩张，落后生产力不断萎缩和退出，即涌现一系列新的经济增长点；三是新动力。从动力层面看，新常态下，农产品加工业将从要素驱动、投资驱动转向创新驱动。随着劳动力、资源、土地等价格上扬，过去依靠低要素成本驱动的经济发展方式已难以为继，必须把发展动力转换到科技创新上来；四是多挑战。从风险层面看，新常态下，农产品加工业面临新的挑战，一些不确定性风险显性化。

（二）新思路

在新常态下，农产品加工业的发展速度、产业结构、发展动力和挑战形式都发生了变化，那么其发展思路也要随之跟进。

1. 坚持创新驱动

实施创新驱动发展战略，这是我们党放眼世界、立足全局、面向未来作出的重大决策。创新驱动有两层基本含义：一是提升农产品加工业技术水平，要靠技术创新来驱动，而不是别的驱动；二是创新的目的是为了提升农产品加工业技术水平和驱动发展，而不是别的目的。技术创新也有两层含义：一是对现有技术装备进行改进提高，注入技术含量；二是创造别人没有的新技术、新工艺和新装备，创造填补空白的新成果。在新常态下，农产品加工业的发展进程，实际上要依靠技术创新来推动，实现每一次技术创新的突破，都会带来农产品加工业质的跨越。

2. 转变发展方式

农产品加工业发展思路的转变，其发展方式也会随之转变。一是由数量增长向质量效益提高转变。农产品加工业的发展不再是发展数量和产能扩张，而是上技术、提质量和增效益；二是由传统技术向高新技术转变。农产品加工业的技术发展重点，不再是传统意义上的简单技术，而是向高新技术转变。以简化机械结构、方便操作、促进机械零部件数量剧减、赋予机器自动监控、实现安全联锁保护等；三是由单项技术向综合技术转变。现有农产品加工业科技成果，大都存在片面追求单项指标，追求用某个单项指标与国外相比，无论拿出哪一项指标与国外比都可能得出国际先进水平的评价，其结果综合技术上不去，市场不认可，产品卖不出去。我们讲发展综合技术能力，是指把整机或生产线的机械设计技术、先进制造技术、制造工艺技术、自动化控制技术等，全部糅合到一台整机或一条生产线上的综合效果。只有综合技术上去了，才能真正缩小与国外先进水平的差距；四是由模仿创新向自主创新转变。近30年来，我国农产品加工业科技队伍，大都在"引进消化吸收、测绘仿制和短平快"的思路指导下发展起来的，缺乏自主创新的本能。历史告诉我们，农产品加工业需要引进技术，但不能形成依赖；需要使用国外成果，但不能受制于人。高新技术产品可以购买，但核心技术是买不来的；技术装备可以引进，但是创新能力引进不来。在现代科技竞争中，要想把发展的主动权牢牢掌控在自己手中，就必须将自主创新作为农产品加工业发展的根本动力，走自主创新之路，实施创新驱动战略。

（三）新需求

在新常态下，农产品加工业的市场需要也发生了根本变化。从国外需求看，全球总体需求不振，农产品加工业销售空间总体趋紧，高水平引进来、大规模走出去正在同步发生。随着农产品加工业技术水平和产品质量的提高，进口产品规模将逐步缩减，出口产品规模将逐步提升。从国内需求看，在新常态下经济下行压力较大，结构调整阵痛显现，企业生产经营困难增多，稳增长成为首要经济任务。因此，农产品加工业要满足"增长稳定、价格平稳、效益提高、结构改善"的基本格局，总体保持平稳健康发展。在市场需求总体上升的拉动下，粮油产品、果蔬产品、畜产品、禽产品、水产品等大宗产品将持续稳定增长，酒类、饮料类、营养保健类、休闲方便类等产品将会加速发展。在食物的选择上，居民将从生存型消费向健康型、享受型消费转变，更营养、更健康、更方便的食品将越来越受市场欢迎，同时消费进一步多样化、个性化。从市场需求主流来看，安全性、营养性、功能性市场需求将普遍上升，高端市场份额普遍扩大，日常消费、大宗产品产销基本平衡，保证产品质量安全、通过创新供给激活需求的重要性也显著上升。

七、存在的主要问题

1. 学科设置与产业发展脱节

当前的学科设置与产业发展脱节，不配套。在产业发展中，食品工业是农产品加工业的组成部分或分支。而在学科设置中，食品科学与工程作为一级学科，把农产品加工与贮藏作为食品科学与工程底下的二级学科。这种学科设置与产业发展本末倒置，学科设置既不科学、也不合理。

2. 课程设置与产业需求脱节

现有课程设置中，缺乏与产业需求的有效对接，重理论轻实践，重基础轻工程，重工艺轻装备；理论课程多、实践课程少，基础课程多、工程课程少，工艺课程多、装备课程少。甚至有些学校只设理论教学，不设工程设计教学和金工实习，很多学校几乎取消了机械设计与制造教学；还有的几乎取消了毕业实习课程，既是有也是敷衍了事。导致培养的学生缺乏产业对接，就业困难。

3. 学科发展方向扭曲

从表面看，农产品加工及贮藏本身是一个紧贴产业、面向市场的一门学科，所有教学安排都应有利于学生在产业中、在市场中的工作技能，尤其在毕业实习中更要锻炼这种技能，使学生尽快适应产业发展需要，这是一个学科方向性问题。但实际上恰恰相反，许多学校课程设置不切实际，与产业需求相差甚远，学生学习目的不明确，发展方向被扭曲，毕业实习仅应付毕业，科研程序走捷径，毕业论文无水平。致使许多学生学习的知识无的放矢，需要的知识和工作技能无保证。

4. 自主创新人才匮乏

国内现有的农产品加工科技队伍，约有两代以上的人员是在模仿创新的前提下发展起来的，短、平、快的指导思想根深蒂固，包括骨干力量在内仍缺乏自主创新的本能，难以进入自主创新的角色，导致自主创新难以提升。科研周期缩短，科研程序链断裂，缺乏深入研究，互相抄袭比较严重，缺乏注入技术含量的技能，造成许多产品技术含量低。

5. 创新缺乏连续性

目前，大力提倡的产学研技术创新模式，主要是依靠国家项目的带动临时组建研究开发队伍，成立统一的攻关或研发团队。当项目结束后创新团队一般自动解散，缺乏产学研相结合的长效机制。导致创新项目缺乏连续性，技术与技术、成果与成果之间断层严重，创新缺乏连续性的问题在全国比较普遍。

6. 片面追求科技成果

30年来，我国农产品加工业高端技术和大型装备依赖进口的局面一直没有改变。虽然国家投入了巨资开展研究开发，但由于科技界片面追求科技成果数量的思想比较严重，成果质量把关不严。一天能够鉴定和验收几个项目的现象比较普遍，导致有些鉴定结论为"国际先进或国内领先水平"的科技成果或新产品推广不出去，市场不认可。这种局面不改变，直接影响产业提升。

八、未来学科的研究重点

1.粮食产地烘储减损关键技术与装备

根据东北、华北、长江中下游等粮食主产区生产及气候特点，针对种粮大户和合作组织发展需求，围绕玉米、水稻、小麦三大粮食作物，聚焦产后处理环节，以技术装备研发为手段，以集成创新为特色，系统开展粮食产地霉变机理及霉变防控、节能干燥、安全仓储等技术装备研究，形成粮食产地烘储减损综合管理及绿色安全生产技术装备体系，构建粮食产地"烘储中心"模式，彻底解决粮食产后"地趴粮"问题。

2.薯类主食化产地减损增效关键技术与装备

以东北、华北、长江流域、西南和华南等薯类主产区为研究区域，以马铃薯和甘薯为对象，研究储运加保质减损机理；开展薯类产后高效减损技术与智能化装备开发；研发薯类主粮化产地加工工艺、技术及装备；建立适于薯类主产区新型经营主体的储运加体系、薯类储运质量追溯体系以及基于大数据云计算技术的薯类储运安全信息服务平台。

3.果蔬产地商品化处理减损增效关键技术与装备

研究振动、运输对其物理特性、质地损伤和代谢调控的影响，研究热管技术蓄冷的传热机理及蓄冷模式和差压预冷关键技术与设备，开展绿色智慧型果蔬冷藏设施和低压电场保鲜速冻关键技术与设备研发；集成果蔬产地干燥清洁高效能源一体化智能匹配系统，研发新型果蔬干燥过程中水分智能在线检测技术与装备，果蔬精准热泵干燥机理及技术装备研究。

4.粮油食品适度加工减损关键技术与装备

研究成品粮油（稻米、小麦面粉等）加工精度与营养和口感等食用品质等之间的关系，研究建立米面适度加工在线控制指标、方法体系及关键测控仪器；研究成品粮油适度加工减损提质新技术、工艺与装备；研究全谷物（糙米、全麦及小米等粗杂粮）生理活性及其与慢性疾病危险之间的相关性及其影响机理；研究全谷物稳定化、营养保全加工新技术，研究全谷物传统与新兴营养健康食品加工适宜性及食用品质改良加工新技术与新装备。

5.中式传统食品工业化关键技术与装备

围绕中国人传统食品工业化和现代化加工与绿色制造科技问题，重点开发传统主食、中式菜肴以及民族特色食品等中华传统食品的标准化、连续化、智能化和工业化加工制造关键技术与装备，研究开发传统食品的高效快速分析技术进行品种识别、品质鉴定、过程控制和在线监测关键技术，实现规模化质量控制，形成具有自主知识产权的智能化、数字化、规模化、自动化、连续化、工程化、成套化核心装备与成套技术与装备，推进我国传统食品产业的现代化。

6. 现代农产品加工关键技术与智能化装备

以加热、反应、冷冻、腌制、分离等制造加工关键单元与过程为对象，研究非热加工新技术、新型干法/湿法微细化加工技术、节能组合干燥与耦合分离技术、热能高效利用技术、高效智能化杀菌技术和装备的稳定与可靠性技术、农产品表征属性与品质识别新技术及设备、智能化控制技术和现代先进制造技术，研发绿色与节能加工工艺技术，研制高效节能智能化的破碎装备、干燥装备、分离装备、杀菌装备和冷冻装备和节能降耗的多功能组合加工装备。

7. 纤维质副产物全组分分离利用关键技术与装备

研究稻壳、秸秆、果壳、果皮等纤维质副产物的结构及组分键连构效关系，开发纤维质副产物预处理技术及全组分高效分离利用技术，开发纤维质副产物制备功能糖、膳食纤维、寡聚酸活性物技术，高温碳化技术利用果核制备活性炭，研制相关原料预处理、分离提取、纯化制备集成成套装备。

8. 蛋白副产物综合利用关键技术与装备

从果蔬废弃物中提取活性蛋白、功能多肽等生物活性成分；研究油料饼粕蛋白提取及活性多肽制备技术、维生素—蛋白—油脂多组分分级精细化分离提取技术；研究动物蛋白功能与催化特性、动物内脏蛋白酶种类及活性，开发畜产及水产加工副产物蛋白提取关键技术、酶促水解制备抗氧化多肽技术、内源蛋白酶自水解制备调味品技术；研究超临界制备内脏酶制剂技术；研制相关技术配套设备，实现其工业化推广应用。

九、促进学科发展建议

1. 理顺学科设置

为适应农产品加工产业发展需要，学科设置和建设应与产业发展相吻合，以产业发展需求出发设置学科。建议农产品加工及贮藏学科上升为一级学科，其下分为食品科学、食品工程、食品机械、食品分析与检验等二级学科，只有这样才能与产业发展相对接。尤其是食品机械学科不能减少，没有现代化的技术装备，就没有现代化的农产品加工业。

2. 科学安排课程设置

为了紧贴市场需求，课程设置要满足产业发展需求。理论课程应与实践课程相协调，基础课程应与工程课程相对应，工艺课程应与装备课程相衔接。尤其是在过去重视理论课程和基础课程的前提下，加强实践课程的设置，延长毕业实习时间，强化毕业论文的深度和水平，使学生毕业时所掌握的知识和技能基本上能够适应市场需求。

3. 明确学科发展方向

学科发展方向是学校和科研单位等某一学科专业的具体研究发展方向或工作方向，学科发展方向要非常明确，不能模糊不清。就农产品加工及贮藏学科来说，一要使学生掌握坚实的理论基础知识；二要使学生掌握必备的专业知识；三要使学生掌握必需的实践技能。三者缺一不可。明确学科发展方向的目的，就是使学生在校期间知道今后可能从事什么工作，对发展方向有一个清晰的认识。

4. 培养具有前沿水平的高级人才

依托农产品加工重大科研和建设项目、重点学科和科研基地以及国际学术交流与合作项目，加大学科带头人的培养力度，积极推进创新团队建设。注重发现和培养一批战略科学家、科技管理专家、技术发明家以及复合型和研究型人才。对核心技术领域的高级专家要实行特殊政策。进一步破除科学研究中的论资排辈和急功近利现象，抓紧培养造就一批中青年高级人才。改进和完善高层次人才制度，进一步形成培养选拔高级专家的制度体系，使大批优秀拔尖人才得以脱颖而出。

5. 加大吸引留学和海外高层次人才工作力度

加强吸引优秀留学人才回国工作和为国服务的力度，重点吸引高层次人才和紧缺人才。采取多种方式，建立符合留学人员特点的引才机制。一是加大对高层次留学人才回国的资助力度；二是大力加强留学人员创业基地建设；三是健全留学人才为国服务的政策措施；四是加大高层次创新人才公开招聘力度。实验室主任、重点科研机构学术带头人以及其他高级科研岗位，逐步实行海内外公开招聘。实行有吸引力的政策措施，吸引海外高层次优秀科技人才和团队来华工作。

6. 提升自主创新能力

坚持以我为主、自主创新、重点跨越、支撑发展、引领未来的方针，把增强自主创新能力作为战略基点，不断提升原始创新能力，大力增强集成创新和引进消化吸收再创新能力，形成更多具有自主知识产权的创新技术；推动科学研究、技术创新、产业发展有效结合，推动高新技术融合创新，推动产业技术创新，下大气力解决影响我国未来农产品加工业发展的关键技术问题；坚持以人为本，着力提升农产品质量安全，把科技进步、技术创新与提高人民生活质量和健康素质紧密结合起来，在技术难题上尽快取得突破性进展。

7. 推进产学研联合创新长效机制

产学研联合是我国农产品加工业技术创新的平台，不能流于形式要看实效。课题与课题之间要有连贯性和衔接性，产学研联合创新内容要步步深入，形成一支长期、稳定的创新团队。做到这一点，必须有一个合理分配的利益机制，关键是建立健全长效的、可持续的利益分配机制。科技创新的利益分配方案应体现责权利对等原则，体现产学研各方的贡献大小，同时注意无形资产在利益分配中的适当份额。在科技创新各参与单位之间，应以经济利益为纽带，形成互惠互利、共兴共衰、利益共享、风险共担的利益分配关系。

—— 参考文献 ——

［1］ 农业部. 关于我国农产品加工业发展情况的调研报告［R］. 2015.

［2］ 陈传宏，王国扣，等. 中国农产品加工业年鉴（2013）［M］. 北京：中国农业出版社，2014.

［3］ 教育部. 国家重点学科建设与管理暂行办法（教研〔2006〕3号）［S］. 2006.

［4］ 国务院办公厅. 关于深化高等学校创新创业教育改革的实施意见（国办发［2015］36号）［S］. 2015.

［5］ 教育部. 国家中长期教育改革和发展规划纲要（2010-2020年）［S］. 2010.

［6］ 国务院. 关于促进农产品加工业发展意见的通知国办发［2002］［S］. 2002.

［7］ 宗锦耀. 实施科技创新驱动发展战略提升农产品加工业科技创新能力［J］. 农业工程技术（农产品加工业），2015，3：8-10.

［8］ 农业部. 农业部关于大力推进农产品加工科技创新与推广工作的通知［J］. 中华人民共和国农业部公报，2015，4：27-29.

［9］ 王国扣，戴相朝. 我国农产品加工业技术创新能力浅述［J］. 农产品加工，2012，3：22-25.

［10］ 王强. 我国农产品加工业科技发展现状［J］. 农业工程技术（农产品加工业），2013，7：21-25.

［11］ 大力推进农产品加工科技创新与推广工作［J］. 农业工程技术（农产品加工业），2015，4：16-18.

［12］ 王丹阳，沈瑾，孙洁，等. 农产品产地加工与储藏工程技术分类［J］. 农业工程学报，2013，21：257-263.

［13］ 张英，徐建华，朴红梅，等. 我国农产品加工业的现状存在问题及发展对策［J］. 农产品加工（学刊），2008，10：62-64.

［14］ 刘钦，罗兵前，周明月. 农业科研单位学科建设的实践与思考——以江苏省农业科学院为例［J］. 农业科技管理，2014，3：13-16.

［15］ 蔡金华，傅反生，张玉军. 基层农业科研单位科技创新的有效途径——学科建设［J］. 农业科技管理，2011，4：66-68.

撰稿人：朱　明　薛文通

土地利用工程学科发展研究

一、引言

　　土地利用工程对国家的战略部署、目标的现实转变、统筹城乡与促进农业现代化、社会经济发展阶段等方面有着重要的战略意义。当前，中国正处在信息化、新型工业化、城镇化和农业现代化快速发展的关键时期，如何实现土地资源可持续利用、保障粮食安全，需要通过开展土地整治与利用工程，不断挖掘土地潜力，促进农村经济的快速提升，进而实现城乡经济的协调发展。国家"十二五"国民经济和社会发展规划提出："严格保护耕地，加快农村土地整理复垦。加强以农田水利设施为基础的田间工程建设，改造中低产田，大规模建设旱涝保收高标准农田"；《全国土地整治规划（2011—2015 年）》也提出："'十二五'期间再建成 4 亿亩旱涝保收高标准基本农田，经整治基本农田质量平均提高 1 个等级，粮食亩产增加 100 千克以上"。党的十八大以来，生态文明建设越来越受到人们的关注。习近平总书记指出，"保护生态环境就是保护生产力，改善生态环境就是发展生产力"，要正确处理好经济发展和生态环境的关系。同时指出，"山水林田湖是一个生命共同体，人的命脉在田，田的命脉在水，水的命脉在山，山的命脉在土，土的命脉在树。因而土地利用和生态修复必须遵循自然规律，同时需要多部门统筹合作"。这些都为土地利用工程发展带来了新的机遇与挑战。

　　目前，土地利用工程学在工程技术革新与综合评价方面发展迅速，尤其在高标准农田建设和土地复垦工程技术方面成果显著。但是，由于土地利用工程学科起步晚，理论研究滞后于现实发展，尚未形成相对独立、自成体系的理论、知识基础。因此，仍须健全和完善土地利用工程学学科建设，厘清土地利用学科理论基础、加强土地利用工程学科工程和技术创新、完善土地利用工程学科人才培养体系，以更快的速度推动我国土地利用工程事业的发展。

二、学科发展概述

（一）学科建设

随着一个国家社会经济的不断发展，土地利用工程的学科内涵、理论方法和工程实践也在不断演变升华。《土地管理法》（修订送审稿）将土地利用工程定义为：对低效利用、不合理利用和未利用的土地进行整治，对生产建设破坏和自然灾害损毁的土地进行恢复利用，提高土地利用率。《中共中央关于全面深化改革若干重大问题的决定》提出"建立城乡统一的建设用地市场""改革完善农村宅基地制度""从严合理供给城市建设用地"等一系列改革措施，工业化、信息化、城镇化、农业现代化的同步推进对土地资源开发、利用、整治和保护提出了更新更高的要求，土地资源领域需要更有力的工程与技术支撑。

经过诸多学者的不断摸索和实践，土地利用工程学科的支撑体系不断壮大，丰富和拓展了土地工程的学科内涵、理论方法和工程实践。土地整治从单纯的提升耕地数量发展到数量、质量和生态三位一体并重；矿区复垦方式从先开采后复垦向变边采边复与表土剥离技术发展；开始重视农村土地的节约集约利用，加大对农村发展的投资，城乡统筹发展；重视公众的参与，提升了工程的透明度，充分尊重了人民的意愿；管理方面，由单一的部门管辖发展到在政府领导下的多部门联合管理，统筹合作，明确分工，大大提高了工作效率。

（二）人才培养

近年来一些高等院校通过设立土地资源管理专业、土地工程学科平台，制定"卓越工程师"培养计划，成立矿山土地整治实践教育中心等形式促进了土地利用工程学科的发展与人才教育。例如，中国地质大学（北京）已经启动土地资源管理（土地利用工程方向）本科卓越工程师培养计划，河北农业大学、云南农业大学、浙江大学等也设置了土地利用工程学科平台。同时，各院校不断提高师资队伍的教学水平，积极争取完善教育平台，构建科学教学体系，根据社会需求调整招生结构加强对土地工程人才的培养，已经初步具备了"本科－硕士－博士"专业人才阶梯培养体系。

（三）学术成果

2011—2014 年，土地利用工程学科也取得了丰硕的科研成果，具体的科学技术奖获奖名单如表 1。

表 1　2011—2014 年土地利用工程学科科学技术奖主要获奖名单

序号	项目名称	主要完成单位	主要完成人	获奖年度及等级
1	毛乌素沙地砒砂岩固沙造田技术研究应用及其生态改善作用	陕西省土地工程建设集团有限责任公司，中国科学院地理科学与资源研究所，西安理工大学	韩霁昌，解建仓，刘彦随，等	2014 国土资源科学技术奖一等奖

续表

序号	项目名称	主要完成单位	主要完成人	获奖年度及等级
2	全国耕地质量等级调查与评定	国土资源部土地整治中心，中国农业大学，中国地质大学（北京），等	胡存智，郧文聚，程锋，等	2012 国土资源科学技术奖一等奖
3	城乡统筹发展路径创新研究——"万顷良田建设工程"探索与实践	江苏省土地学会，南京大学，南京师范大学，等	夏鸣，张小林，姜正杰，等	2011 国土资源科学技术奖一等奖
4	土地利用规划环境影响评价理论方法与实践	中国土地勘测规划院，北京师范大学	贾克敬，徐小黎，何春阳，等	2014 国土资源科学技术奖二等奖
5	耕地保护监控预警关键技术开发及示范应用	中国土地勘测规划院，中国农业大学	郭旭东，段增强，孙丹峰，等	2014 国土资源科学技术奖二等奖
6	市县级土地整治规划方法与实践	国土资源部土地整治中心，中国农业大学	郧文聚，范金梅，汤怀志，等	2014 国土资源科学技术奖二等奖
7	多层次建设用地节约集约利用评价技术体系创建与应用	中国土地勘测规划院，北京大学，中国地质大学（北京）	邓红蒂，林坚，王薇，等	2013 国土资源科学技术奖一等奖
8	中国农村空废及未利用土地整治与优化配置研究	中国科学院地理科学与资源研究所，陕西省地产开发服务总公司，中国土地勘测规划院，等	刘彦随，韩霁昌，陈玉福，等	2013 国土资源科学技术奖一等奖
9	中原地区基本农田保护技术研究应用	河南省国土资源调查规划院，河南理工大学，河南农业大学，等	吴荣涛，李保莲，张合兵，等	2013 国土资源科学技术奖二等奖
10	农村居民点整治理论创新与关键技术研究	北京师范大学，山东财经大学	姜广辉，曲衍波，窦敬丽，等	2013 国土资源科学技术奖二等奖
11	耕地质量变化快速监测评价及信息系统建设	华南农业大学，广东省土地开发储备局，广东省土地调查规划院，等	胡月明，宁晓锋，王秋香，等	2013 国土资源科学技术奖二等奖
12	长三角村镇土地规模利用研究	江苏省土地勘测规划院，中国科学院南京地理与湖泊研究所，江苏省城市规划设计研究院，等	陆效平，严长清，高世华，等	2013 国土资源科学技术奖二等奖
13	资源枯竭井工煤矿区土地损伤诊断与生态修复技术研究	中国矿业大学（北京），淮南矿业（集团）有限责任公司，北京市门头沟区科委，等	胡振琪，李晶，王霖琳，宋辉，等	2012 国土资源科学技术奖二等奖
14	基于高分辨率遥感的土地整理工程监测研究	国土资源部土地整治中心，中国农业大学，北京东方泰坦科技股份有限公司	王军，鞠正山，张超，等	2012 国土资源科学技术奖二等奖
15	基于生物多样性保护的土地利用规划与土地整治研究	国土资源部土地整治中心，海南省土地储备整理交易中心，贵州省土地整理中心，等	罗明，刘喜韬，李超，等	2012 国土资源科学技术奖二等奖
16	耕地资源安全评价及耕地保护决策支持系统建设	中国土地勘测规划院，国土资源部信息中心，吉林省国土资源信息中心，等	李宪文，戴建旺，白晓飞，等	2011 国土资源科学技术奖二等奖

续表

序号	项目名称	主要完成单位	主要完成人	获奖年度及等级
17	三峡库区移土培肥工程关键技术研究与实践	重庆市国土资源和房屋勘测规划院，重庆欣荣土地房屋勘测技术研究所	张定宇，胡长明，李仕川，等	2011 国土资源科学技术奖二等奖
18	松嫩平原黑土可持续高效利用技术体系	吉林省农业科学院	王立春，刘武仁，朱平，等	2012—2013 中华农业科技奖科学研究成果一等奖
19	我国粮食产区耕地质量主要形状演变规律研究	全国农业技术推广服务中心，中国农业科学院农业资源与区划研究所	辛景树，徐明岗，马常宝，等	2012—2013 中华农业科技奖科学研究成果二等奖

三、学科发展现状及主要成就

（一）高标准农田建设的理论与技术

为贯彻落实党中央、国务院关于高标准农田建设的战略部署提供技术支撑，高质量完成高标准农田建设任务和顺利推进高标准农田建设工作，由国土资源部牵头，多部门共同编制了国家标准《高标准农田建设通则》（GB/T 30600—2014），这是我国首部高标准基本农田建设标准。同时，在土地开发整理的规划设计、建设模式、效益评价、信息化建设以及土地开发整理的新技术等方面，也提出和使用了一些新的理论、方法和技术。

在土地开发整理的规划设计方面，根据规划设计基础图件的特点，结合 GIS 软件的通知功能，应用数字高程模型原理，提出了坡式梯田土地整治工程量的快速简洁测算方法和流程。同时，探究了耕作地块调整及其规划设计问题，破解了耕地细碎化，为高标准基本农田建设提供了支撑。随着人们整理素质的提高，对生态文明的要求也越来越高，近年来在土地整理规划中增加了生态补偿设计，来改善土地整理对生态环境的负面影响，同时在土地整理规划设计阶段，引入环境影响评价，提出切实可行的环境保护措施，从而避免了重大环境问题。在高标准基本农田建设方面，构建了基于耕地质量和空间破碎度的基本农田划定新方法，以实现基本农田划定过程中的"质优"和"集中"并存；并基于对基本农田的现状分析，通过 GIS 技术平台建立基本农田划区定界数据库，并结合 DOM 实现了对基本农田图斑核查，该数据库的建立能够实现基本农田的有效保护和管理，有利于合理控制城乡建设用地规模的扩展和基本农田的严格执行和保护。高标准基本农田建设时序既要考虑建设的可行性，也要考虑建成后的稳定性，学者们从自然质量条件、工程建设条件、经济社会条件和区位条件、生态条件、建设用地扩张动力等方面构建了建设可行性和空间稳定性评价模型，运用理想解逼近法测算各评价单元的建设可行性和空间稳定性，最后用四象限法确定高标准基本农田建设时序，为高标准基本农田建设规划编制提供了科学依据和理论指导。

在农村居民点整理与村镇建设方面，根据经济、社会和自然驱动因子，选取 8 个影响研究区域农村居民点整理的驱动因子，运用 SPSS 软件和主成分分析法，结合实际情况按先后顺序划分了土地整理规划区，确定了农村区域土地整理次序；利用遥感影像提取矢量数据，借助 RS、GIS 空间分析技术，定量研究了农村居民点的空间变化过程、格局和趋势，并选取景观格局指数深入分析了影响农村居民点布局特征的因素，为农村居民点动态变化监测、农村土地整理效果评价、新农村规划等理论和实践提供重要决策依据。农村土地整理公众参与越来越得到人们的重视，近年来土地整理农民参与机制逐步得到健全，厘清了农村土地整治公众参与机制中社会资本的概念及层次内涵，提出了社会资本作用于土地整治的两种实现途径。

在土地整理潜力及效益评价方面，从土地整理工程的角度修正耕地分等评价的体系和结果，对土地整理中可改造的耕地质量限制因素进行修正，根据可改造程度重新量化改造因素得分获取整理后耕地质量，并以整理前后耕地质量的利用等指数变化来构建潜力测算模型，减小了难改造因素和最优因素对耕地质量潜力的影响；突破了"新增耕地系数法"的不足，综合多方面因素提出了"二调数据分析法"。在农村居民点整治潜力评价方面，创新性地提出来了"户均标准法"叠加"容积率法"来测算潜力，在获得农村居民点整理理论潜力的同时，将工业用地从农村建设用地中剥离，利用修正系数法获得工业用地整理潜力，弥补了以往土地整理潜力中工业用地整理潜力部分的缺失。综合运用 AHP、熵权法和综合评价法，对耕地土地整理潜力进行了定量评价，为耕地整理潜力分区和耕地整理时序安排提供了参考。通过对评价对象与正理想解和负理想解的评价公式的修正来改进 TOPSIS 多目标决策法，同时引入因子贡献度、指标偏离度和障碍度来构建障碍度模型，采用改进的 TOPSIS 法和障碍度模型，对土地整理的合理度进行评价并诊断障碍因子，提出了节约、集约、高效和合理的土地整理模式。

在土地整理信息化建设方面，通过对土地整理进行系统解构，按照稳定性、实用性、可扩延性、系统性原则确定了土地整理信息要素，建立了从属性维、信息维、时空维 3 个维度构建土地整理信息分类体系。该分类体系能够较为全面、系统地反映土地整治的信息全貌，揭示土地整理信息的层次与特征，对促进土地整治信息技术进步和管理方式转型，提高信息资源共享度和利用深度等具有参考和借鉴意义。通过利用 3S 技术获取土地整理项目区各种地物要素、空间位置及其他信息，并进行信息的加工和处理；应用 4D 技术或将 RS 和 GIS 集成来实现了对土地资源的快速、准确的动态监测；利用 ArcGISServer 与 C# 语言相结合，基于 NET 平台建立 WebGIS 应用程序，提出了 GIS 的基本地图、放大、缩小和鹰眼功能，实现了运用 ArcGISServer 发布不同功能的服务，该法避免了频繁进行不同数据格式之间的转换工作，从而大大提高了土地整理规划的效率。

在土地开发整理新技术方面，以全野外布点的方式采用 GPS-RTK 方法对控制点进行量测，利用低空航测数据处理系统 DPGrid 对测量数据进行预处理，提高了各项指标的精度，并通过对原始影像图进行纠正投影转换等生成 DOM，实现了将多幅影像图进行镶嵌匀色处理后拼接成一幅完整的高清影像图。同时，无人机航测技术也在土地整理的前、中、后期的得到了应用，大大降低了成本和测量人数，而且受空域限制小、效率高，能够快速、高效地提供高精度的各种数据资料。在三维 GIS 理念的基础上，开始研究土地整理三维可视化技术，通过 3D 分析建立整理区数字高程模型，显示整理后的土地利用情况。这种可视化技术能够很好地、直观地、动态地、真实地显示整理后的状态，对整理工作具有重要的指导意义。在工程技术方面，提出了水田表土剥离的田块归并原则和条带剥离递进回填的表土剥离工艺技术。采用土地整理规划环境质量影响综合评价技术方法，建立了环境质量综合影响指数法定量评价模型，实现了对土地整治规划进行定量评价，使评价工作得以大幅度简化，实用性强，具有推广应用价值。

（二）土地复垦与生态恢复理论与技术

人类对资源的大规模开采、浪费等使土地资源和生态环境遭到了严重的破坏，如何恢复土地资源和环境的功能是人类一直关注的热点问题。当前我国在土地土地复垦与生态恢复理论与技术方面作了大量的研究，并在土地复垦技术与方法、复垦土地质量评价等方面取得了较大地进展。

土地复垦技术与方法方面，针对传统采煤塌陷地稳沉后复垦恢复土地率低、复垦周期长等弊端，提出来了边开采边复垦的技术，实现地下开采与地面复垦的有机耦合：一方面基于既定的采矿计划，土地沉陷之前或沉陷过程但没达到沉稳状态时，选用适宜的复垦时机和科学的复垦工程技术，实现恢复土地率高、复垦周期短、复垦后经济效益和生态效益高的目标；另一方面通过优选采矿位置、矿区和工作面的布设方式、开采工艺和复垦措施，实现土地恢复率高、土地复垦成本低的目标。另外，在高潜水位矿区采用深陷前预测和 GIS 技术相结合，建立了以 Arcinfo 为平台的表土剥离时机与区域的模型，有利于井工矿边开采边复垦技术的进一步研究。进行了引黄充填技术可行性研究，把黄河泥沙应用到沉陷区充填复垦中，不但解决了一直困扰我国人民的黄河泥沙问题，同时还为采煤沉陷地的充填复垦提供了源源不断的材料，通过研究提出了深耕、加强充填泥沙层的保水保肥性、合理的灌溉方式以及科学的土壤剖面重构等改良充填农田的措施，提高了采煤沉陷地黄河泥沙充填复垦农田的农业生产水平。利用 GR-Ⅲ 高频探地雷达系统，实现了对土地复垦工程质量进行验收和评定，并结合雷达剖面层位识别算法和电磁波估算方法，构建了土地复垦工程质量评价模型。

复垦土地质量评价方面，运用新型土壤圆锥指数仪对复垦土壤压实度进行测量，结合 GPS 信息、GIS 技术及统计学方法，有效地评估了矿区土壤复垦的效果。基于 GIS 平台，采用层次分析法计算指标权重，运用多因子综合评价进行数据库操作，采用累计频率曲线法定级，研制出了复垦耕地质量评价的分等定级，且该系统可以生成各种专题图件，便于直观的分辨地块质量的差异；该系统大幅提高了评价工作的效率，保证了验收工作的高效、准确和可持续性。运用层次分析法和模糊评判法将影响压煤村庄搬迁模式的因素定量化和定性化研究各种模糊关系，分析了常规搬迁模式和复垦置换搬迁模式各自的特点，比较得出土地复垦模式优于传统搬迁模式，为压煤村庄的搬迁模式提供了理论指导和实践参考；通过分析矿山因开采而产生及诱发的地质灾害的类型和成因，分析了闭坑后潜在的灾害类型，结合矿山地质灾害防治与土地复垦的现状，提出了矿山开采和土地复垦同步进行的现代治理模式，以促进生态环境和社会经济的可持续发展；采用野外典型调查的方法，分析了草原露天复垦矿区不同表土堆存方式下土壤质量的变化，并对不同复垦模式排土场平台和边坡植被恢复效果进行对比，发现表土在草原露天煤矿复垦中起着至关重要的作用，散状的表土存放方式能更好地保持表土的质量和特性，该结果为草原露天煤矿区的土地复垦与生态重建工作提供了专业的技术支撑和理论依据。

（三）土地评价与等级提升理论与技术

对土地进行各种开发利用活动前，为了获得最佳利用方案要对土地质量评定，尤其是耕地。进行耕地质量等级评定对强化耕地质量监管具有重要作用，2013—2014年我国土地评价与等级提升在土地分等定级评价方法与模型和土地经济评价、耕地质量等级的提升与优化等方面取得一定的成就，丰富了土地评价与等级提升的理论与技术体系。

土地分等定级评价方法与模型方面，以往在进行农用地分等计算农用自然质量分时，对权重的确定时只引入正权重而使得对自然质量起到负向作用的因子实际上起到了"加分"的现象，针对该问题最新研究引入了负权重的概念，通过分析参与计算的各因素的特点和关联程度，将对自然质量分起到减分作用的因素引入负权重计算并详细分析正负权重的比重分配问题，设定正负权重的比重区间，为农用地的自然质量分法计算提供了理论依据。在城镇土地分等定级中，探讨了基于交易样地低价，在依据土地交易价格频率曲线判断划分低价等级的基础上，生成Voronoi图低价均质区域，并结合区域内道路交通分配格局实现了对城镇土地的级别进行划分。为了克服人的主观因素对评价因子权重确定的影响，忽略因子指标值本身的突出贡献等问题，对AHP-模糊综合评价模型进行了改进，将AHP拓展到模糊环境中（FAHP），并引入体现因子突出贡献的非线性模糊综合评价模型，得到了FAHP-非线性改进模糊综合评价模型，并在GIS中实现模型的重构与结果的可视化，为城镇土地分等定级提供了一种新的方法。

加强耕地质量建设，不断提高耕地的综合生产能力，对于发展优质、高产、高效农业具有重要意义。围绕耕地占补平衡，要建立全国统一的耕地占补平衡按等折算系数，有研究认为该折算系数应以国家级分等成果为基础，利用15个耕地等别及其相对应的标准粮产量上限值来计算；进一步开展农用地质量评价，准确测算农用地生产能力，有关农用地生产能力核算模型的选择，可以建立在对调查数据分布规律探索的基础上，结合研究区域及模型特点来确定。要围绕高标准基本农田建设，通过改进划定方法，实现永久性基本农田划定；强化耕地占补平衡的质量建设与管理有利于减少占优补劣对耕地的光温生产潜力的不良影响；耕地质量等级监测布点技术的改进能够提升耕地质量监测效果。耕地集约利用对提升区域农业生产效益、粮食产量和农民收入也有直接影响。区域耕地利用集约度的时空差异明显，耕地利用效益受社会经济条件的影响，因此提高农业投资比重和农业机械化水平有助于提高土地耕作效率和粮食产量。围绕耕地集约水平的度量，有基于神经网络确定评价因素权重、运用熵值法和"压力—状态—响应"等方法构建评价模型的尝试。

（四）城乡统筹与节约用地理论与技术

城乡发展差距大、人口多，耕地数量少等是我国的基本国情，为了缩小城乡发展差距，保障粮食安全等，节约集约用地举措具有重要的意义。2013—2014年我国城乡统筹与节约集约用地理论与技术的取得了一定的成就，主要表现在农村土地节约集约利用和城乡建设用地置换方面，也开始关注耕地集约节约利用评价。

土地集约利用评价方法方面，在延续城市建设用地集约利用评价和开发区集约利用潜力评价的基础上，又着重了对其他主体的集约利用研究，出现了以城乡结合部、城市新区、交通用地和教育用地等为对象的土地利用集约研究，大大拓展了土地集约利用评价的内涵和评价对象，丰富了土地集约评价的内容。同时也在土地集约利用评价过程中，开始探索纳入生态环境评价指标，综合考虑多方面的影响因素，进一步完善了土地集约利用评价的指标体系。

在耕地集约节约评价方面，从投入成本和产出效应两个方面逐一测度耕地集约利用，构建了耕地集约利用评价的三种基本类型：耕地利用粗放化型、集约化型和过度化型，既避免了单向测度法的不全面性，又抓住了耕地集约利用的内涵。从耕地资源量、耕地集约利用水平、粮耕弹性系数三方面选取 10 项指标，构建了耕地利用效率评价指标体系，有利于耕地集约利用的监测与强化。运用 BT 神经网络和岭回归分析法，分析了影响因素对农用地节约集约利用水平的影响效果。

在农村建设用地集约节约评价方面，要贯彻落实农村宅基地"一户一宅"的政策，严格控制对农村宅基地的审批，减少农村宅基地空置现象的发生。创新性地引入了 5W1H 法，明确了提高农村建设用地节约集约利用水平的责任主体、重点区域、时序安排，并提出市场配置和政府调控并重的方法，为当前的节约集约用地研究和政策制定提供了思路和依据。基于运行机理—风险识别—制度优化的思路，建议今后城乡建设用地置换研究可以着重从四方面入手：从利益主体的角度研究置换的运行机理，针对需求不足的问题研究需求机制，识别风险因子并模拟整体风险状况、运用倒推法提出相应的优化政策包，为我国城乡建设用地置换风险的防控和优化管理提供了定量化的决策支持。

四、主要科技创新

2011—2014 年，土地利用工程学科的创新成果可归纳为以下几个方面。

（一）高标准农田建设的理论与技术

1. 快速城镇化背景下的土地整治战略与规划

基于快速城镇化背景，综合区域协调发展、粮食安全、生态保护等重大国家战略对土地资源支撑的新要求，提出以土地整治为"抓手"和重要手段，统筹解决土地集约节约利用、推进新农村建设与城乡统筹发展、保障国家粮食安全、构建国土生态安全屏障等问题，确保各项国家战略的顺利实施；以国家土地整治战略为指导，在市域和县域尺度上进行了应用探索，构建了市、县级土地整治规划的核心内容，制定了《市（地）级土地整治规划编制规程》（TD/T 1034—2013）和《县级土地整治规划编制规程》（TD/T 1035—2013），并依据经济社会发展阶段和土地利用特征特点总结了各类土地整治实施模式，创新了土地整治制度，为新时期土地整治工作提供了理论支撑和实践借鉴。

2. 砒砂岩与沙复配成土造田技术

围绕土地开发整治、解决经济发展与土地资源矛盾和实现人地协调发展的战略，对毛乌素沙地分布广泛的砒砂岩与沙的物质特性、胶结作用及其成土核心技术进行了深入系统的研究与工程示范。首次发现了砒砂岩与沙两种物质结构在成土中的互补性，通过系统开展砒砂岩与沙组合成土实验研究和田间试验，提出了适宜不同农作物生长需求的砒砂岩与沙组合配方；二是在实验和田间试验研究基础上，提出了在生态脆弱区水土耦合高效利用模式；三是集成与凝练了砒砂岩与沙组合成土的配方技术、田间配置技术、规划设计技术、规模化快速造田技术、节水高效技术等5项技术，形成了系统完整的砒砂岩与沙组合成土的技术体系；四是创新性实施了标准化、规模化的成土造地工程，变砒砂岩与沙"两害"为"一宝"，成功实现了沙地的资源化利用，形成了毛乌素沙地节水高效的高标准农田建设与现代化经营为一体的土地综合整治新模式，增加耕地的同时，提高了经济效益，保证了生态环境质量。

3. 农村居民点整治理论创新与关键技术研究

当前，我国农村正处于由传统向现代快速转型时期，农村居民点用地正深刻调整。遵循居民点演变规律，科学调整农村居民点成为实现资源有效配置、缓解城乡用地瓶颈的关键，也是统筹城乡发展的突破口。成果融合多源时空数据，综合集成 GIS 空间建模、数理统计、农户访谈等研究方法，将农村居民点研究纳入到新时期城乡空间结构调整框架之中，以"定位识别—形态演变—决策因子—潜力转换"为主线形成了城乡统筹条件下的农村居民点整治基础理论框架，构建了涵盖"调查—评价—格局优化—调整模式"等农村居民点整治全过程的关键技术体系。成果形成了城乡统筹下的农村居民点整治理论框架；创新了农村居民点整治潜力调查与评价方法；构建了功能导向的农村居民点空间格局优化与要素配置技术体系；发展了多类型、多尺度融合的农村居民点整治模式设计方法。

（二）土地复垦与生态恢复理论与技术

1. 井工煤矿边开采边复垦技术

针对传统采煤沉陷地稳沉后复垦恢复土地率低、复垦周期长等弊端，在分析讨论我国采煤沉陷地非稳沉复垦技术研发历史的基础上，提出了边开采边复垦（简称边采边复）的概念，将通过合理减轻土地损毁的开采措施和沉陷前或沉陷过程中的复垦时机与方案的优选，实现采矿与复垦同步进行，其基本内涵是实现地下采矿与地面复垦的有机耦合。基于地下开采计划的地面边开采边复垦技术和地下与地面措施充分耦合的边采边复技术是最主要的两种边采边复技术。复垦位置与范围的确定、复垦时机的选择和复垦标高设计是边采边复的3大关键技术。采用边采边复技术比与传统复垦技术比可有效提高复垦耕地率。该技术的适用范围和推广应用前景广阔，可适用于边采边复技术的平原高潜水位地区包括14大煤炭基地中的5个，通过使用边采边复技术，可以及早地拯救将要形成积水的土地，将增加土地面积约6680.8km²。

2. 生态脆弱矿区露天煤矿生物多样性保护与重组技术

在生态脆弱矿区的土地复垦与生态重建已有较为系统深入研究的基础上，把废弃土地的复垦与生态重建技术研究，提升到典型脆弱矿区土地复垦的生物多样性重组与保护研究；把再造土壤与重组群落初期演变过程的揭示，提升到适用于本区域的重组技术与保护技术层面。通过土地损毁信息采集、生物多样性调查监测与综合评价，识别矿区对生态环境的影响，开发了研究生态脆弱矿区生境再造、生物培肥、产能提高、多样性重组模式及格局优化技术，形成了生态脆弱露天煤矿区复垦土地生物多样性重组与保护优化技术体系，有效提升了我国典型矿区土地生态复垦技术水平，促进了我国土地复垦事业健康快速发展，为改善矿区生态环境、建立资源节约型和环境友好型社会提供了技术保障。

3. 煤矿废弃地复垦工程质量快速监测信息技术

针对煤矿废弃地复垦工程实施后质量检测工作量大、隐蔽工程多、缺乏持续性的现状，首次开发了基于探地雷达的复垦工程和土壤质量无损检测技术，攻克了1.5m以内浅部、大于400m高频探地雷达强干扰信号的处理方法；提出了基于EM38的土地复垦覆土厚度快速检测技术；可有效检测复垦土壤厚度、含水量、排灌设施衬砌工程裂缝、道路工程面层厚度等工程质量指标；开发了基于传感网和GPRS相结合的复垦区气候、植被、土壤等实时数据获取信息系统，满足了监管部门对复垦后工程质量重要参数的无破坏快速监测需求，为监管信息化平台提供了数据支持。

（三）土地评价与等级提升的理论与技术

1. 耕地质量变化快速监测评价及信息系统建设

科学合理地制定耕地保护分区，是实现耕地差异化保护、精细化管理的重要保障。成果采用 Moran 散点图、局部空间自相关分析等相结合的方法，以耕地质量指数为空间变量，提出了耕地质量监测区划分和监测点部署方法和手段，并在全面研究分析无线传感器网络理论和技术、土地评价方法和模型的基础上，针对耕地质量突变区快速发现、监测区科学划分和监测点合理部署、指标数据在线采集、智能评价等方面的实际应用问题，构建研发具有耕地质量信息快速获取，耕地质量成果自动转换与更新，耕地质量变化快速评价与成果编制、检查、省级汇总及应用等功能于一体的耕地质量监测评价信息系统，首次实现了对耕地质量等级监测、评价、年度变更与日常业务管理工作全面的数字化技术支撑。

2. 耕地保护监控预警关键技术开发及示范应用

针对当前耕地和基本农田保护存在的技术瓶颈和关键问题，研发了耕地保有量和基本农田变化动态监测关键技术，建立了耕地与基本农田数量与质量监控与预警体系，实现了对区域耕地保有量和基本农田保护面积总量监控，构建了耕地变化效应评估与耕地保护预警指标体系，开展了耕地变化效应评估与保护预警方法研究，建立了耕地与基本农田保护基础数据库，研制了区域耕地保护监控信息服务系统，研究了耕地和基本农田保护经济补偿标准，提出了维护农民权益，严守耕地和基本农田红线等的实施措施，探索保护基本农田积极性的利益激励机制、基本农田建设多方投入机制等。成果满足实施严格土地管理和耕地保护的需要，对提升政府土地管理能力、提高科学决策水平具有重要实践意义。

3. 区域基本农田保护技术研究应用

成果以国家战略需求和政策导向，围绕"基本农田数量不减少，质量有提高，布局总体稳定"的总体保护目标，在现有技术基础上，采取自主创新与吸收引进相结合方式，形成基本农田"数量控制技术、质量提升整治技术、管理信息化技术"三位一体的中原地区基本农田保护技术体系与示范系统。该技术系统充分考虑了基本农田保护与村镇建设的相互耦合关系，将村镇建设发展、村镇建设用地与基本农田布局优化、村镇建设用地与基本农田结构调整、基本农田管护、基本农田质量提升等工作进行整体统筹协调，是一种系统与整体保护，与目前的基本农田保护技术相比，具有综合性、系统性和协调性。

（四）城乡统筹与节约集约用地理论与技术

1. 多层次建设用地节约集约利用评价技术体系创建与应用

科学合理的评价指标体系是建设用地节约集约评价的核心，成果研究了建设用地节约集约利用的内涵与评价方法论，明确适应中国国情的建设用地节约集约利用的理论内涵；根据分析评价各单体评价指标体系在内涵表达、评价指标的设定和指标体系的设计上存有共性因素，创新性地提出了区域、城市、开发区等不同层次的建设用地节约集约利用评价技术体系，以及以不同空间层次建设用地为研究对象的土地节约集约利用状况评价及潜力测算的方法论，完善了节约集约用地评价指标结构层，丰富了多层次评价指标体系的构建思路及核心指标体系。研究构建了基于区域、城市、开发区的建设用地节约集约利用评价技术和信息技术支持相融合的有机体系，探索建立了调查评价信息技术体系，有效推动了辐射全国的有关制度机制建设。

2. 农村空废及未利用土地整治与优化配置研究

在系统分析中国城乡转型发展背景及其土地利用形势、探寻识别中国农村空心化过程及其现实问题、科学借鉴农村土地整治与优化配置的国内外实践的基础上，深入解析农村空心化发展及其综合整治与优化配置理论，研究制定农村空废及未利用土地整治与优化配置的技术方法，科学划分中国农村空心化的区域类型并测算其整治增地潜力，并以山东、河南、陕西、海南为例，开展农村空废及未利用土地整治与优化配置的典型实践，进而提出农村空废及未利用土地整治与优化配置的综合体系与科学途径。成果注重理论研究、战略探究、模式提炼、政策梳理、管理创新、工程示范，可为盘活农村空废存量土地、推进节约集约用地战略、统筹城乡土地利用、实现城乡发展一体化的规划、管理与决策提供科学依据和实践参考。

3. 长三角村镇土地规模利用研究

针对经济发达与快速发展的长三角地区对村镇土地集中、集聚、集约、集效的规模利用的标准、规划、整治等的技术需求，提出规模利用的概念和要求，通过村镇土地规模利用的信息获取、土地评价、空间规划、土地开发整理与村庄整治、耕地质量快速监测等系列技术、标准和系统的研发，以及村镇土地规模利用技术系统集成，形成长三角村镇土地规模利用的技术体系，为提升长三角地区村镇规划和土地规模利用水平提供技术支撑，从而有效推进长三角区域细碎化农地利用向适度规模集中，加快传统农业向现代农业转变；推进人口向城镇转移、居住向社区集中、产业向园区集聚，提升村镇综合功能，改善人居生活环境，加快城乡一体化的社会主义新农村建设；推进村镇土地节约集约利用，加快转变经济增长方式，促进区域经济社会可持续发展。通过长三角村镇土地规模利用技术示范应用研究，为全国其他同类地区的村镇土地规模利用提供示范经验。

五、发展趋势与对策

土地利用工程对国家的战略部署、目标的现实转变、统筹城乡与促进农业现代化、社会经济发展阶段等方面有着重要的战略意义。2011—2014年，根据国家社会经济发展的现实需要，中国土地利用工程行业的学者们适时开展土地利用工程发展战略研究，持续创新土地利用工程技术与方法，尤其在高标准基本农田建设、土地复垦工程技术与土地整理信息化技术应用方面成果显著，有效地推动了我国土地利用工程事业的发展。但目前土地利用工程学科依旧存在技术理论基础不够完善、工程技术水平较低和人才梯队培养不健全等严重问题。因此，必须健全和完善土地利用工程学学科建设，厘清土地利用学科理论基础、加强土地利用工程学科工程和技术创新、完善土地利用工程学科人才培养体系，以更快的速度推动我国土地利用工程事业的发展。

1. 厘清土地利用工程学科基础理论，加强土地利用工程学科体系建设

土地利用工程学科起步晚，理论研究滞后于现实发展，尚未形成相对独立、自成体

系的理论、知识基础，农业工程、土地科学等学科没有土地工程专业，不同院校设立的土地科学专业五花八门，可归属的二级学科不统一、不明确，一定程度上影响了土地工程建设工作的深入开展。土地利用工程学科领域尚缺乏权威级领军人才，缺少在学术界的话语权；土地利用工程学科体系不够完善，科研成果得不到相关学科的认可，基金申报和科研奖励等没有户头；此外，有些学校设立了土地资源管理、土地工程利用等专业或课题，但从教人员数量、教学条件尚不能满足建立土地工程学科的需求。因此，在未来的研究中要注重以下几方面的研究。

一是挖掘土地利用工程学科核心基础理论。当前，学科中的一些重大基础理论问题，甚至是一些根本性的问题，依然没有得到有效解决，缺乏核心理论或应用扩展的推进。因此，应加强土地利用工程学的基础理论体系研究，注重创新，从工科角度构建系统的土地利用工程学理论体系。

二是构建土地利用工程理论方法与技术体系。土地利用工程学是一门综合性学科，不仅综合了农学、土壤学、生态学等的一些自然科学知识，还包括工程学、测量学、信息学等工程技术知识，其涉及面广而复杂。可参考农业水利工程、水土保持工程等相关学科，基于土地资源学、土壤学、工程学、恢复生态学以及景观生态学等理论，依托"3S"和生态工程等技术，发展土地利用工程学的原理、方法和技术，构建多学科综合的土地利用工程理论方法与技术体系。

三是创新土地利用工程核心技术体系。应围绕土地利用工程学科的理论基础，通过组合创新和专门开发，建立土地利用工程的核心技术体系，包括土地利用工程信息化技术、土壤剖面重构技术、土地生态设计技术等。

2. 推进土地利用工程信息化水平，创新土地利用工程关键技术

工程技术为土地利用工程的发展提供巨大的推动力，是整个行业持续进步的科技保证。在土地利用工程规划设计、实施评价等诸多方面，工程技术研究依托创新开放式的研究方法，借助先进的技术优势，广泛开展行业专题研究，取得了令人瞩目的科技成果。然而，土地利用方式的变化增加了土地管理难度，适时开展土地工程技术标准化研究，将关注的焦点从单纯的技术改进与革新提升到"技术研发—标准制定"协调发展的崭新高度，构建工程技术发展框架，加快推动土地利用关键技术向生产实践转化，提高工程技术的可行性和可操作性，不断推进技术研发的产业升级，进而为提高土地利用工程效率给予智力支持和科技保障。

监督管理是土地利用工程的重要环节，能够有效的保障土地整治工程的完成质量和实施水平。土地利用工程监督管理机制分为技术评价与行政管理两个方面：一方面，借助先进的检测技术对项目完成情况进行质量评价；另一方面，通过完善的管理手段对工程实施进行监督管理。随着土地信息获取和处理技术的不断发展，信息化和现代测绘技术在土地利用工程的监管方面具有广阔的前景，今后应构建整理复垦后土地质量、生态状况及其利用方向等综合监管技术系统，实现土地利用工程技术的产业化、信息化和智能化。

3. 完善土地利用工程教育体系，加快土地利用工程方面卓越人才培养

2014 年 "卓越工程师" 教育培养计划国土资源行业土地资源管理（土地整治工程方向）专业本科标准已经通过国土资源部审查，标准从培养目标与要求、课程体系、师资背景和专业条件等方面对土地整治工程卓越工程的培养标准进行了规定。2013 年，中国地质大学（北京）土地资源管理（土地整治工程方向）卓越工程师计划已经全面启动，这些为加快土地利用工程方面卓越人才培养创造了有利条件。

因此，可借鉴中国地质大学（北京）卓越工程师、河北农业大学土地利用工程学科平台等经验，选择一批有基础、有条件、积极性高的高等院校如中国地质大学、中国矿业大学、武汉大学、浙江大学、东北农业大学、湖南农业大学、云南农业大学、山西农业大学、陕西师范大学、天津工业大学等，优化土地利用工程教学条件，积极开办土地工程相关专业，发挥各所院校专业和特色，加强土地利用工程本科生与研究生教育教学工作，逐步建立健全土地利用工程学科教育体系，为学科下一轮调整提供支撑。

—— 参考文献 ——

［1］陈春，张维，冯长春. 城乡建设用地置换研究进展及展望［J］. 中国农业资源与区划，2014（1）：61-66.

［2］程锋，王洪波，郧文聚. 中国耕地质量等级调查与评定［J］. 中国土地科学，2014，28（2）：75-82.

［3］方创琳，马海涛. 新型城镇化背景下中国的新区建设和土地集约利用［J］. 中国土地科学，2013，27（7）：4-9.

［4］冯应斌，杨庆媛. 转型期中国农村土地综合整治重点领域与基本方向［J］. 农业工程学报，2014，30（1）：175-180.

［5］付佩，王欢元，罗林涛，等. 砒砂岩与沙复配成土造田技术研究［J］. 水土保持通报，2013，33（6）：242-246.

［6］郝星耀，潘瑜春，唐秀美，等. 基于空间聚类的平原旱作农区土地平整单元区划分方法［J］. 农业工程学报，2015，31（5）：301-307.

［7］胡静，金晓斌，李红举，等. 基于霍尔三维结构的土地整治信息组织模式［J］. 农业工程学报，2014，30（3）：188-195.

［8］胡振琪，肖武，王培俊，等. 试论井工煤矿边开采边复垦技术［J］. 煤炭学报，2013，38（2）：301-307.

［9］胡振琪，余洋，龙精华. 2013 年土地科学研究重点进展评述及 2014 年展望——土地整治分报告［J］. 中国土地科学，2014，28（2）：13-21.

［10］胡振琪，余洋，付艳华. 2014 年土地科学研究重点进展评述及 2015 年展望——土地整治分报告［J］. 中国土地科学，2015，29（3）：13-21.

［11］胡振琪，赵艳玲，苗慧玲，等. 2012 年土地科学研究重点进展评述及 2013 年展望——土地整治分报告［J］. 中国土地科学，2013，27（3）：89-96.

［12］孔龙，谭向平，和文祥，等. 黄土高原沟壑区宅基地复垦土壤酶动力学研究［J］. 西北农林科技大学学报（自然科学版），2013，41（2）：123-129.

［13］李云，严俊. 政府主导下的增减挂钩项目实施模式初探［J］. 资源与人居环境，2013（7）：45-48.

［14］刘光盛，王红梅，胡月明，等. 中国土地利用工程标准体系框架构建［J］. 农业工程学报，2015，31（13）：257-264.

[15] 刘名冲，刘瑞卿，张路路，等. 基于粒子群优化投影寻踪模型的土地整治综合效益评价研究［J］. 土壤通报，2013，43（5）：1047-1052.

[16] 刘新卫，郧文聚，陈萌，等. 国家基本农田保护示范区实践探索与制度创新［J］. 中国土地科学，2013，27（6）：3-8.

[17] 刘永兵，李翔，刘永杰，等. 土地整治中底泥质耕作层土壤的构建方法及应用效果［J］. 农业工程学报，2015，31（9）：242-248.

[18] 刘愿理，廖和平，杨伟，等. 三峡库区耕地集约利用评价分析——以重庆市忠县为例［J］. 西南师范大学学报（自然科学版），2014，（5）：148-156.

[19] 罗林涛，童伟，韩霁昌，等. 毛乌素沙地砒砂岩、沙及复配土重金属含量分析与评价［J］. 安全与环境学报，2014，14（1）：258-262.

[20] 曲衍波，张凤荣，宋伟，等. 农村居民点整理潜力综合修正与测算——以北京市平谷区为例［J］. 地理学报，2012，67（4）：490-503.

[21] 任平，洪布庭，刘寅，等. 基于 RS 与 GIS 的农村居民点空间变化特征与景观格局影响研究［J］. 生态学报，2014，34（12）：3331-3340.

[22] 邵芳，王培俊，胡振琪，等. 引黄河泥沙充填复垦农田土壤的垂向入渗特征［J］. 水土保持学报，2013，27（5）：54-67.

[23] 唐永航，孙世宏，孙健. 基于 GIS 的县级基本农田划区定界数据库建设——以鄞州区为例［J］. 中国土地科学，2013，27（10）：83-87.

[24] 田甜，杨刚桥，赵薇，等. 农民参与农地整理项目行为决策研究——基于武汉城市圈农地整理项目的实证分析［J］. 中国土地科学，2014，28（8）：49-56.

[25] 涂建军，卢德彬. 基于 GIS 与耕地质量组合评价模型划定基本农田整备区［J］. 农业工程学报，2012，28（2）：234-238.

[26] 王珊，张安录，张叶生. 河北省农用地整理综合效益评价——基于灰色关联法［J］. 资源科学，2013，35（4）：749-757.

[27] 王新静，胡振琪，李恩来，等. 土地复垦工程中覆土、衬砌和路面厚度的无损检测［J］. 农业工程学报，2013，29（9）：231-238.

[28] 吴海洋. 高要求与硬任务迸发新动力——谈如何推进农村土地整治和建设 4 亿亩高标准基本农田［J］. 中国土地，2011，（10）：15-16.

[29] 吴健生，刘建政，黄秀兰，等. 基于面向对象分类的土地整理区农田灌排系统自动化识别［J］. 农业工程学报，2012，28（8）：25-31.

[30] 项晓敏，金晓斌，杜心栋，等. 基于 Ward 系统聚类的中国农用地整治实施状况分析［J］. 农业工程学报，2015，31（6）：257-265.

[31] 肖武，王培俊，王新静，等. 基于 GIS 的高潜水位煤矿区边采边复表土剥离策略［J］. 中国矿业，2014，（4）：97-100.

[32] 谢天，濮励杰，张晶，等. 基于 PSR 模型的城乡交错带土地集约利用评价研究——以南京市栖霞区为例［J］. 长江流域资源与环境，2013，22（3）：279-284.

[33] 薛剑，韩娟，张凤荣，等. 高标准基本农田建设评价模型的构建及建设时序的确定［J］. 农业工程学报，2014，30（5）：193-203.

[34] 杨建宇，汤赛，郧文聚，等. 基于 Kriging 估计误差的县域耕地等级监测布样方法［J］. 农业工程学报，2013，29（9）：223-230.

[35] 张蚌蚌，王数，张凤荣，等. 基于耕作地块调查的土地整理规划设计——以太康县王盘村为例［J］. 中国土地科学，2013，27（10）：44-50.

[36] 张露，韩霁昌，罗林涛，等. 砒砂岩与风沙土复配土壤的持水特性研究［J］. 西北农林科技大学学报，2014（2）：208-214.

［37］张瑞娟，姜广辉，周丁扬．耕地整治质量潜力测算方法［J］．农业工程学报，2013，29（14）：238–244.

［38］朱传民，郝晋珉，陈 丽，等．基于耕地综合质量的高标准基本农田建设［J］．农业工程学报，2015，31（8）：233–242.

［39］郧文聚，章远钰，白中科，等．2011 土地科学学科发展蓝皮书——土地利用工程研究进展［M］．北京：中国大地出版社，2012.

［40］郧文聚，章远钰，白中科，等．2012 土地科学学科发展蓝皮书——土地利用工程研究进展［M］．北京：中国大地出版社，2013.

［41］郧文聚，章远钰，白中科，等．2013 土地科学学科发展蓝皮书——土地利用工程研究进展［M］．北京：中国大地出版社，2014.

［42］郧文聚，章远钰，白中科，等．2014 土地科学学科发展蓝皮书——土地利用工程研究进展［M］．北京：中国大地出版社，2015.

［43］翟小娟，申文金，田磊．土地整理项目规划环境影响评价研究［J］．地理科学进展，2011，30（7）：18–23.

［44］张正峰，杨红，谷晓坤．土地整理项目影响的评价方法及应用［J］．农业工程学报，2011，27（12）：313–317.

撰稿人：郧文聚　白中科　王金满

农业系统工程学科发展研究

一、系统与系统工程

1. 概述

"系统"一词在古希腊语是指复杂事物的总体，即由相互作用和相互依赖的若干组成部分结合成具有特定功能的有机整体。一个系统可以包括若干子系统，但它本身又是另一个更高层次系统的子系统。系统工程就是以系统思想为指导，定性、定量相结合，各种理论、方法与技术综合集成，以系统整体最优为目的来研究系统的规划、设计、开发、生产、组织、管理、调整、控制与评价等问题的一门综合性科学。系统工程的主要任务是：一方面开发新的系统（如太空飞船系统、地铁系统、新型工程系统……）过程中，解决系统的最优设计、最优管理、最优控制、最优制造等一系列问题，这些问题多属于工程技术系统；另一方面是用系统的思想和方法重新评价、预测、分析和规划现有的系统，使其充分挖掘潜力，具有新的功能，或找出改进完善的方向，一般称之为"系统化"。

系统工程强调以下基本观点：

整体性和系统化观点（前提）

总体最优或平衡协调观点（目的）

多种方法综合运用的观点（手段）

问题导向及反馈控制观点（保障）

系统工程的方法：

一般来说，解决一个系统工程问题包括问题界定、目标确定、方案汇总、模型建立、评价决策和实施管理等6个过程。

2. 系统工程的发展

20世纪20年代，英国军事部门的科学家研究和解决雷达系统的应用问题，提出了运筹学，这是系统工程的萌芽。1940 年，美国贝尔实验室研制电话通信网络时，将研制工作分为规划、研究、开发、应用和通用工程等 5 个阶段，第一次提出并应用系统工程这个名词，同年美国研制原子弹的曼哈顿计划应用了系统工程原理进行协调。应用系统工程方法而取得重大成果的两个例子是美国的登月火箭阿波罗计划和北欧跨国电网协调方案。1957 年，H. Good 和 R. E. Machol 发表第一部名为《系统工程》的著作，标志着系统工程学科的形成。自 20 世纪 60 年代系统工程学科逐步形成以来，由于它在一些重大的工程开发计划中显示出重要的作用，因而引起社会各界的普遍关注和高度重视。早在 1964 年美国就开始授予系统工程学位，目前不少国家在大学里设置了系统工程系或专业，很多国家设立了各种形式的系统工程研究服务机构，如国际应用系统分析研究所（IIASA）、美国的兰德（RAND）公司等。20 世纪 70 年代，系统工程理论与方法在国际上得到高度重视，所涉及的领域极为广泛，包括军事、工业、农业、交通运输、资源、能源、经济，甚至行政、科研、教育、医疗等各个方面。

二、农业系统工程

1. 农业系统与农业系统工程

农业是一个"生物—自然环境—人类社会"的复杂系统，它的生产对象是生物。基础是生态系统。在这个系统中，生物和生物、生物和自然环境（水、土、光、气、热）之间存在着物质和能量的交换关系，彼此之间相互依存、相互制约。同时这个系统又经常受人类生产活动和科学实验活动的干预，以达到提高生产力的目的。而农产品的生产、收获、贮藏、加工、运输、销售又与各种社会条件有多种复杂的联系。

系统工程的思想、理论、原理和方法在农业领域中的应用，就是农业系统工程。换句话说，农业系统工程就是通过运用系统工程的理论与方法，研究农业资源的最佳配置和农业系统功能合理运转的一门综合的应用性学科。它以运筹学作为理论基础，还涉及应用数学（如最优化方法、概率论、网络理论等）、基础理论（如信息论、控制论、可靠性理论等）、系统技术（如系统模拟、通信系统等），以及农业经济学、经营管理学、社会学、心理学等多种学科。

2. 农业系统工程的发展回顾

农业系统工程以系统科学为基础，创立和发展于 20 世纪 50 年代。20 世纪 70 年代，农业系统工程在国际上得到了大规模应用，几乎在农业领域的各个方面都留下了系统工程的足迹。小到一个农场的计划管理，大到国家和区域的宏观农业发展规划；从遗传育种工程和作物生长发育模拟，到作物栽培和病虫害防治；从农业机械化的最优管理，到河流湖泊的综合利用与治理等，都广泛采用了系统工程的原理和方法。

以美国、欧洲和日本等经济和科技发达国家为例，这些国家农业系统工程活动的开展既有广度又有深度，并对现代的发展产生了卓有成效的影响。20 世纪 50 年代初期，美国的海地教授就开始应用农业生产函数和线性规划模型研究美国的农业布局、不同区域各类农业生产资料的最佳投放量、多种生产要素的合理配置和最优的农业产业结构，并取得了大量的数据。20世纪70年代，美国应用系统工程设计出描述棉铃虫种群动态的模拟模型和计算机程序。1975年，美国学者开始在渔业研究方面运用系统工程方法，他们对水域生态系统进行了综合分析，并结合华盛顿湖实地考察，对水质不同区域的异种生态类型鱼类的呼吸率、生长率、死亡率和湖区水生环境进行了模拟，并提出了控制湖水水质变化的最佳措施。目前，世界各国科学家对农业系统的种植业、畜禽养殖、农机具配套、农业资源与管理、农业规划与预测、自然资源利用、农业结构，以及农业生态环境等问题进行了研究，并提出一系列的模拟模型。

我国农业系统工程的研究与应用，与国外相比，大约晚了20年的时间。20世纪80年代，以钱学森为代表的一批著名学者，首先倡导并支持在农业领域应用系统工程的理论和方法。这一时期，我国系统工程主要的研究方面是农业区划、区域开发规划、作物布局、农业机具配备、机具更新和农业机器机组参数选择等。如1980年屠颐规等人研究了黄淮海平原区域农业结构的最优化模型，用线性规划方法，以农林牧副渔五业纯收入最大化为目标函数，建立了县级农业结构系统模型。山西省开发了省、地、县三级模型套接，山东省开发了农、林、牧、副、渔优化模型等。到1987年，全国省、地、县三级把系统工程原理和方法用于区域经济发展规划的单位共有397个，其中用于县级规划的有345个。随着我国现代农业的发展推进，农村经济结构的调整、农业规模化专业化经营、新型农业经营主体的培育成为现代农业规划和发展分析的主要课题。目前，我国系统工程在农业方面的运用主要围绕发展现代农业，从生产力、生产关系的各个方面、各种因素进行合理协调，正确配置生产体系的能流、物流和信息流等工作开展，研究具有以下几方面特点：一是研究了多种层次的问题。如关于区域社会、经济、科技、生态系统总体设计的，有关于农业结构优化或农村能源结构优化的，还有研究作物栽培技术规范化的；二是研究方法的多样化和模型的群体化，农业系统工程主要的模型处理技术从线性规划转到更多新发展的数学方法。如在农业总体设计规划方面，采用多目标、多因子、多层次、多方案的过程系统分析方法，针对不同目的和层次的要求选择不同数学模型，使各种模型围绕总体，相互协调、衔接形成统一的模型群。在农业区划方面，应用灰色系统理论研究系统区域划分、区域经济优势的灰色决策及区域灰色动态经济模型。在农业能源规划方面，建立了农村能源、农村经济和生态环境综合多目标线性规划模型。在农作物生产规范化研究方面，利用回归试验设计方法建立了各试验因子（播种期、播种量和密度，施肥水平，插秧时的叶龄等）在空间上的多维反应面数学模型，通过计算机进行仿真优化。在农业机械化方面，建立了农机动力结构的一般线性规划模型，研究了农户生产决策和选择机械化作业项目的非线性规划问题，提出了用模拟方法解决农场机具更新的数学模型。

3. 农业系统工程学科建设

（1）全国性学术组织

中国系统工程学会于1980年正式成立，同年成立了中国农业系统工程研究会筹委会，制订了发展我国农业系统工程事业的十年计划。中国系统工程学会农业系统工程委员会于1985年成立，学会定期举办农业系统工程学术研讨会，并编辑出版《农业系统科学与综合研究》等期刊。中国农业工程学会农业系统工程专业委员会于1987年在长春举办了第一届国际农业系统工程研讨会，之后定期举办全国性的学术研讨活动。

（2）人才培养

1981年、1982年，在湖南举办了两期全国农业系统工程培训班，培养了第一批高级农业系统工程人才。以后又于1983—1986年先后在黑龙江等生举办了7期培训班，共培训近千名骨干人才，并帮助各省、市、地、县举办小型培训班200多期，学员达1万多名。

1982年东北农业大学率先为本科生开设了《农业系统工程》课程，之后，全国许多高等农业院校都开设了农业系统工程课程。1987年全国试用教材《农业系统工程基础》正式出版，1993年、2004年又分别重新编写了统编教材《农业系统工程》，使教材从内容到结构更适合本科生教育特点。在研究生培养方面，1981年农业机械化工程博士点审批下来后，吉林大学、东北农业大学和中国农业大学便在该博士点下培养农业系统工程方向的博士研究生。1986年以来，先后批准东北农业大学、吉林大学、中国农业大学、中国农业科学院和河南农业大学有权培养"农业系统与管理工程"硕士研究生。1997年，我国研究生培养与学位授予学科专业目录增设了管理学门类，下设"管理科学与工程"等5个一级学科，该一级学科包括管理科学、工业工程与管理工程、系统工程、信息管理、工程管理和科技管理等6个研究范围。此外，在理学门类，有一级学科系统科学；在工学门类，有二级学科系统工程。就是说，系统工程和系统科学的高级专门人才分别在管理学、理学和工学等3大门类中培养。

（3）主要研究方向

30多年来，围绕农业大系统资源、环境、人口协调和持续发展，从微观到宏观、从定性到定量、从理论到实践全方位地开展了农业系统工程的研究工作，主要研究内容包括以下两方面。

1）农业生产与管理技术研究。由于农业的环境复杂，气候、土壤、生物等因素变化频繁，需要应用系统工程和计算机技术，研究不同农业技术与管理措施对动、植物生长发育的影响，从而设计最佳的农业生产过程。目前在生产上应用得较多的是：①农作物生长研究；②灌溉水的分配和管理；③作物的病虫害防治；④农业机械化与农业装备配置研究等。

2）农业系统模拟研究。一般情况下，农业系统都具有较大规模，且其形式极为复杂。建立与农业系统具有相同性质和功能的模型（Model），运用其来分析研究现实农业系统，如分析农业能源与资源问题、农业经济问题、产业结构问题、粮食安全问题等，是农业系统工程中采用的一个重要方法。常用的模型有物理模型、数学模型、计算机模拟、图解模型、框架模型和结构模型等。其中，应用最广泛的是数学模型，如线性规划模型、生产函数模型、投入产出模型、线性回归模型、Logistic回归分析模型、主成分分析模式、因子分析模型，以及相关分析模型等。

三、农业系统工程研究与应用进展

"十二五"以来，科技部和农业部等陆续在国家科技支撑计划、行业科研专项中设立农业系统工程的重大课题，通过对农业生产技术工程技术、信息管理技术等的系统研究，获得现代农业发展的系统解决方案，推动现代农业的快速发展。

1. 公益性行业（农业）科研专项"现代农业产业工程集成技术与模式研究"（2009—2013年）

项目主要以服务农业产业为目标，以农业工程技术为主体，以集成创新为特色，把制约我国现代农业建设进程的农业基础设施薄弱、物质装备条件落后、产地加工手段缺乏、市场体系建设滞后、生态环境恶化和公共服务能力不强等作为重点领域，针对我国农业工程技术理论研究薄弱、关键技术和装备缺乏、技术集成不足、工程模式难以标准化等问题，从理论、技术、装备、模式、标准、应用等方面，围绕农田基础设施、农业机械化、设施农业、农产品生产环境保护、产地加工贮藏和流通、农业信息化等7个方面开展系统研究。

1）提出了包括工程技术分类、技术评价、技术集成和模式优化的现代农业工程技术集成理论与方法，构建了反映我国农业工程领域技术类型与特征的农业工程技术集群，制定了多目标、多维度的农业工程技术评价指标体系。

2）以系统工程的理论和方法为指导，系统开展了与设施、装备集成创新研究，发展了集农业工程技术与装备、运营组织、产业环境于一体的工程技术集成优化方法，提出了适应不同经营主体和社会经济发展阶段的农业工程技术与设施、装备整体解决方案，实现了农业工程技术的集成化、模块化和标准化。

3）创建了包括层次结构、专业门类、功能序列，涵盖技术、产品、建设、质量、评价等全过程的农业工程技术标准体系框架，研究制定了一批现代农业工程建设的国家和行业标准，促进了现代农业工程建设的标准化和规范化。

2. "十二五"国家科技支撑计划"淡水健康养殖关键技术研究与集成示范"项目（2012—2014年）

围绕养殖生态调控、免疫防控等关键共性技术开展深入研究。通过研究池塘水体理化因子及其与浮游生物、微生物群落的相互关系，确定了影响池塘水质的关键因子及其关系模型，分析了优势微生物群落对水质的影响作用，总结建立了池塘水质管理共性技术，编制了水质管理技术手册，为科学指导各流域开展池塘水质调控，促进淡水池塘养殖的技术升级奠定了坚实的基础。

3. 山东省软科学研究重点项目"长清县农业生产结构优化的研究和实践"

利用农业系统工程以及对复杂巨系统综合集成的思想理论和方法，对山东省长清县大农业系统（包括种植业、畜牧业、林业、水产业和加工业等）生产结构优化问题进行了研究。通过定性定量相结合的综合集成、模型体系的综合集成、人机系统的综合集成，求得了在各种气象条件下的最优生产结构，对结构进行了稳定性和灵敏度分析。实施结果取得显著经济效益、社会效益和生态效益。

四、农业系统工程研究与发展趋势

发展现代农业是以提高宏观经济效益为目的，以全局利益与局部利益、长远利益与眼前利益的协调为依据的一项有关经济发展和战略布局的巨大系统工程。农业系统工程大有作为。

1. 农业系统工程理论与方法研究趋势

1) 农业复杂系统的计算机仿真和模拟。21世纪以来，复杂系统问题的研究日益引起人们的广泛兴趣，面向复杂系统的计算机仿真的新方法是目前的研究热点，特别是基于人工社会的复杂系统仿真。现代农业系统涉及自然、生物和人工社会，是一个复杂巨系统，其研究需要应用定性判断与定量计算相结合、微观分析与宏观综合相结合、还原论与整体论相结合、科学推理与哲学思辨相结合的方法。采用计算机仿真技术，通过计算机生长和培育出一个"现实农业系统"，并对这一系统进行研究，进而得出对现实农业系统的评价和指导。

2) 面向复杂任务的规划、调度与决策的理论及方法。复杂任务广泛存在于诸多领域。复杂任务的规划、调度与决策问题的研究应源于实践并以应用为宗旨，这类问题通常是多目标、多约束、多阶段和多主体的问题，具有很强的动态性、模糊性、随机性和不确定性。目前，农业领域的相关研究主要集中在农业生产、结构规划、水土资源配置等方面。

基于仿真的优化方法是解决复杂任务规划和调度中复杂优化问题的最新手段，主要面向那些复杂的难以用解析函数或简单的计算机程序表达的系统优化问题。这些系统大概包括以下几种类型：①人们对系统的特性和内在规则还不完全清楚，缺乏必要的相关知识，只能把系统当作黑箱来处理；②系统中因素多、关联多，很难用数学模型来表述，或者即使表述出来也难以处理；③系统中含有大量的不确定性，只能用仿真加统计的方法才能对系统性能进行评估。基于仿真的优化的科学问题主要包含两个方面，其一是基于仿真的优化的基本理论，研究仿真优化算法的解的存在性、一致性和收敛性的理论，研究计算复杂性问题和计算代价的估算理论等；其二是基于仿真的优化的计算方法，研究采用基于案例的推理方法存储仿真过的案例，研究用"猜想—推理—插值"的方法来精心设计仿真案例的方法，研究控制仿真采样次数和仿真计算代价分配的方法，研究采用并行计算的方法来缩短计算时间方法。

3) 复杂供应链系统的理论及应用研究。近年来，供应链系统的复杂性问题已经引起了国内外学术界的高度重视。供应链的复杂性主要表现为下列三个方面：①供应链系统中存在大量的异构性的不确定信息；②供应链系统是一种典型的复杂网络，具有复杂网络的共性和特性；③供应链系统是高度动态性的系统。系统工程重点研究信息不确定环境下的供应链优化与控制问题。

2. 农业系统工程应用发展趋势

1）研究和建立各类农业决策支持系统，如战略发展规划决策支持系统，农业生产管理决策支持系统，重视实施验证和经济效益，为农业发展的宏观决策提供决策支持。

2）深入研究开发各种农业生产技术专家系统，总结和提高农业生产领域的专家知识，为各级生产指挥者做好参谋和后盾。如作物栽培，病虫害防治、农业机械化，农产品干燥和加工，农业资源（水、土，能源）开发管理等。

3）确定农业工程设施的最佳设计方案，以最少的资源投入创造高效、高产和优质的农产品，实现农业集约、高效及可持续发展。如应用系统工程原理确定低碳生态能源经济循环农业典型模式及配套技术、畜禽粪便污染的控制模拟及防控对策等。

4）加强农业系统工程各项基础工作，包括数据库、模型库、软件库的建设，模型系统理论及其实现方法的研究等，继续面向生产建设实际，开拓新的应用研究领域。

— **参考文献** —

［1］张象枢. 农业系统工程委员会成立大会会议总结［J］. 农业系统科学与综合研究，1985（4）.

［2］中国系统工程学会农业系统工程委员会成立大会纪要［J］. 农业系统科学与综合研究，1985（4）.

［3］陶鼎来. 系统工程在农业现代化中的应用——农业系统工程的简史、概念和方法［J］. 中国农学通报，1986（2）.

［4］戚昌瀚. 关于应用农业系统工程指导县级规划问题［J］. 江西农业大学学报，1987（S1）.

［5］王福林. 农业系统工程［M］. 北京：中国农业出版社，2012.

［6］施子峰. 基于系统工程的供应链管理研究和应用［D］. 浙江大学，2002.

［7］朱建刚. 复杂生态系统建模与仿真的策略探讨［J］. 生态学杂志，2012（2）.

［8］孙煜，马力. 基于模型的系统工程和系统建模语言 SysML 浅析［J］. 电脑知识与技术，2011（7）.

［9］朱明. 农业工程技术集成理论与方法［M］. 北京：中国农业出版社，2013.

［10］赵培忻，赵庆祯，王长钰. 综合集成方法在农业生产结构优化中的应用［J］. 系统工程理论与实践，2011（S1）.

［11］黄国勤，缪建群. 农业系统工程若干问题探讨［J］. 农机化研究，2015（7）.

撰稿人：周新群

ABSTRACTS IN ENGLISH

Comprehensive Report

Advances in Agricultural Engineering

Innovation in agricultural science and technology is an important way to promote the sustainable agriculture. Since the beginning of the 12th Five-Year plan, the agricultural engineering science and technology has played an important role in modern agriculture. The annual "No. 1 Central Document" has repeatedly stressed the importance of innovation in agricultural engineering science and technology. A number of major agricultural engineering projects have improved China's agricultural equipment quality, mechanization degree, and intensive level. This report reviewed the development and achievement of agricultural engineering during the period of 2011 - 2015. The latest progress, highlights and hot issues in China have been compared with those in other countries. The agricultural engineering problems have been analyzed, and the development priorities and trends in agricultural engineering have been explored. Finally, the measures and suggestion to speed up the development of China's agricultural engineering have been put forward. The main conclusions are as follows:

Between 2011and 2015, the academic capacity continues to improve, and the disciplinary team building of agricultural engineering has achieved remarkable progress. In more than 70 colleges and universities, agricultural engineering programs have been set up. There're one national key primary grade discipline, five national key secondary grade disciplines, and two national key secondary grade disciplines to personal training. The academic team includes academicians, Changjiang Scholars, experts of the Recruitment Program of Global Experts, and national candidates of Century Talents Project.

The level of scientific and technological innovation has reached a new height. There're 40 national scientific and technological achievement and teaching achievement awards, including 4 State Technological Invention Awards, 1 National Science and Technology Progress First Price Award, 25 National Science and Technology Progress Second Prize Awards, and 9 National Teaching Achievement Awards. The research fund for agricultural engineering disciplines and international cooperation projects has set a new record.

The condition of research platform has improved. There're some key laboratories newly built during the period of 2011—2015, such as one national key laboratory, three national engineering research centers, one national engineering practice education center, 31 provincial/ministerial level key laboratories, and two engineering research (technology) centers of provincial/ministerial level.

International exchanges and cooperation grow quickly. The number of academic publication has reached to an unprecedented level. There're more than 23,000 articles of agricultural engineering discipline indexed by SCI, EI and other famous international databases. There're more than 6,000 articles indexed by SCI, 8,000 articles indexed by EI, and 4,000 articles published in Chinese academic journals. Moreover, there are more than 2,000 authorized patents.

With the rapid development of world economy and the acceleration of industrialization, to seek a sustainable agriculture becomes a global trend. With population pressure and the constraints of resources, environment, energy, and climate, such hot issues as agricultural engineering integration, intelligent agriculture, mechanical equipment, agricultural biological systems engineering, and agricultural biomass utilization will emerge in the discipline of agricultural engineering in the future.

Despite of the significant achievements during the 12th Five-Year plan, there's still a large gap in the field of agricultural engineering key technology, innovation and intelligence of agricultural equipment compared with those in developed countries. To better serve agriculture in China, the discipline of agricultural engineering should develop more focused on adaptation to the modern agriculture and construction of beautiful countryside in the future. How to change the pattern of agricultural development will be the guide to promote the discipline of agricultural engineering, especially in the fields of the following: the coordinated development of agriculture, rural, and farmers, the major agricultural engineering technics to improve the agricultural efficiency, breakthroughs of comprehensive mechanization of agriculture, agricultural informatization, water efficiency in agricultural, integration of agriculture and biological systems, development of rural energy, science-based land use, and standardization of agricultural production processing.

Written by Zhao Chunjiang, Li Jin, Feng Xian, Liu Jiangang,
Gu Geqi, Guan Xiaodong, Wu Yun

Reports on Special Topics

Advances in Agricultural Mechanization Engineering

As agricultural mechanization blossoms rapidly in China, the integrated mechanization proportion of crops' ploughing, seeding and reaping has reached 61 percent in 2014, and has kept increasing by two percentage points annually during the nine years. The current situation, main characters and issues in the area of agricultural mechanization which has been spread from staple food crops and mechanization to economic crops and automation even unmanned manufacture were elaborately analyzed in this topic. Moreover, the currently developing situation of agricultural mechanization subject was also introduced. Specifically, technical innovation system was established as a combination of producing, studying, researching and promoting which includes enterprises, markets, colleges, institutions, extension stations and bases; and seven projects involving peanut and corn reaping, conservational tillage, rapeseed reaping, bionic technology won the national award. Besides, a contrast analysis was conducted on agricultural mechanization development of USA, Europe, Japan and other regions; and the deficiencies existing the subject of agricultural mechanization were listed as follows: the lack of stable social bases for experiments and practice, the imperfection of fundamental experimental conditions and facilities, the insufficient of young and middle-aged talents' stamina, the weakness of professional training system's internationalization, the shortage of general scientific research funds and competitive research teams. It is highlighted that agricultural mechanization engineering subject should expand and spread; its contend and theoretical foundation should be strengthened, its professional and technical talents should be cultivated with innovation and internationalization. Also, the scientific research directions of agricultural mechanization subject were pointed out to promote the development of agricultural mechanization, which consist in resource-conserving agricultural machinery, precision agriculture, unmanned machinery, straw recycling as fertilization, arable land's quality improving techniques and facilities, new cultivation modes and crop species fit for agricultural machinery work, agricultural mechanization research teams taking enterprises as the main body, and development mode with multilevel agricultural mechanization service system.

Written by Xu Liming, Chen Xuegeng, Li Hongwen, Chen Jian, Ding Weimin, Guo Yuming,
Shang Shuqi, Yang Yinsheng, Liao Qingxi, Yang Zhou, Jiang Huanyu, He Jin

Advances in Agricultural Soil and Water Engineering

Water shortage, flood and waterlog, water pollution, soil and water environment deterioration has become the bottleneck of sustainable development in China, agricultural soil and water engineering (ASWE) has become a key component in water, food and environment security. During 2011-2014, ASWE acquired many new advances with wider research view, idea and scale. In this paper, new advances in ASWE was introduced, new achievement was summarized, and the function of ASWE in China's sustainable agriculture development was also analyzed, at the same time, the key science and technique issue of ASWE was suggested, and its future development trend in basal theory and applied technology was discussed.

Written by Du Taisheng, Kang Shaozhong, Huang Guanhua, Li Jiusheng,
Ma Xiaoyi, Huang Jiesheng, Yang Jinzhong, Shao Dongguo,
Huang Xiuqiao, Zhang Zhanyu, Wu Wenyong, Wang Kang,
Li Hong, Li Yunkai

Advances in Agricultural Bioenvironmental Engineering

Since the 12th Five-Year Plan, the discipline of Agricultural and Bioenvironmental Engineering (ABE) has made remarkable progress in China. The discipline-cluster of Agricultural Engineering in Structure and Environment led by China Agricultural University was established in 2011, promoting the collaborative innovation and development of ABE discipline as well as the related industry. In the past five years, the National Engineering Research Center for Environmental Controlled Agriculture and several key laboratories of Ministry of Agriculture (MOA) and Ministry of Education (MOE) were approved. The sections of Production and Environmental Control in China Agricultural Research Systems have been playing an important role to promote the development of ABE discipline and the industries by enhancing the production efficiency, improving product quality, saving the energy and mitigating the emission in livestock and poultry, horticulture and aquaculture. Multiple key research projects at the national level have been funded in low-carbon and health animal housing, animal welfare, plant factory, aquaculture industry. Through project collaborations, the academic research and innovation ability of ABE discipline is well improved. The "International Research Center for Animal Environment and Welfare" (IRCAEW) was launched in 2011 to establish an international platform and mechanism for long-term cooperation with dozens of global famous universities and research institutions in the United States, Canada, the Netherlands, Denmark, Belgium, Australia and Brazil. Several international symposia, workshops and Forums, including "International Symposium on Animal Environment and Welfare" "Environmental Enhancing Energy Workshop" and "High-level International Forum on Environmental Controlled Horticulture (Shouguang, China) ", have been regularly held to further promote the academic level and international impact of ABE discipline. To improve the educational quality for the college and graduate students, new models and methods have been explored through the academic activities of "National Competition in Agricultural and Bio-environmental Engineering for College Students" and "Postgraduate Summer School for in Agricultural and Bio-environmental Engineering". A group of famous ABE experts, such as distinguished professors of the "1,000 Talent Plan" organized by Chinese Central Government, have been recruited. Now, a total of 19 institutions has been credited to award Ph.D. degrees in ABE, and 35 institutions are credited to award M.S. degrees in ABE in the nation, further improving the scale and level of personnel training.

The ABE discipline shows a good potential in rapid development, which has been providing significant talent and technology support to further promote the steady and rapid development of related industries.

Written by Li Baoming, Wang Chaoyuan, Chen Qingyun, Liu Ying

Advances in Rural Energy Engineering

Rural energy includes firewood, crop straw, livestock manure (including biogas and direct combustion system), and solar, wind, small hydro and geothermal are renewable energy sources as well. China has abundant agricultural waste resources, the national crop straw production reached 964 million tons and comprehensive utilization rate achieved 76% in 2013, The most of other 24% straw was abandoned, the few was burned. The number of manure resources obtained by the scale livestock is about 840 million tons per year, the biogas production potential is about 40 billion m^3. On the other hand, there is low level of socio-economic development, poor infrastructure and sanitation conditions in the part of rural area. It is estimated that 50% rural residents use straw, firewood inefficient combustion method as living energy, as a result, this way causes low efficiency, serious pollution of indoor and outdoor environment and endangers human health.

In recent years, China's rural energy has achieved remarkable results, China's rural biogas users ownership has reached 43.3 million by the end of 2013, the number of biogas projects is nearly 100,000, the annual biogas output is nearly 15.5 billion m^3. The number of straw gasification centralized gas supply projects is 906, gas supply households are 172,300. The number of centralized biogas supply projects and straw molding engineering is 434 and 1060, respectively. The annual briquette production reaches 6.83 million tons. The number of straw charring projects is 105 with the annual 267,300 tons of biochar production. It has been promoting 123 million sets of fuel-saving stoves, 19,143,100 sets of energy-saving beds, 31,997,500 sets of energy-saving stoves, 196,800 sets of fuel pools. solar water heaters promotion has72,945,700 m^2, household solar house promotion has 23,261,700 m^2, solar school promotion has 621,500 m^2, solar cookers promotion has 2,264,300 units, small-scale photovoltaic installed power-generating capacity reaches 23,100kW, small wind turbine installed power-generating capacity arrives 34,800kW, micro-hydro installed power-generating capacity achieved 96,800kW. Rural energy has presided 7 national science and technology support projects and public sector (agriculture) special projects, rural energy key technology takes breakthrough, has won 3 state science and technology progress awards and 11 provincial awards; 118 standards related to rural energy industry have been published, rural energy standards has been maturing. Academic exchanges and qualified personnel training have been strengthening, there are 3 "National Agricultural outstanding talent" persons, one person got "Changjiang Scholars", one got "millions of Talents Project" . It has formed a relatively complete management from central to local promotion, research and development and training system.

Written by Zhao Lixin, Yao Zonglu, Cong Hongbin, Huo Lili

Advances in Agricultural Electrification and Informationization Engineering

This report focused on the discipline connotation, the discipline system, the research area, the latest research progress and innovation results, and technology trend of agricultural electrification, automation, and informationization. After almost 60 years of construction and development, the discipline of Agricultural Electrification, Automation and Informationization has become an important part of the key state discipline of Agricultural Engineering. It has been broadened from the rural power supply technology to a more comprehensive discipline, which includes electrical engineering, electronic engineering, computer engineering, communications technology, biotechnology and life science and technology, and information technology, and also concerning scientific research, system integration and engineering application. Agricultural Electrification, Automation and Informationization are classified under the discipline of Electrical Information. Currently, more than thirty colleges and universities have set agricultural electrification and automation major or master and doctor degree in China. It involves local power system and smart grid, green energy and energy efficiency, key technologies and precision agriculture systems integration, electronic information communication and control automation, sensor technology and smart agricultural, information processing and Internet of things, cloud computing with large agricultural data, geospatial information technology and the monitoring and early warning, green information technology and intelligent agriculture. Great innovative achievements in this discipline have been made during 2011 and 2015 in the area of smart distribution grid and renewable energy generation, micro-power system operation and control, key technologies of precision agriculture, advanced sensing technology in agriculture, autonomous navigation for agricultural machinery, agro-environmental monitoring, Agricultural and rural informalization, aquaculture in the Internet of things. These achievements have been already used in the field of rural electrification and agriculture sensor development in large scale. Relying on Ministry of Science and Technology, Ministry of Education, Ministry of Agriculture, Beijing Government and China Agricultural University, the science and technology innovation platform of Rural Power and New Energy Power Generation, Agricultural Electronics and Automation, and as well as Agricultural Information Technologies, agricultural electrification, automation and informationization will keep conducting research on smart agriculture, smart grid, internet of things and big data in agriculture to further enhance the capacity of scientific and technological innovation and the training of high-level talents in the coming few years.

Written by Du Songhuai, Gao Wanlin, Yang Rengang, Sun Ming, Tang Wei,
Chen Yingyi, Yang Dechang, Xu Chaohui, Zhang Miao

Advances in Agricultural Pruduct Processing and Storage Engineering

Based on the subject category of education ministry and the extensive research, this report discussed the development status of agricultural processing and storage engineering disciplines, which include the research content, cultivation target, career direction and the related institutes. This report introduced the development of discipline construction, including the construction of High-quality Curriculum, Research and Development Center, Key Laboratories, "211 Project" and "985 Project". It also had a summary of the main achievements of subjects, including economic performance, innovation mechanisms, important project, quality and safety supervision and standardization work. The key points of academic development, such as high-tech, brand construction, technical content, safety and sanitation, energy conservation and comprehensive utilization were also discussed. And the reports summarized the main activities, achievement and new dynamics of this discipline, analysised the main problems existed in the discipline, including the communication difficulty between subject Settingand Industrial Development, curriculumand industrialdemand, the distorted development of discipline, the shortage of innovation talent, lacking of innovation continuity and the sided pursuit of scientific and technological achievements. Finally, the report proposed some priorities of the direction of this dicipline, including the key technology and equipment which used for avoiding the breadbasket storage derogation, as well as wiping off the derogation of the potato field in the cropland. Further more, the commercialization of fruit and increase moderately the output of food stuff are becoming more and more important. The improvement of the technology and the equipment which used for production of the Chinese traditional food, modern grain fiber-by products and protein products is one of the important problems which needs to be solved as soon as possible. industry, modern processing of agricultural products, full fibrous by products fractionation and usage, the utilization of protein by-products. And put forward several proposals to stimulate the development of the discipline, including simplifying the teaching system, arranging the curriculum with a scientific theory, specifying the of discipline development , training excellent students , attracting students who had studied overseas, enhancing the independent innovation ability. In the mean time , build a long-term cooperation system of the combination of industry and university. Those experiences could give inspirations to the similiar industry experts, scholars, technology and management personnel.

Written by Zhu Ming, Xue Wentong

Advances in Land Use Engineering

The construction and technology development of land use engineering subject is of great importance and strategic significance to adhere to the policies of "the red line of arable land", to promote urban and rural development, to protect national food security, and to build the new scientific development mechanism, etc.

The latest research progresses achieved in land use engineering in recent years are summarized in this part. The progress of high-standard farmland construction achieved is mainly in planning and design, construction mode, benefit evaluation, information construction, and new technology of high-standard farmland construction. In the field of land reclamation and ecological restoration, some progresses in eco-restoration model, reclaimed soil quality assessment, improvement and restoration techniques, and development and application of land reclamation information technology have been made. As to the development of land evaluation and grade improvement, evaluation method and model of land classification and gradation, land economic evaluation and improvement and optimization of cultivated land quality grade were briefly focused. On the respect of urban and rural coordinating and land use intensively, the related researches were focused on intensive use of rural land and replacement of urban and rural construction land, the intensive and saving evaluation of cultivated land has also begun to be concerned.

Written by Yun Wenjun, Bai Zhongke, Wang Jinman

Advances in Agricultural Systematic Engineering

Agricultural systematic engineering is a comprehensive applicable subject which focuses on the best allocation of agricultural resources and the reasonable function of the agricultural system in the guide of the theory and method of systematic engineering. In this report, the concept of agricultural systematic engineering is firstly defined, and then the development and its application is introduced briefly. The key projects of agricultural systematic engineering in China in recent years are introduced, and the research and development trend is put forward accordingly.

Written by Zhou Xinqun

索 引